暖通空调
节能减排与工程实例

NUANTONG KONGTIAO
JIENENG JIANPAI YU GONGCHENG SHILI

江克林　编著

中国电力出版社
CHINA ELECTRIC POWER PRESS

内 容 提 要

本书阐明了暖通空调节能减排的科学技术知识和应用设计。按暖通空调技术分类主要内容阐明了建筑暖通空调节能减排概述、可再生清洁能源的应用技术、热源热网与供暖环境的节能减排、通风环境的节能减排、空气调节环境的节能减排、空调冷源与冷库环境的节能减排、房屋卫生设备环境的节能减排、绿色建筑环境的节能减排等主要内容。

全书把暖通空调技术环境的节能与减排结合在一起，按暖通空调技术分类环境做全面系统的阐述，阐明了节能与减排的发展概况、应用的标准规范、途径与措施、主要内容实例等，理论联系实际，内容全面丰富。

本书可供从事暖通空调节能减排设计、科研、技术咨询、施工安装等技术人员以及从事建筑节能减排方面的服务公司的管理人员参考和学习，也可作为高等院校相关专业师生的教材和参考用书。

图书在版编目（CIP）数据

暖通空调节能减排与工程实例 / 江克林编著. —北京：中国电力出版社，2019.6
ISBN 978-7-5198-3097-7

Ⅰ.①暖… Ⅱ.①江… Ⅲ.①房屋建筑设备–采暖设备–节能设计②房屋建筑设备–通风设备–节能设计③房屋建筑设备–空气调节设备–节能设计 Ⅳ.①TU83

中国版本图书馆 CIP 数据核字（2019）第 072144 号

出版发行：中国电力出版社
地　　址：北京市东城区北京站西街 19 号（邮政编码 100005）
网　　址：http://www.cepp.sgcc.com.cn
责任编辑：未翠霞（010-63412611）
责任校对：黄　蓓　太兴华
装帧设计：张俊霞
责任印制：杨晓东

印　　刷：北京雁林吉兆印刷有限公司
版　　次：2019 年 6 月第一版
印　　次：2019 年 6 月北京第一次印刷
开　　本：787 毫米×1092 毫米　16 开本
印　　张：16.25
字　　数：385 千字
定　　价：58.00 元

前　言

　　人类为了获取适宜的生产、生活及科学研究的室内环境，根据不同功能的室内需求，必须在建筑物内设置供暖、通风、空调、制冷、房屋卫生设备与燃气供应等设施。人类面临有限的能源和资源与不断增长的大量能耗和污染物排放的实际问题，这也是当今世界亟待解决的共同问题。

　　我国社会和经济持续发展，人民生活水平不断提高，能源和资源的消耗大幅度增长，各类污染物的排放也大幅度增加。为了保持经济稳步增长和人民生活水平持续提高，只有降低能源和资源消耗量并减少各类污染物的排放量，即"节能减排"才是唯一出路。

　　当今世界能源消耗结构中，化石能源（煤炭、石油、天然气）仍占主要地位，但化石能源对环境污染严重，而且储量随着开采越来越少，远不能满足发展的需求。因此，我们必须把"节能减排"落实到位，切实做好如下工作：① 在新建项目中，从设计源头做起，认真统筹规划及设计，把握好节能减排技术第一关；② 在运行管理使用过程中，进一步把节能减排工作落到实处；③ 在天然气充足的城市，推广冷热电三联（CCHP）供技术；④ 在日夜电力负荷差大的地区，推行蓄冷空调技术；⑤ 大力推行太阳能应用技术；⑥ 大力推行单一或复合热源热泵应用技术等。只有坚持不懈地做下去，不断开发创新，地球人才能逐步告别传统的化石能源，转用永不枯竭的清洁的可再生能源——太阳能、地源能等。

　　目前，在建筑使用中，暖通空调能耗量占建筑总能耗量的 40%～50%；建筑室内环境的质量大多依靠供暖、通风、空调、房屋卫生设备等设施及其技术来维持适宜人居的生活和工作环境。没有暖通空调技术的应用，就谈不上绿色建筑的室内环境质量。因此，暖通空调技术在建筑节能和绿色建筑发展方面，起着不可替代的作用。

　　目前，世界各国的环保意识都在不断增强，人们也越来越认识到传统化石能源的短缺与危害。但当前由于对化石能源长期使用形成的依赖，对可再生的清洁能源——太阳能、地源能及复合热源的应用发展得还很不平衡，原因主要有两个方面：一方面，这些新能源的技术发展得还不完善，应用还不普遍；另一方面，这些新能源应用的一次性投资都要大于传统化石能源。但从长远的角度看，可再生的清洁能源必将取代传统化石能源。为了缩短这个必然的进程，我们一起积极推广普及新能源技术，助推可再生的清洁能源的应用。

　　人类居住、作业与活动都在一定的环境条件下进行，建筑的室内分类环境一般由如下要素构成：① 建筑围护结构与装饰：不同暖通空调技术分类环境的建筑围护结构组合热工与装饰不尽相同，因而需要的能耗量与有害物和废弃物的释放量也有所不同，应根据需要去量化；② 建筑环境内人员、生物、物件等的动态和静态过程：这些也都关系到环境的节能与减排量的发生，也应根据需要去量化；③ 工业、科研需要的不同工艺生产过程与设施：这项对环境能耗量与有害物和废弃物的排放所带来的减排量都有很大的影响,应全面采用综合措施;④ 营建各类暖通空调分类技术环境所提供技术保障的专业设施与过程:这是环境节能减排的大项,涉及能源综合利用系统、外网输配系统、室内末端系统等,应结合具体情况制定综合实施方案。

众所周知,暖通空调环境及它的分类技术环境供能的需要与节能的产生,有害物、废弃物的滋生、排放的产生,都是在一定的环境下进行的,暖通空调技术与设施只是为一定的环境需要服务做支撑的,但人们有时往往把"环境"二字省掉,即把"暖通空调环境的节能减排"简称为"暖通空调节能减排"。

如何实施暖通空调技术分类环境的节能与减排,寻求暖通空调技术分类环境节能与减排的有效方法、正确途径与措施、恰当的方案、合理计算选取设施等,是广大同行关切的问题,针对这一情况,我们特组织编著此书。本书第 1 章绪论阐明了当今世界节能减排的重要性和紧迫性以及开展利用新能源的途径与趋势;第 2 章阐明了可再生清洁能源的应用技术,阐述了应用的分类、原理、系统组成及设计方法;第 3~8 章按暖通空调技术分类环境梳理的主要课题分类阐述。本书着重阐明了暖通空调环境的节能与减排的科学技术知识和应用设计,按暖通空调技术分类环境所涉及的主要课题分类阐明:① 热源热网与供暖环境的节能减排;② 通风环境的节能减排;③ 空气调节环境的节能减排;④ 空调冷源与冷库环境的节能减排;⑤ 房屋卫生设备环境的节能减排;⑥ 绿色建筑环境的节能减排等。

全书把暖通空调技术环境的节能与减排结合在一起,按暖通空调技术分类环境做全面系统的阐述,阐明了节能与减排的发展概况、应用的标准规范、途径与措施、主要内容实例等,内容全面丰富。理论联系实际,通俗易懂。

我国幅员辽阔,人口众多,人们赖以生存的工作、生活及各种活动的建筑物分布全国,根据不同功能的室内环境要求,都应提供供暖、通风、空调、制冷、房屋卫生设备与燃气供应等设施。都应向建筑物内提供需要的能耗量,同时都要带来"节能与减排"的艰巨任务。要解决好这些实际问题,单靠专职的科研、设计人员是不现实的,必须要发动从事暖通空调专业的设计、施工安装、运行使用管理等全体人员,增强节能减排的意识,提高解决这些问题的科学技术能力,群策群力,才能解决好这些实际问题。

本书由江克林编著,在编写的过程中,尚少文、江南、王传荣、于水、刘赫、冯鹏、刘大勇参加了工作。

由于作者水平有限,书中难免有错误和不妥之处,恳请读者批评指正。

作　者
2019 年 5 月

目　录

第1章 绪 论

1.1 能 源 与 环 境

1.1.1 人类发展文明与能源及环境的关系

2009 年，党的十七届四中全会将生态文明建设与经济、政治、文化和社会建设并驾齐驱，称为新时期的"五位一体"建设。我国的生态文明建设是以科学发展观为指导，着眼于经济增长与能源资源耗费过大的严峻现实而提出的，是国家实施可持续发展工程的重要组成部分，是解决资源与环境矛盾、转变经济发展模式和实现人与自然协调永续发展的关键，是"两型社会"建设的核心。现在，一些发达国家相对于中国而言，生态文明建设水平都较高。生态环境保护比较成功。他们在促进生态文明建设过程中并非以停止能源利用为代价，而是在能源利用总量基本稳定的情况下，保持良好的生态文明建设水平，这些都提示我们需要对能源利用与生态文明建设的关系进行深思。

（1）能源利用与生态文明建设存在一种长期稳定的均衡关系。无论短期内如何波动，最终会形成一种稳定的均衡关系，并且能源利用是生态文明建设的先导，能源利用在前，生态文明建设在后，生态文明建设一定程度上需要依存于能源的利用。

（2）生态文明建设离不开能源的利用，能源利用对生态文明建设具有促进作用。生态文明建设离不开人与人、人与社会的和谐相处，能源一定程度上保证了经济发展、社会进步和人民生活水平的提高，生态文明建设需要能源作为支撑。

（3）能源是经济社会发展的物质基础，与生态文明建设密切相关。当前，以化石燃料为主的能源消费结构体系严重制约着我国生态文明建设，这就需要开启新的能源革命，实现绿色低碳化的能源生产和消费，加快推进我国向生态文明转变。生态文明建设需要经济的发展，同时也需要与之相适应的生态能源体系。

（4）能源是人类社会文明演进的前提和基础，能源利用是生态文明的重要组成部分，而能源利用方式的变革和创新又是提高生态文明建设水平的有效途径。

中国社会经济正处在快速发展阶段，工业现代化水平也在不断提高。但同时以煤炭为主的高碳能源结构和能源消费总量持续增长，已经关系到我国大气、水等民生重要领域环境质量恶化、生态失衡问题。发达国家也曾经历过"先污染，后治理"的发展道路，因此，研究发达国家能源利用对生态文明的影响，并且找出其发展阶段的规律，为我国提供宝贵经验，使我国在生态文明建设过程中少走弯路。

1.1.2　当今世界能源与环境状况

人类的发展，人们赖以生存的民用（居住与公共）建筑和不同工艺生产的工业建筑不断增多，人们对室内外环境质量标准需求不断提高，建筑能耗量越来越大，与此同时，各种有害物、污染物、废弃物的排放也越来越多。

1. 化石能源对环境的危害

当今世界能源消耗结构中，化石能源（煤炭、石油、天然气）占大多数，但化石能源对环境污染严重。燃料燃烧后会产生大量的碳化合物（CO_2）、氮氧化合物（NO_x）、硫氧化合物（SO_x）。其中，CO_2对太阳短波辐射透明，但完全吸收地球面的低温长波辐射，引起地面大气温度升高，形成温室效应。在工业革命后的近 200 年时间里，地球表面大气温度就上升了 1.6℃，大气温度升高的直接后果是气候变化异常、海平面升高、生态失衡、物种灭绝、热带病流行、土地荒漠化等，直接威胁人类的生存与发展。而 NO_x、SO_x 是酸雨的罪魁祸首，NO_x 和 SO_x 在空气中经太阳辐射、闪电的作用，发生一系列化学反应，反应产物与空气中的水蒸气结合，形成光化学烟雾、酸雨等环境灾害。历史上的伦敦酸雨事件、洛杉矶光化学烟雾事件都曾造成大批人员死亡。我国的酸雨频率、覆盖面积、酸度也呈上升趋势，全国酸雨覆盖面积达 70%多。诸如此类环境恶化的状况，我们地球人不能忽视。

2. 化石能源储量远不能满足发展需求

化石能源随着开采，越来越少，而人们生活和社会经济发展水平的不断提高，使得供热/空调的能耗需求量越来越大，常规能源远不能满足要求，据预测，地球上现有的常规能源储藏量只够人类消费几十年，预计到 2040 年，中国将缺能 24%，能源安全问题也日益突出。

3. 世界资源—能源—环境向着一体化发展

国际能源法会议多次明确提出：要开发和利用能源与环境保护并重，鼓励开发清洁能源和可再生能源，坚持可持续发展战略，统筹考虑和环境的关系，建立资源—能源—环境的第二代能源系统。我国长期以来"坚持能源开发与节能并重，把节约放在首位"的能源方针取得显著效果。我国政府在全社会着力推进节能减排，发展低碳经济，倡导绿色建筑。

4. 世界能源呈现出多元化发展态势

出于人类长远利益的考虑，发展低碳经济，建设低碳社会，已成为全球共识。应对环境危机、能源危机，"节能减排"已成为我国可持续发展的重要战略决策。世界正着力减少对化石传统能源的依赖，积极开发、利用新能源，如太阳能、地热能、天然气、燃料电池、核能、水电等，呈现出日趋多元化的发展态势。

1.1.3　未来世界能源与环境的发展趋势

能源是国民经济的命脉，与人民生活和生存环境息息相关。2001 年，中科院、新华社联合组织预测：目前人类所消耗能源的 70%来自矿石燃料，21 世纪随着人类环保意识的觉醒与价值观的改变，人类将不断追求与自然更加协调的生活方式，生产可再生的清洁能源将是 21 世纪能源科学的主要发展方向之一。能源供给将呈多样化的发展趋势，21 世纪可再生清洁能源可满足世界未来能源供给的 50%。

1. 坚持科学采矿，从源头或起点上减少环境污染

能源开采是矿物能源污染环境的起点。常规能源的开采生产过程会对土地造成地面破坏、侵蚀、沉降，废水排放，以及产生放射性废物；对水资源的破坏有：会造成酸性矿水、淤泥的排出、油气的泄漏和放射性物质及有机和无机污染物的排放；对空气会造成蒸发损失。因此，在能源开采过程中，必须坚持进行环境影响评价的制度，必须坚持其环境污染设施与主体工程同时设计、同时施工、同时运行的原则，以达到经济效益、社会效益和环境效益的统一。

2. 坚持循环理念，强化回收利用，开发洁净能源技术，降低能源加工和消费过程中对环境的污染

能源在消费过程中产生的废水、废气、废渣对环境的污染最严重，尤其是被称作"最脏能源"的煤炭。如不能将其在使用过程中产生的大量含硫、磷、氮有机物及一氧化碳和二氧化碳等有毒有害物质很好地处理、回收、利用，那将对环境的直接危害更严重，影响也更长远。因此，我们必须运用现代科学的手段，揭示能源消费过程中所排放废物的属性、功能和价值，并寻求新的技术手段再处理加工，达到再利用、变废为宝、形成循环经济，实现经济效益与环境效益的双赢。此外，还应大力开发洁净煤技术、汽车清洁燃料技术，以及甲醇燃料技术等洁净能源技术，以有效减少对环境的污染。

3. 大力发展高新技术，大规模开发可再生能源，实现能源的多元化发展

化石燃料是动植物遗体在漫长的地质年代，经过化学和物理变化而形成的，这些化石燃料以及核燃料等都属于非可再生能源，而水能、风能、太阳能等属于可再生能源，并且采集的过程中对环境的破坏很小，尤其是对海洋的开发。海洋占地球面积的70%，海洋本身蕴藏着的潮汐能、波浪能、海流能、海洋温差能、海洋盐差能，都具有战略意义。

4. 开源节流，提高能源的利用率，减少能源和能量的损失

开发节能降耗新工艺，使能源充分燃烧。对工艺的循环冷却装置，采取综合利用的方法，物尽其用。采用新型节能保温建筑材料，减少热量损失。开发和推广高效、节能的电机和电器，这样才能防止能量的浪费，以及热量释放到环境中导致的热导效应和全球变暖现象。

因此，虽然科学技术进步对能源总量的要求增加了，但同时，依靠科技进步可以降低能源消费密度，节约能源。更主要的是，依靠科技进步可以发现更多的新能源，可以不断发明新的可再生的洁净能源，以满足社会经济发展的需要。我们还要将生态环境系统和人类社会系统放在同等重要的位置上，在当代哲学思想的指导下制定全球共同的能源政策、法规及环境标准，保护能源和保证能源储备，同时改善生态环境，促进全球经济、社会和环境的可持续发展。

1.2 建筑与暖通空调技术

1.2.1 建筑与暖通空调技术的关系

1. 暖通空调技术的发展概况

随着人们对居住与活动建筑环境质量要求的提高，传统的暖通空调技术已经不能满足建筑绿色、节能的需求。这些年来，在实践中采用优化设计，分析各种材料特点，不断地改进结构，克服热桥的影响，适当地采用温度分区来降低小型独立式住宅的耗能量等，不断采用新技术、新材料，推出新产品，国家已经贯彻了热、冷计量政策，在一定程度上达到了节能

的要求。但暖通空调业要想得到更好的发展，必须遵循暖通空调技术节能、环保、可持续发展、保证建筑环境的卫生与安全的原则。为了使能源结构得到合理化的调整，绿色建筑应运而生，空调技术得到了创新，节能建筑因此得到了发展。为了适应现代化的需求，建筑暖通空调系统应建立智能自控系统，将建筑内所有设备集成一个系统来实现信息共享，进行综合管理。

2．建筑与暖通空调技术的关系

建筑是主体，只有建筑业的发展才能带动暖通空调及其他行业的发展。在建筑中必须有暖通空调技术的支撑，这样才能构成现代、完善的建筑。暖通空调技术，一方面提升了建筑的使用质量和舒适的使用性能；另一方面又可以营造特殊技术参数要求的室内环境。将暖通空调技术与建筑设计进行有机结合，可以增加建筑使用寿命，降低能耗，达到节能目的。

1.2.2 暖通空调技术在完整建筑中的地位

从建筑整体角度来看，暖通空调技术包含多方面的内容，工程设计人员要严格把控建筑工程的设计环节，充分应用先进的节能技术，暖通空调节能的效果才能够在建筑工程中得到充分的体现。

1．绿色建筑是暖通空调技术发展的必然趋势

目前，随着我国城市现代化的发展，暖通空调技术的应用范围越来越广泛，暖通空调能耗在建筑能耗中所占的比例不断加大，能源更加供不应求。绿色建筑是节能建筑。暖通空调技术必须适应绿色建筑的要求，大力推广应用可再生的清洁能源，绿色建筑是暖通空调技术发展的必然趋势。

2．暖通空调技术在完整建筑中的地位

经济的发展使人们对能源的需求不断增加，国家的重视和支持使节能与减排工作取得了大幅度进展。在建筑能耗中，用于暖通空调系统的能耗占到建筑能耗的40%～50%，暖通空调在建筑节能中占据重要的位置。建筑业发展到了绿色建筑的阶段，暖通空调将环保与节能有机结合，绿色建筑对暖通空调系统的要求就是用最低的能耗，创造舒适、健康的室内环境和绿色、洁净的大气环境。

3．暖通空调技术在绿色建筑中的重要应用

（1）蓄冷技术：蓄冷技术就是在夜间用电低峰阶段制冷，在蓄冷设备中以水或冰的形式储存冷量，当白天用电高峰期时，就将储存的冷量释放出来给空调使用，以实现节省电费和资源、达到移峰填谷、节能环保的目的。蓄冷技术错开了用电高峰期，从而降低了对其电力资源的占有率，缓解国家电力建设投入紧张的局面。

（2）太阳能暖通空调节能技术：太阳能不受地域的限制，无论高山岛屿、海洋陆地，到处都有，并且不用运输开采，直接开发利用即可，取之不尽，用之不竭。太阳能也是目前最洁净的能源之一，它不会污染环境。例如，太阳能供暖系统是将太阳能转化为热能，它的集热器由换热水箱和其他加热设施组成，而循环控制系统则由地板采暖和温度控制器组成。

（3）地源热泵技术：它是利用地下浅层的地热资源进行供暖和制冷的节能供暖、空调技术。地热资源包括地表水、地下水，通过热泵输入少量的电能将低能位热能转换为高能位热能，在冬天可以发挥地热能源的作用，供室内采暖，而夏天则把室内的热量提取出来，释放到地下浅层中。

1.3 暖通空调节能与减排技术

1.3.1 暖通空调节能技术

一个国家建筑能耗占总能耗的比例，与这个国家的发展程度和所处的地理位置有关，世界平均建筑能耗占总能耗的37%，其中采暖、通风、空调、照明在内的民生能耗又占建筑能耗的80%以上。我国建筑能耗约占全国总能耗的27%，我国采暖、空调标准低于国际水平。

1. 在新建的项目中，从设计源头抓起，认真把握好节能技术第一关

（1）从方案设计到每一个设计环节都认真按现行的供暖通风与空气调节设计规范和相关节能设计标准的条文、指标、要求，把好节能设计关口。

（2）因地制宜，结合具体情况，积极采用暖通空调节能应用的新技术。

2. 在运行管理使用过程中，进一步把节能工作落实到位

（1）对于设计已经基本到位的暖通空调设施，在运行使用过程中，应根据一年四季的负荷变化，进行调节节能；在运行使用过程中，定期检查、维护，确保设备系统常年好用，使节能工作落到实处。

（2）对于设计落后的暖通空调设施，在调查、分析、比较的基础上，应结合具体情况拿出新方案，进行补充和完善，将节能工作落实到位。

3. 在天然气充足的城市，推广采用冷热电三联供技术

冷热电三联供（CCHP）技术是一种建立在能的梯级利用概念的基础上，把制冷、供热（采暖和生活热水）、发电等设备构成一体化的联产能源转换系统。采用动力装置先由燃气发电，再由发电后的余热向建筑物供热或作为空调制冷的动力获得冷量。其目的是为了提高能源利用率，减少需求侧能耗，减少碳、氮和硫化合物等有害气体排放。CCHP系统一般包括动力系统和发电机（供电）、余热回收装置（供热）、制冷系统（供冷）等，针对不同用户需求，系统方案的可选择范围很大。与之有关的动力设备包括微型燃气轮机、内燃机、小型燃气轮机、燃料电池等。CCHP机组形式灵活，适用范围广，具有高能源利用率和高环保性，是国际能源技术的前沿性成果。

分布式冷热电联产不仅可以缓解电力供需紧张的状况，也是提高一次能源利用率的根本途径及加强电力供应安全性的措施之一。目前分布式冷热电联产包括如下两种：

（1）区域性冷热电联产（DCHP）。在全世界范围内已有许多工程项目在运行，如日本芝蒲地区共同能源系统、巴基斯坦纺织厂等项目。项目的运行情况表明，热能利用率高达82%以上，甚至可达90%。区域冷热电联产技术的发展，可以提高CCHP系统的热效率和经济性，便于运行管理。

（2）楼宇冷热电联产（BCHP）。这种方式通过让大型建筑自行发电，解决了大部分用电负荷，提高了用电的可靠性，同时还降低了输配电网的输配电负荷，并减少了长途电网输电的损失，同时还可利用发电后的余热向建筑物内供热、供冷，一举三得。世界许多国家将其定为保持21世纪竞争力优势的重要技术。美国能源部和环保署支持CCHP工业界对其国内发展做出的20年规划，到2020年时，50%的新建商业/学院采用CCHP，10%的已建商业/学院采用CCHP。我国的CCHP研究起步较晚，目前集中在上海、广州、北京地区，应用得

早的是上海黄浦中心医院，此外，浦东机场、北京市燃气集团监控中心等项目陆续建成并投入使用。

4. 在日夜间电力负荷差大的地区，推行采用蓄冷空调技术

蓄冷空调的作用和意义：世界和我国的一些地区都存在电力负荷峰谷差，很多国家和地区的电力部门相应采取了分时电价办法来削峰填谷。而蓄冷空调利用夜间电力富余时段制冰和低温水蓄冷，在用电高峰期融冰和取低温水制冷，这样不但避开了用电高峰期可能引起的运行事故，还可以提高电能的利用率，避免重复建设，节省运行费用。

1.3.2 暖通空调减排技术

伴随不同工艺的工业生产和人们生活及各种活动的过程，各种废气、废水、固体废弃物就会产生，问题的关键是如何减少这些有害物的产生，正确认识和处理室内外环境的污染源，用合理的技术方案，得当的治理方法，先进、实用的技术措施，使污染源得到有效的控制和治理。

暖通空调技术与环境是为人类生产、生活及各种活动提供服务的，与此同时，它们也会有各种污染物、废弃物产生，同样需要有效的控制和治理。

1. 暖通空调技术本身在实施的过程中，就会有废气、废水、固体废弃物产生，需要控制和减排

（1）暖通空调热源锅炉房，在提供热能的同时就会有炉烟、废水、固体废渣产生，须得治理、减排，否则就会污染和破坏大气环境。

（2）暖通空调冷源站若设计和使用工质不当，如 F12、F22 等就会给大气臭氧层带来损耗，氨的使用管理不得当而泄漏，就会给室内外环境造成破坏。

（3）集中的通风、空调机房，泵站，制冷机房等，如果设计噪声不符合有关规范要求限值，又维修管理不到位，不作消声处理，噪声就会大大超过环境要求，严重扰民，周围人不得安宁。

（4）供热管网高压蒸汽输配，凝结回水二次蒸发且未作合理利用、处理，既浪费了热能又不利于环境。

2. 在暖通空调技术设施服务的不同工艺生产分类环境中，有不同的有害物产生应有效治理与减排

（1）铸造车间（热加工）：铸造车间生产工部主要由熔炼工段、造型工段、造芯工段、型芯砂制各工段、清理工段等组成。砂型铸造主要由铸型准备、金属熔炼以及浇注、落砂、清理三个独立过程组成。在铸造生产的各种工艺操作过程中，产生的主要有害物有粉尘、热、有害气体、恶臭和水蒸气，必须对其污染源进行有效的控制和治理。

（2）热处理车间（热加工）：热处理工艺生产的主要工序包括：退火和回火、渗碳、淬火、回火、氰化和渗氮。在生产过程中产生的主要有害物包括：由油槽和水槽发散出来的油烟和水蒸气；由加热炉的炉口、炉门、炉壁和加热工件表面散发出来的对流和辐射热；当燃烧不完全时，由炉子缝隙、炉口等处逸出的一氧化碳；在工件淬火和回火时，从炉子散发出来的有害气体（如氰化物、氧化铅、氮、氧化氮以及硝酸盐蒸汽等）；磺砂（丸）、砂枪机等操作时散发出的金属尘以及细尘埃；清理坑（槽）散发出的蒸汽。为了达到对有害物源的控制，必须遵守与工艺和建筑相关的具体要求。

（3）电镀、酸洗车间（冷加工）：电镀、酸洗车间工艺有电镀、酸洗、钝化、氧化、皂化、光化、铝合金阳极化处理、磷化、浸亮九种。电镀工艺过程应按照工件特点、镀层性质及其表面状态而定。酸洗、电镀过程由槽子散发有害物（污染源），有害物随用槽的工艺而不同。为了达到对有害物的控制，必须遵守与工艺、建筑及总平面布置相关的具体要求。

（4）涂装车间（冷加工）。

1）涂装车间工艺包含涂漆前表面处理、涂漆、干燥等过程。

2）涂装作业的空气污染源。在采用溶剂型涂料的情况下，涂装作业对大气环境的污染主要包括：前处理各槽子散发的各种酸雾、碱雾、恶臭或机械除锈设备散落的粉尘；可导致生成光化学、氧化学的有机溶剂蒸气；干磨腻子和粉末喷涂时的粉尘以及空气喷射时的漆雾；烘干时热分解和涂料挥发物、恶臭气体。

3）废气净化处理。油漆车间废气主要成分为有机溶剂挥发物、涂料热分解物、恶臭气体和酸、碱雾等；常用的净化处理方法有液体吸收法、活性炭吸收法、催化燃烧法、热力燃烧法等。

4）木工车间（冷加工）：① 木工车间组成：一般由木材干燥、机械加工、装配、木模、金属模（或塑料模）、建筑修理、木箱制造、油漆等工艺组成；② 工艺过程：鲜木材由露天锯材仓库运入车间，在烘干室烘干；干燥后的木材送至干材仓库堆存备用；机械加工工部从干材仓库取得原材料后进行加工，经过锯、刨、钻、车、铣、磨光等工序制成部件，然后进行装配、油漆，或将型材、部件运至其他车间备用；③ 在生产过程中产生的主要有害物，包括木屑和有机溶剂气体，木材干燥工部则有余热及大量水蒸气；④ 通风除尘：木工机床排尘；车间地面吸尘；木工除尘系统，各工部的通风除尘。要对木屑和有机溶剂、余热及水蒸气进行控制，减少污染排放。

3. 民用居住和公共建筑环境中，暖通空调技术设施在使用过程产生的有害物应及时有效控制与治理

（1）中央空调系统设备和风管路由于较长时间不清洗就会滋生一种"军团菌"。夏季室外炎热，人长时间在室内空调凉风下工作，"军团菌"随凉风吹出，人吸入后出现上呼吸道感染及发热症状，这种病就是"军团菌肺炎"，严重者可致呼吸衰竭和肾衰竭，不及时治疗有生命危险。对这种环境的空调技术设施必须及时采取措施进行有效治理。

（2）在居住和公共建筑环境中，防治室内空气污染，把控空气质量，对人体健康是十分重要的。

室内污染物通常有：

1）挥发性有机化合物。除醛类外，常见的还有苯、甲苯、二甲苯、三氯乙烯、三氯甲烷等，还包括源于建筑材料及室内装饰材料等的甲醛、苯、甲苯、氯仿、厨房中的油烟和香烟中的烟雾等有机蒸气。

2）可吸入固体颗粒物及有害无机小分子。主要是悬浮的粉尘微粒，包括灰尘、烟尘与动物毛发、皮屑等，有害无机小分子包括燃烧产生的 CO、氮氧化合物等。

3）悬浮微生物。包括细菌、病毒、霉菌等，微生物能通过特应性机制，传染过程和直接毒害途径等疾病对人们的生活、工作产生很大的影响。一天中人们停留在室内的时间占80%以上，每天呼吸的绝大部分是室内空气，所以室内空气质量比大气质量更关乎人们的生命健康，必须防治污染，把控室内空气质量。

（3）各类车库在停放、保养、检查、修理过程中，会产生一氧化碳、二氧化碳等各种有害气体，应结合实际情况合理采用局部排风和全面通风的方法进行有效控制和治理。

（4）在各类餐饮饭店、宾馆等公共厨房会产生大量的油烟，从下水道排出不少的地沟油等有害物，这是不容忽视的，应采用有效的方法和设施进行控制和治理。

（5）在家庭、各企事业单位及公共场所的卫生间都应该有良好的通风设施，确保室内空气良好，温度适宜。

（6）在一些医院、理化及放射性实验室，在工作过程中有病菌、病毒及放射性的污染物产生，必须对其这些污染物进行特殊妥善的治理后，方可对外排放。

1.3.3 暖通空调节能减排新技术

暖通空调技术与设施是室内气象条件的重要保障。随着人们对于生态环保越来越重视，减少对传统化石能源的依赖势在必行。为了更好地节能环保，减少污染排放，世界各国大力推行暖通空调节能减排新技术。

1. 太阳能技术的应用

根据《绿色建筑评价标准》（GB/T 50378—2006），太阳能的贡献率要达到建筑能耗的5%以上，住宅开发与建设中充分利用太阳能已经成为社会发展的必然趋势。我国的建筑能耗约占全国总能耗的26.7%。我国幅员辽阔，2/3以上地区年日照数大于2200h，每年照射在陆地面积上的太阳辐射总量为$3.3\times10^3\sim8.4\times10^3kJ/m^2$，相当于$2.4\times104$亿tce。太阳能作为清洁和可再生的能源，有着非常广阔的应用前景。

目前，太阳能技术的应用主要体现在光伏发电技术和光热转换技术两个领域。

（1）太阳能光伏发电技术。太阳能光伏发电技术是利用光电转换原理，将太阳辐射光通过半导体物质转变为电能。制造太阳能电池的半导体材料有十几种，其中转化率较高、技术较成熟且有一定商业价值的是硅太阳能光伏电池。考虑价格因素，太阳能电池的转化效率不应低于8%，扣除各种损失，一般要求达到15%的转换率。

太阳能光伏发电技术的工作原理是将太阳能发电机组与建筑的墙面或屋顶相结合，光伏构件和玻璃幕墙一体化，光线既能透过光伏构件满足室内采光需要，又可将太阳光辐射能量转化为可利用的电能，既节省电力资源又满足了节能和环保的要求。目前，光伏建筑一体化主要形式有光电采光顶、光电屋顶、光电幕墙、光电遮阳板、屋顶光伏方阵和墙面光伏方阵。

（2）太阳能光热转换技术。太阳能光热转换技术的工作原理是通过转换装置把太阳辐射光转化成热能并加以利用。住宅建设中对太阳能光热转换技术的应用常见以下几种形式：

1）太阳能与住宅通风相结合：利用太阳能装置使住宅围护结构与通风、被动式采暖融为一体，从而达到改善建筑性能和节能的目的。太阳能通风体系的主要应用形式是太阳能集热墙体和太阳能集热屋面，在太阳辐射的作用下利用热压实现自然通风和被动式采暖。此项技术在我国尚处于研究探索阶段，需要在工程实践中进一步积累经验。

2）太阳能与住宅采暖相结合：根据国际能源组织的有关规定，太阳能采暖系统可根据传热媒介质分为气媒型和水媒型。以空气为媒介的太阳能采暖系统由空气集热器、蓄热器、风机、辅助热源以及风道等组成，然而由于风机电耗较高、蓄热器体积过大、集热效率低等问题尚未得到有效解决，气媒型太阳能采暖系统并未得以推广使用。相对而言，以水为介质的太阳能采暖系统集热效率高,并且可以和太阳能热水系统联合使用,有着广泛的发展前景。

3)太阳能与住宅制冷相结合:利用太阳能制冷的主要途径有两种:一种是利用太阳能集热器等实现光热交换,以热制冷;另一种是利用光电转换器等实现光电转换,以电制冷。后者由于成本较高,应用较少。目前在实践领域中应用较广的是光热制冷方式。

4)太阳能与住宅供热水系统相结合:太阳能光热转换技术在我国应用比较广泛的是太阳能热水技术。按照太阳能热水系统供水方式,可分为集中型、集中–分散型和分散型三种。其中,集中型和集中–分散型系统在运行时,水量、水压、水质等方面具有明显优势,是太阳能热水系统的发展方向,但技术要求高、管路系统及控制复杂,进一步推广尚需时间。分散型系统以小型家用太阳能热水器为主,其工作原理是利用太阳能集热器与闭式蓄热水箱之间形成密闭高压系统,通过温差控制模式实现全自动运行。家用太阳能热水器在水量、水压、水质等方面存在的不稳问题尚未完全得以解决,但其安装和控制方便,在我国得到了较广泛的应用。据中国太阳能产业协会的最新统计,截至 2007 年底,中国太阳能热水器产量达 2300 万 m^2,总保有量达 1.08 亿 m^2,占全世界的 76%,成为全球太阳能热水器生产和使用第一大国。

2. 热泵技术的应用

热泵是一种将低位热源的热能转移到高位热源的装置,也是全世界备受关注的新能源技术。它不同于人们所熟悉的可以提高位能的机械设备"泵"。热泵通常是先从自然界的空气、水或土壤中获取低品位热能,经过电力做功,然后再向人们提供可被利用的高品位热能。热泵按热源种类不同,一般可分为空气源热泵、水源热泵、地源热泵、双源热泵(水源热泵和空气源热泵结合)等。

(1)空气源热泵技术。

1)空气源热泵的原理:空气源热泵是基于逆卡诺循环原理建立起来的一种节能、环保制热技术,通过自然能(空气蓄热)获取低温热源,经系统高效集热整合后成为高温热源,用来取(供)暖或供应热水,整个系统集热效率甚高。空气源热泵作为热泵机组的形式之一,是以室外空气为热源的热泵型整体式空调装置,因其安装使用十分方便,对环境的污染也较小,在难以安装冷却塔、锅炉等设备的情况下,空气源热泵机组得到广泛的应用。随着国内经济的发展和人民生活水平的提高,自 20 世纪 90 年代起空气源热泵在中国南方得到了广泛的应用,并在空调设备市场中占了很大份额。

2)空气源热泵的主要分类。

① 空气–空气型空气源热泵。空气–空气型空气源热泵原理如图 1.3–1 所示。它是在单冷型的空调器基础上发展的。一般来说,其作为夏季空调器的功能较好,热泵功能是辅助型的。通常是用用四通阀转换夏季空调工况和冬季供热工况,四通阀也可兼用于冬季除霜工况。风冷式室内换热是传统设计,但风冷式需要较高的出风温度,风速是按照夏季工况制冷时设计的,冬天时人们不希望有较大风速(舒适度较差)。

空气–空气型热泵最大的优点就是结构简单,安装方便。从原理上讲,空气–空气型热泵系统适用于夏季空调,而不适用于冬季供热。

② 空气–水型空气源热泵。空气–水型空气源热泵原理图(冬季工况)如图 1.3–2 所示。与空气–空气型热泵相同,空气–水型热泵一般也是用四通阀转换夏季空调工况和冬季供热工况,四通阀也可兼用于除霜工况,不同的是室内换热器不是风冷式而是循环水式。循

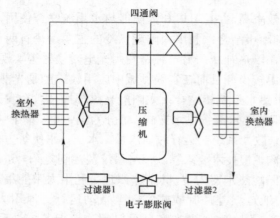

图 1.3-1　空气-空气型空气源热泵原理图

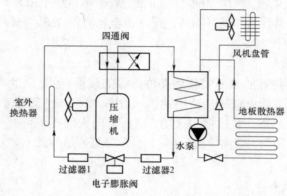

图 1.3-2　空气-水型空气源热泵原理图（冬季工况）

环水式是以水为传热介质，可降低冷凝温度，采用水冷的冷凝器，可在 40℃的冷凝温度下，产生 35℃的热水，提供给地板采暖，形成从下到上的自然对流，有较好的采暖舒适度，也可提高热泵的制热系数。到夏季，用冷水进入室内风机盘管，冷风从上至下，也有较好的舒适度。

空气-水型热泵系统出现得较晚，它在一定程度上克服了空气-空气型热泵的缺点，比较符合冬季供暖的要求，如果设计得当，这种热泵有着如下优点：

Ⅰ. 因配备了变速压缩机和电子膨胀阀，热泵具有"广谱"性能。室外温度低时仍能工作，并通过提高压缩机的转速，适当增加输出的热量。

Ⅱ. 采用地板散热，没有吹风感。35℃的热水进入地板散热系统，房间可达到22℃，也不感到干燥。

Ⅲ. 湿度大时，同空气-空气型热泵一样需要频繁除霜。其具有一个比较大的水箱作为蓄热装置，除霜时需要的热量取自水箱，不会导致室内温度波动；也没有空气-空气型热泵的室内换热器在除霜时的噪声等。

Ⅳ. 今后我国可能采用 R32 或 R290 等工质用于民用或商业制冷空调产品，在蒸发器中直接膨胀吸热，但由于 R32 和 R290 的可燃性带来的安全隐患也不可避免。水冷系统以水作为载冷剂传输冷热量，可以避免工质直接进入生活区，提高系统安全性。

（2）地源热泵技术。地源热泵空调是使用土壤、地下水和地表水作为低位热源的热泵空调系统，包括以土壤为热源的土壤耦合热泵系统、以地下水为热源的地下水源热泵系统和以地表水为热源的地表水源热泵系统。

1）地下水源热泵系统的工作原理。地下水源热泵系统主要由四部分组成，即水循环系统、水源热泵机组、室内空调系统和控制系统。地下水源热泵系统一般有制热和制冷两种工况，采用蓄冰槽的空调系统，还有制冰工况。

在制热工况时，一次水循环系统将地下水中的热能传送到蒸发器，制冷剂在蒸发器中蒸发，从地下水源中吸热，通过压缩机压缩的作用，制冷剂的温度升高，在冷凝器中制冷剂将热量释放出来，经过二次水循环系统，将热能传送到建筑物内，达到供热的目的。地下水源热泵系统冬季制热工况示意图如图1.3-3所示。

在制冷工况时，二次水循环系统将建筑物内的热能传送到蒸发器中，制冷剂在蒸发器中蒸发，通过压缩机压缩的作用，制冷剂的温度升高，在冷凝器中制冷剂将热量释放出来，与一次水循环系统进行热交换，并将这部分热量排放到地下水源中，从而实现对建筑物的供冷。地下水源热泵系统夏季制冷工况示意图如图1.3-4所示。

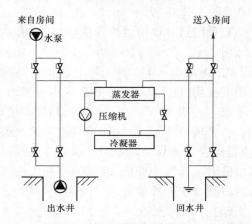
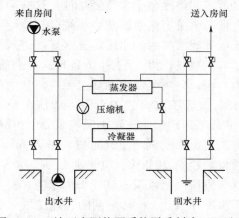

图1.3-3 地下水源热泵系统冬季制热工况示意图　　图1.3-4 地下水源热泵系统夏季制冷工况示意图

2）地下水源热泵系统的特点。

① 高效节能。地下水源热泵机组可以将低位热能转换为高位热能，可利用的冬季水体温度为12～22℃，水体温度比环境空气温度高，所以热泵循环的蒸发温度提高，能效比也提高。而夏季水体温度为18～35℃，水体温度比环境空气温度低，所以制冷的冷凝温度降低，使得冷却效果好于风冷式和冷却塔式，机组效率提高，达到节能环保的效果。

② 环境效益显著。地下水源热泵机组消耗的是电能，供热时省去了燃煤、燃气、燃油等锅炉房系统，没有燃烧过程，避免了排烟、排污等污染；供冷时省去了冷却水塔，避免了冷却塔的噪声、霉菌污染及冷却水消耗。

③ 运行稳定可靠。地下水的温度一年四季相对稳定，其波动的范围远远小于空气的变动，是很好的热泵空调热源和冷源。水体温度较恒定的特性，使得热泵机组运行更可靠、稳定，也保证了系统的高效性和经济性。

④ 应用范围广。可广泛地应用于宾馆、办公楼、学校、商场、别墅区、住宅小区的集

中供热制冷，以及其他商业和工业建筑空调，并可用于游泳池、乳制器加工、啤酒酿造、冷轧锻造、冷库及温室种植和养殖等行业。

⑤ 一机多用。地下水源热泵系统可供热、供冷，还可以供生活热水，即实现一机多用，一套系统可以替换原来的锅炉加空调的两套系统。特别是对于同时有供热和供冷要求的建筑物，水源热泵更有明显的优势。

⑥ 自动化程度高。水源热泵机组工况稳定，机组运行简单、可靠、自动程度高，可以减少运行人员的数量和降低劳动强度。

3）地表水源热泵技术的应用。地表水源热泵技术具有节能、环保等优势，在我国长江流域沿线区域有着较广泛的应用前景。这主要得益于良好的水资源优势和国家政策支持。近十年来我国已有较多应用地表水水源热泵的项目，这些项目分布在上海、重庆、青岛、大连、北京、天津等地，以江水源、河水源、湖水源为主，也有一些海水源、再生水源方面的尝试。

江、河水是流动的，水体的流动能够带走热/冷量，也加强了与边界及大气的换热效果，比相对静止的湖水，更适合作为热泵机组的换热载体。江的水流量大、流速快，与河、湖相比，换热效果最好，所以相对于其他类型的地表水水源热泵，江水源热泵在我国的工程应用项目最多，但受限于水资源条件，这些项目集中在上海、重庆等地。例如，2010 年上海世博会世博轴采用江水源热泵系统联合地埋管地源热泵系统进行集中供冷和供热。江水源热泵系统以黄浦江江水为水源，江水直接进入机组，选用 5 台制冷量 1200kW、制热量 1100kW 的江水源热泵机组。上海十六铺地区综合改造工程和上海港国际客运中心项目也以黄浦江江水为水源，采用了江水源热泵系统，其中前者应用面积为 11.4 万 m^2，后者应用面积为 40 万 m^2。重庆江北城 CBD 区域是重庆主城的核心区域，占地 $2km^2$。江北城 CBD 区域约 230 万 m^2 公共建筑拟实施江水源热泵集中供冷供热示范。一期工程已于 2009 年完工，供热供冷范围为重庆大剧院，建筑面积 8.26 万 m^2。重庆市世纪会紧邻长江，以长江水为冷热源，选用两台制冷量 203kW、制热量 229kW 的水源热泵机组，为约 $2000m^2$ 建筑供冷和供热。黄山玉屏假日酒店以新安江江水为水源，采用水源热泵结合水蓄冷的方式，为约 7.9 万 m^2 的建筑供冷和供热。桂林阳朔的碧莲江景大酒店，以漓江江水为水源，采用 2 台螺杆式双冷凝器全热回收满液式水源热泵机组，单台制冷量为 1337.6kW。

总之，我国已有较多江、河、湖水源热泵工程项目，系统制冷量在 500～20 000kW 之间；也有一些海水、污水源热泵项目，规模通常较大，为推广该技术提供了一定的实践基础。同时也应指出，我国尚缺乏对地表水水源热泵实际运行效果的跟踪和总结，仅有个别项目有公开的性能测试数据，但仍不能代表系统全年的运行性能，需加强对已建水源热泵项目的效果跟踪，并及时向社会公开跟踪结果，以更好地推动这项技术的发展。

3. 复合能源技术的应用

空气源热泵在寒冷环境下不能高效、稳定、可靠地运行，而太阳能热泵因直接受太阳辐射的影响只能间歇运行或配备辅助热源，各有各的优缺点。基于此，将空气源和太阳能两种低温热能形式结合在热泵技术中，形成优势互补的复合热源热泵系统，应用于建筑物供暖空调，从而最低限度地消耗常规能源并最大限度地利用绿色生态可再生能源（太阳能、空气低焓能）来解决建筑物供暖空调能耗，实现建筑的节能、环保和生态平衡，同时满足较高的舒适性要求。

在较高的室外气温下，空气是一种良好的低位热源。空气源热泵在较高的室外气温下工作良好，热泵的制热性能系数、制热量较高，能够满足建筑物的供热要求，此时完全可以用空气作为热泵的低位热源。当室外温度下降时，热泵工况恶化，其制热性能系数、制热量大幅下降，这时需要提高热泵热源温度，可以用太阳能蓄热作为热泵的低位热源。考虑上一节介绍的天津地区的气候特点，采用一种太阳能–空气复合源热泵系统，如图1.3–5所示。

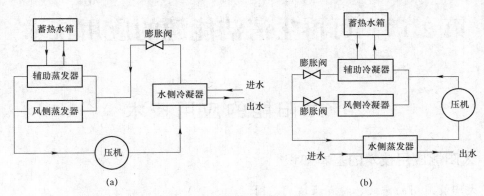

图 1.3–5 太阳能–空气复合源热泵系统

(a) 制热时循环；(b) 制冷时循环

冬季机组制热工况下，热泵机组有两个并联的蒸发器：辅助蒸发器和空气源蒸发器，热泵既可以用环境空气作为热源，也可以用太阳能集热器蓄热水作为热源。辅助蒸发器的热水来自太阳能集热器的蓄热水箱，白天通过太阳能集热器进行蓄热，将热量储存在蓄热水箱中。热泵有两种供热模式：① 当蓄热水箱内热水温度高于某一值时，辅助蒸发器和风侧蒸发器同时工作；② 当水温低于这一值时，只有风侧换热器工作，辅助蒸发器停止工作。这样热泵一直在较高的制热性能系数下运行，一定程度上弥补了空气源热泵低温运行时的不足，同时减少了太阳能集热器的集热面积和蓄热水箱的容量。

夏季制冷工况下，热泵有三种制冷模式：① 当蓄热水箱内热水温度低于某一值时，辅助冷凝器工作，风侧换热器停止工作；② 当水温在某温度范围内时，双冷凝器同时工作；③ 而当水温高于某值时，只有风侧换热器工作。

第 2 章　可再生清洁能源的应用技术

2.1　太阳能的应用技术

2.1.1　太阳能应用技术的基本知识

1. 太阳能应用的意义、特点及适用范围

（1）太阳能应用的意义。面对以煤、石油等化石能源为主的常规能源对环境的污染破坏，而且资源短缺并面临枯竭，人类迫切需要寻求开拓可再生的清洁能源。太阳能就是永不枯竭的清洁可再生能源，不断开发利用，终将取代传统的常规能源。

（2）太阳能应用技术的特点。目前可应用于建筑工程的太阳能利用技术包括太阳能热利用、太阳能光化利用、太阳能发电及光生物作用四个方面。太阳能利用具有以下特点：

1）总能量很大，但太阳通量密度低。

2）太阳能是可再生能源，但又具有间歇性。

3）无污染的清洁能源。

4）太阳能本身是免费的，有效利用它的初投资较高。

5）太阳能热利用较容易实现热能能级的合理匹配，从而做到物尽其用。

（3）太阳能技术应用的适用范围。我国地域辽阔，各地的日照、气候、经济水平不一样。我国具有丰富的太阳能资源，年日照时数在 2200h 以上地区约占国土面积的 2/3 以上。对于年日照时数大于 2200h、年太阳辐射照量大于 3500MJ/（$m^2 \cdot a$）的地区，宜设计选用太阳能热水系统。遵照的基本原则是：对于太阳能资源丰富和较丰富的地区，宜在有热水供应需求的民用建筑上推广使用太阳能热水系统；对于资源一般地区，应优先考虑和选择使用太阳能热水系统；资源贫乏地区应进行投资收益分析，并在合理的前提条件下，优先选择使用太阳能热水系统。

太阳能是由内部氢原子发生氢氦聚变释放出巨大核能而产生的能，来自太阳的辐射能量。人类所需能量的绝大部分都直接或间接地来自太阳能。太阳辐射的能量是极为巨大的，地球能够接受的只是很小一部分，虽然实际可利用率仍然较低，但是可利用量远远大于满足现在人类全部能耗能源利用量。所以如果我们能够充分利用好太阳能，效益是非常客观的，对环境也有极大的好处。

我国是太阳能资源比较丰富的地区，全国各地太阳年辐射总量达 3350～8370MJ/（$m^2 \cdot a$），太阳年辐射平均值为 5860MJ/（$m^2 \cdot a$）。按太阳能年辐射总量的大小，中国大致划分为五类地区，见表 2.1－1。

表 2.1-1　　　　　　　　　　　　　　我国太阳能资源分布

区域划分	一类地区	二类地区	三类地区	四类地区	五类地区
年总辐射量/[MJ/(m²·a)]	6700～8370	5860～6700	5020～5860	4190～5020	3350～4190
日照时间/(h/a)	3200～3300	3000～3200	2200～3000	1400～2200	1000～1400
地域	青藏高原、甘肃北部、宁夏北部和新疆南部等地	河北西北部、山西北部、内蒙古南部、宁夏南部、甘肃中部和青海东部等地	山东、河南、河北东南部、山西南部、吉林、辽宁、云南、陕西北部、广东南部、福建南部、江苏北部和安徽北部等地	长江中下游、福建、浙江和广东部分地区	四川、贵州
特点	太阳能资源最丰富的地区。特别是西藏，仅次于撒哈拉大沙漠，居世界第二位	太阳能资源较丰富区	太阳能资源中等区，面积较大，具有利用太阳能的良好条件	春夏多阴雨，秋冬季太阳能资源还可以	太阳能资源最少的地区，仍有一定利用价值

2. 太阳能应用技术的程序及原理

（1）太阳能的采集。太阳辐射的能流密度低，在利用太阳能时，为了获得足够的能量或提高温度，必须采用一定的技术和装置（集热器），对太阳能进行采集。集热器按是否聚光，可以划分为聚光集热器和非聚光集热器两大类。聚光集热器能将阳光会聚在面积较小的吸热面上，可获得较高温度，但只能利用直射辐射，并且需要跟踪太阳；非聚光集热器（如平板集热器、真空管集热器等）能够利用太阳辐射中的直射辐射和散射辐射，集热温度较低。

（2）太阳能的转换。太阳能是一种辐射能，具有即时性，必须即时转换成其他形式能量才能利用和贮存。将太阳能转换成不同形式的能量，需要不同的能量转换器。集热器通过吸收面可以将太阳能转换成热能；利用光伏效应，太阳电池可以将太阳能转换成电能；通过光合作用植物，可以将太阳能转换成生物质能，等等。原则上，太阳能可以直接或间接转换成任何形式的能量，但转换次数越多，最终太阳能转换的效率越低。

（3）太阳能的贮存。地面上接收到的太阳能，受气候、昼夜、季节的影响，具有间断性和不稳定性。因此，太阳能贮存十分必要，对于大规模利用太阳能更为必要。太阳能不能直接贮存，必须转换成其他形式能量才能贮存。大容量、长时间、经济地贮存太阳能，在技术上比较困难。21 世纪初建造的太阳能装置几乎都不考虑太阳能贮存问题，目前太阳能贮存技术也还未成熟，发展比较缓慢，研究工作有待加强。

（4）太阳能的传输。太阳能不像煤和石油一样用交通工具进行运输，而是应用光学原理，通过光的反射和折射进行直接传输，或者将太阳能转换成其他形式的能量进行间接传输。直接传输适用于较短距离，基本上有三种方法：① 通过反射镜及其他光学元件组合，改变阳光的传播方向，到达用能地点；② 通过光导纤维，可以将入射在其一端的阳光传输到另一端，传输时光导纤维可任意弯曲；③ 采用表面镀有高反射涂层的光导管，通过反射可以将阳光导入室内。间接传输适用于各种不同距离。将太阳能转换为热能，通过热管可将太阳能传输到室内；将太阳能转换为氢能或其他载能化学材料，通过车辆或管道等可输送到用能地点；空间电站将太阳能转换为电能，通过微波或激光将电能传输到地面。太阳能传输包含许多复杂的技术问题，应认真进行研究，这样才能更好地利用太阳能。

3. 太阳能应用技术的分类

目前，太阳能应用技术主要分三个方面：太阳能热利用技术、太阳能光伏发电技术和太阳能光化学转换技术。

（1）太阳能热利用技术。太阳能热利用是应用范围比较广的一种技术，应该也是与我们生活最为贴近的一种。

1）太阳能热水器。太阳能热水器是把太阳能转化为热能，并对水进行加热的装置。其结构简单、成本低、易推广。我国是世界上太阳能热水器最大生产国和消费国，而我国太阳能热水器的生产和应用已有 20 多年历史。目前已有 50 多个研究单位和高校从事该项研究和开发，生产厂达到 150 多家，年产量超过 40 万 m²（采光面积），已基本形成太阳能热水器产业，产业质量接近国际 20 世纪 80 年代先进水平。太阳能热水器在世界上应该也是一个比较有发展前景的利用方向，原因有三点：① 使用太阳能热水器对节能减排有显著效果；② 目前世界太阳能热水器的平均户用比例还非常低，推广空间很大；③ 太阳能热水器在服务业、旅游业、公共福利事业等行业的应用市场也非常大。如果能够将太阳能热水器的应用范围以及比例大大提高，社会效益和经济效益会更为显著。

2）太阳能热发电。太阳能热发电是利用集热器将太阳能转换成热能，并通过热力循环过程进行发电。世界上现有太阳能热发电系统大致分为槽式系统、塔式系统和碟式系统三类。

① 槽式系统：利用槽式聚光镜将太阳光反射到镜面焦点处的集热管上，并将管内工质加热，产生高温蒸汽，驱动常规汽轮机发电。目前，槽式太阳能发电是商业化进展最快的技术之一，全球应用较广。

② 塔式系统：利用一组独立跟踪太阳的定日镜，将太阳光聚集到中心接收高塔上，加热工质进而发电。

③ 碟式系统：利用旋转抛物面反射镜将太阳光聚焦到焦点处放置的斯特林发电装置。其光学效果为三类系统中最高，启动损失小。

太阳能热发电技术同其他太阳能技术一样，在不断完善和发展，但其商业化程度还未达到热水器和光伏发电的水平。

3）太阳能建筑。太阳能建筑是指利用太阳能代替部分常规能源，使室内达到一定温度的建筑。广义的太阳能建筑是直接利用太阳辐射热进行供暖、供热水和制冷空调的建筑。太阳能建筑按照采暖系统的不同，可分为主动和被动式两种。主动式太阳能建筑需要一定的动力进行热循环，一般来说，能够较好地满足住户的生活需求，但设备比较复杂，投资比较大，目前在我国难以推广应用。被动式太阳能建筑就是不耗费任何其他机械动力，只依靠太阳自然供暖的建筑。白天依靠太阳能供暖，多余的热量存储供夜间使用。这种建筑投资较少，运行费用低，但昼夜温度波动较大。

4）太阳灶。太阳灶是利用太阳辐射能，直接转换成可供人们炊事使用的热能，以代替一般炉灶。我国是太阳灶使用最多的国家。目前，聚光式太阳灶技术已基本成熟。太阳灶无需燃料、无污染，在甘肃、青海、西藏等地区作用很大，是一种很有前景的太阳能利用技术。

5）太阳能吸收式空调及供热系统。该系统主要由热管式真空管集热器、溴化锂吸收式制冷机、储热水箱、储冷水箱、生活用热水箱循环水泵、冷却塔、空调箱、辅助燃油锅炉和自动控制系统等组成。总体要求是夏季提供空调，冬季提供采暖，春秋季节提供生活用热水。当前，许多国家和地区都在进行太阳能空调的研究，如意大利、美国、英国、日本、韩国等。实践证明，采用热管式真空管集热器与溴化锂吸收式制冷机相结合的太阳能空调技术方案是很成功的，它为太阳能热利用技术开辟了新的应用领域。

（2）太阳能光伏发电技术。

太阳能光伏发电是利用太阳电池将太阳能直接转变为电能。光伏发电系统主要由光伏电池板、控器和逆变器三大部分组成。30多年来，国家投入大量资金支持该领域的研究开发。现在，生产和应用方都得到很大的发展。我国光伏设备产能仅次于日本和德国，居全球第三，但90%以上销往国外。2007年来，中国光伏产业呈爆发式增长，2008年太阳电池产量占世界产量的31%，居世界首位。目前块状光伏电池（晶体硅光伏电池）是市场上的主导产品，按材料形态主要分为单晶硅太阳电池和多晶硅太阳电池。其中，单晶硅太阳电池在太阳电池中研究最早、最先进入应用。除此之外，还有薄膜光伏电池，薄膜厚度在 $2\sim3\mu m$。不过一般光伏电池价格较昂贵。

未来光伏产业一定会继续以高增长速率发展，电池组件成本将大幅降低，光伏产业将向更大规模和高技术方向发展。

（3）太阳能光化学转换技术。太阳能光化学转换是将太阳光能转换为化学能，例如绿色植物的光合作用。生物质能也是太阳能以化学能形式贮存于生物中的一种能量形式，直接或间接地来源于植物的光合作用。光化学领域研究的科技工作者在半导体粉末光催化制氢及制备有价值的化合物、进行环境治理、变废为利、回收贵金属等方面都进行了研究。目前我们对地球上每年经光合作用产物蕴含的能量利用率不超过3%，太阳能光化学转换技术具有发展和应用的前景。

2.1.2 太阳能应用的基本技术

1. 太阳能热水系统的部件构成和作用

太阳能热水系统是重要的可再生能源技术，在提供生活热水和提高城乡居民生活方面起到了重要的作用。太阳能热水系统需要解决的主要问题是太阳能的采集和储存，其主要部件的构成及作用如下：

（1）太阳能集热器。它主要负责完成太阳能的采集功能。当前使用的太阳能集热器大体分为两类：平板型太阳能集热器和真空管型太阳能集热器。它们各自的结构分述如下：

1）平板型太阳能集热器。平板型太阳能集热器的基本结构图如图2.1-1所示，一般由吸热板、盖板、保温层和外壳四部分组成，其各部分组成的作用如下：

① 吸热板是吸收太阳辐射能量并向集热器工作介质传递热量的部件，其材料大量采用铜材，也有采用铝合金、镀锌板等，吸热板的涂层材料对吸收太阳辐射能量起着重要作用。吸热板有管板式、扁盒式、扁管式三种结构。

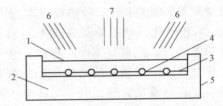

图2.1-1 平板型太阳集热器的基本结构图

1—透明盖层；2—隔热材料；3—吸热板；4—排管；
5—外壳；6—散射太阳辐射；7—直射太阳辐射

② 盖板的作用是减少热损失。吸热板将接收到的太阳辐射能量转变成热能传输给工作介质的同时，也向周围环境散失热量，在吸热板上表面加设能透过可见光而不透过红外热射线的透明盖板，就可有效地减少这部分能量损失。

③ 保温层的作用是减少集热器向周围环境的散热，以提高集热器的热效率。

④ 外壳的作用是将吸热板、盖板、保温材料组成一个整体，并保持一定的刚度和强度，便于安装。

平板型太阳集热器的工作原理是：让阳光透过透光盖板，照射在表面涂有高太阳能吸收率涂层的吸热板上，吸热板吸收太阳辐射能量后温度升高。一方面将热量传递给集热器内的工质，使工质温度升高，作为载热体输出有用能量，另一方面也向四周散热，盖板则起允许可见光线透过，而红外热辐射线不能透过的作用，也就是温室效应，使工质能带走更多热量，提高热效率。

2）真空管型太阳能集热器。全玻璃真空管型太阳集热器是由多根全玻璃真空太阳集热管插入联箱组成。

全玻璃真空太阳集热管的结构和工作原理：全玻璃真空太阳集热管由内外两根同心圆玻璃管构成，具有高吸收率和低发射率的选择性吸收膜沉积在内管外表面上构成吸热体，内外管夹层之间构成真空，其形状像一个细长的暖水瓶胆，如图 2.1－2 所示。其工作原理是：太阳光能透过外玻璃管照射到内管外表面吸热体上并转换为热能，然后加热内玻璃管内的传热流体，夹层之间被抽真空，有效降低了向周围环境散失的热损失，使集热效率提高。

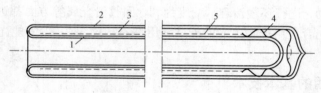

图 2.1－2　全玻璃真空太阳集热管
1—外玻璃管；2—内玻璃管；3—真空；4—有支架的消气剂；5—选择性吸收表面

金属－玻璃结构真空管型太阳集热器目前有两种金属－玻璃结构的真空管，即采用热管直接插入真空管内和应用U形金属管吸热板插入真空管内的两种集热管，如图2.1－3和图2.1－4所示，这两种类型的真空集热管既未改变全玻璃真空太阳集热管的结构，又提高了产品运行的可靠性。

热管式真空集热管由热管、吸热板、真空玻璃管三部分组成。其工作原理是：太阳光透过玻璃照射到吸热板上，吸热板吸收的热量使热管内的工质汽化，被汽化的工质升到热管冷凝端，放出汽化潜热后冷凝成液体，同时加热水箱或联箱中的水，工质又在重力作用下流回热管的下端，如此重复工作，热管真空管与地面倾角应大于 10°。

真空管太阳集热器的结构：无论是真空管太阳能热水器或真空管太阳能热水工程，一般是把多支真空集热管通过联箱组成集热器单组模块，然后根据需要选择多组模块，组成整个装置或系统。

（2）贮水箱。太阳能热水系统的贮水箱必须保温，通常简称为贮热水箱，热水供应系统的贮水箱简称为供热水箱。

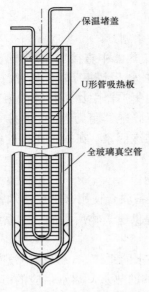

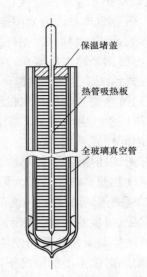

图 2.1－3　全玻璃 U 形管式真空集热管　　　图 2.1－4　全玻璃热管式真空集热管

1）贮热水箱容积计算：一般来说，对应于每平方米太阳集热器总面积，需要的贮热水箱容积为 40～100L，推荐采用的比例关系通常为：每平方米太阳集热器总面积对应 75L 贮热水箱容积。

2）供热水箱容积计算：根据相关给排水设计规范，集中热水供应系统的贮热水箱容积应根据日用热水小时变化曲线及太阳能集热系统的供热能力和运转规律，以及常规能源辅助加热装置的工作制度、加热特性和自动温度控制装置等因素，按积分曲线计算确定。

（3）泵。太阳能热水系统采用的泵应符合现行产品标准要求，在满足系统流量和扬程的条件下，应选节能泵，必要时应选低噪声泵。泵的工作温度应符合系统最高工作温度要求，应选热水泵。泵的材质应与传热介质相容，不被腐蚀。水泵壳体承受工作压力不得小于其所承受的静水压力加水泵扬程。太阳能热水系统的循环泵宜设置用水泵，交替运行。

（4）辅助热源（其他能源水加热设备）。太阳能是一种不稳定的热源，受当地气候因素的影响很大，雨、雪天几乎不能利用，必须和其他能源的水加热设备联合使用，才能保证稳定的热水供应。这种水加热设备常被称为辅助热源。

（5）控制系统。太阳能热水系统应设控制系统，控制系统应做到使太阳能热水系统运行安全、可靠、灵活，以达到最大的节能效果，宜选用全自动控制系统。当条件有限时，可部分选用手控，但温度控制，防冻、防过热控制应实行自动控制。

2. 太阳能热水系统的主要内容与运行方式

（1）太阳能热水系统的实质与组成。

太阳能热水系统的实质是利用"温室效应"原理，将太阳辐射能转变为热能，并将热量传递给工作介质，从而获得热水的供热水系统。

太阳能热水系统包括太阳能集热器、贮热水箱、泵、循环管道、辅助热源、控制系统和相关附件等。

（2）太阳能热水系统的分类。

1）按太阳能集热系统与太阳能热水供应系统的关系划分。

① 直接式系统（也称一次循环系统）：是指在太阳集热器中直接加热水供给用户的系统，直接系统最好根据当地水质要求，探讨是否需要对自来水上水进行软化处理。

② 间接式系统（也称二次循环系统）：是指在太阳集热器中加热某种传热工质，再利用该传热工质通过热交换器加热水供给用户的系统。由于换热器阻力较大，间接系统一般采用强制循环系统。考虑用水卫生、减缓集热器结垢以及防冻因素。在投资允许的条件下，一般优先推荐采用间接式系统。

2）按有无辅助热源系统划分。

① 有辅助热源系统：是指太阳能和其他水加热设备联合使用来提供热水，在没有太阳能时，仅依靠系统配备的其他能源的水加热设备也能提供建筑物所需的热水系统。在需要保证生活供应热水质量的场合，辅助热源是必不可少的。

② 无辅助热源系统：是指仅依靠太阳能来提供热水的系统，该系统中没有其他水加热设备，在太阳辐射量不足的情况下，系统无法产生足够的热水，热水供应的可靠性差。

3）按辅助热源的启动方式划分。包括手动启动系统、全日自动启动系统和定时自动启动系统。

随着控制技术的发展，全日自动启动系统已逐渐占据市场主流位置。

4）按水箱与集热器的关系划分。

① 闷晒式系统：是指集热器和贮水箱结合为一体的系统。

② 紧凑式系统：是指集热器和贮水箱相互独立，但贮水箱直接安装在太阳集热器上或相邻位置上的系统。

③ 分离式系统：是指贮水箱和太阳集热器之间分开一定距离安装的系统，在与建筑工程结合同步设计的太阳能系统中，使用的系统主要为分离式系统。

5）按供热水范围划分。

① 集中供热水系统：是指为几栋建筑、单栋建筑或多个用户供热水的系统。

② 分散供热水系统：是指为建筑物内某一局部单元或单个用户供热用的系统。

（3）太阳能热水系统的主要运行方式。

1）自然循环系统：是指利用太阳能使系统内传热工质在集热器与贮水箱之间或集热器与换热器之间自然循环加热的系统。系统循环的动力为传热工质温度差引起的密度差导致的热虹吸作用。由于间接式系统的阻力较大，热虹吸作用往往不能提供足够的压头。自然循环系统一般为直接式系统。通常采用的自然循环系统一般可分为两种类型：

① 自然循环系统，如图 2.1-5 所示，在自然循环系统中，贮热水箱中的水在热虹吸作用下通过集热器被不断加热，并由自来水的压力顶至热用户使用。

② 自然循环定温放水系统，如图 2.1-6 所示，它比自然循环系统多设一个可以放在集热器下部的供热水箱，原有贮热水箱体积可以大大缩小，当贮热水箱中水温达到设定值时，利用自来水压力将贮热水箱中的热水顶到供热水箱中待用。自然循环定温放水系统安装和布置较自然循环系统容易，但造价有所提高。

2）直流式系统：是利用控制器使传热工质在自来水压力或其他附加动力作用下，直接流过集热器加热的系统，如图 2.1-7 所示。直流式系统一般采用变流量定温放水的控制方

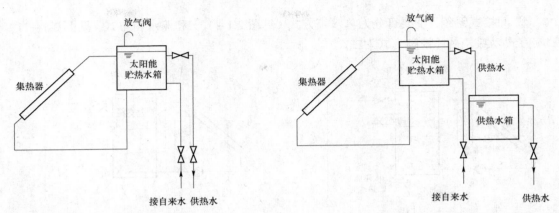

图 2.1-5 自然循环系统   图 2.1-6 自然循环定温放水系统

式，当集热系统出水温度达到设定值时，水阀关闭，补充的冷水停留在集热系统中吸收太阳能被加热。直流式系统只能是直接式系统，可以采用非承压集热器，集热系统造价低，在我国中小型建筑中使用较多，由于存在生活用水可能被污染，集热器易结垢和防冻问题不易解决，国外很少用。

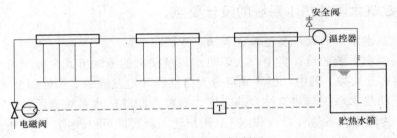

图 2.1-7 直流式系统

3）强制循环系统：是利用温差控制器和循环水泵使系统，根据集热系统的热量强制循环传热工质加热的系统，系统由水泵驱动强制循环。强制循环系统的形式较多，主要有直接式和间接式两种。强制循环系统是与建筑结合的太阳能热水系统的发展方向。

①直接式系统：主要可分为单水箱方式（见图 2.1-8）和双水箱方式（见图 2.1-9），一般采用变流量定温放水的控制方式或温差循环控制方式。

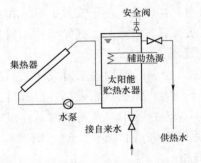

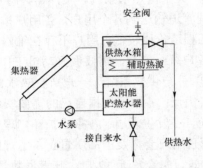

图 2.1-8 强制循环直接式单水箱系统   图 2.1-9 强制循环直接式双水箱系统

② 间接式系统：主要可分为单水箱方式（见图 2.1 – 10）和双水箱方式（见图 2.1 – 11），控制方式以温差循环控制方式为主。

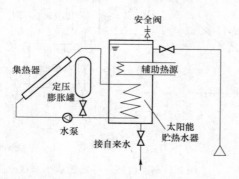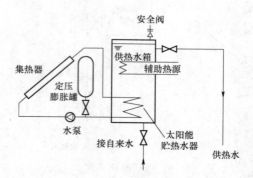

图 2.1 – 10　强制循环间接式单水箱系统　　　　图 2.1 – 11　强制循环间接式双水箱系统

我们可以根据上述太阳能热水系统主要运行方式的构成、原理和特点，结合项目的实际情况和具体要求，从中选择适宜的系统形式；也可根据太阳能集热系统和热水供应系统的特点，按照实际需要组合出新的系统形式来应用。

2.1.3　民用建筑太阳能热水系统的设计要点

1. 太阳能热水系统的设计类型与建筑结合方式

（1）太阳热水系统的设计类型。太阳热水系统按水的流动方式大体上可分为循环式、直流式和整体式三大类，其中，循环式可分为自然循环定温放水式和强制循环式。

（2）太阳能热水系统与建筑结合的方式。目前太阳能热水系统有两种：一种是在建房时把热水器作为固定设备进行设计和施工，用户迁入新居就可以使用；另一种是在现有的房屋上再增加集热器、蓄热水箱和其他装置，比较麻烦的是管道安装时墙壁和地板需要开孔，还要损坏建筑结构。当集热器放在特殊位置上时，其倾角决定于具体的安装条件。多层住宅家用太阳能热水装置，将集热器作为阳台栏板的一部分，考虑安全，其倾角较大，一般应大于 75°，因为如果倾角太小，建筑立面就很不好看，建筑结构也需做较多的变动，所以只能照顾建筑的需要，而不得不降低系统性能的要求。

1）在平屋顶上。

① 集中供热水系统。集热器、蓄热水箱、辅助热源和控制系统都放在屋顶上，热水通过预埋管道输送到各个用户，各用户按热水表计量收费。其优点：便于安装、维修和运行管理；工程造价比较低；用户不存在维修问题；建筑立面美观容易处理。其缺点：如何使集体住宅各户统一安装，需要做好动员工作；必须由物业管理公司统一管理。

② 分户供热系统。一户一台热水器，上下水管道及控制线路均各家自成体系提前预埋好。其优点：各户可根据自己的需要安装不同类型和不同容水量的热水器，各自有自己的热水系统，不发生矛盾；各家维护和修理自己的产品。其缺点：各用户负责维修是件很麻烦的事，而且用户会怀疑产品质量正常运行的可靠性，给系统带来负面影响；造价比较高，例如，6 层建筑，每个单元 12 户，其管道数量和长度大大增加。

2）在坡屋顶上。凡在坡屋顶上安装太阳热水系统，无论是集中供热水，还是分户供热水，集热器都必须安装在屋顶斜坡面上，水箱放在顶层阁楼或室内任何一个房间。其优点：便于和建筑结合，外观美观大方；蓄热水箱在室内有利于保温，水箱和辅助热源及控制系统的室内，不易损坏，并且易维修和管理。其缺点：集热器装在坡屋顶上，给定期清洗和维修带来一些麻烦；由于坡屋顶面积有限，给朝南放置集热器带来限制。

3）在南墙外（若在房顶安装有困难的特殊建筑）。考虑集热器伸出南墙外，蓄水箱放在阳台或向阳的厨房内的房顶下面，循环管穿过南墙。其优点：蓄水箱在室内，保温条件好；水箱和控制系统在室内，便于维修和管理。其缺点：集热器安全性差，维修也比较困难；建筑立面美观，难处理。

4）在阳台上。集热器挂在阳台栏板上，或直接作为阳台栏板，水箱放在同一层阳台房顶下面。其优点：取消栏板后所节省的费用可作为热水器的一部分费用，节省开支；阳光充足，不受邻近阳台遮光影响；便于维修和管理，平时可以经常擦洗集热器表面的灰尘。其缺点：蓄水箱与卫生间离得较远，循环管较长，热损比较大；集热器寿命远远不如建筑结构寿命，故在安全和维修上要从建筑结构上充分注意；一楼用户没有阳台，可另行考虑集热器的安装位置。

2. 民用建筑太阳能热水系统的设计要点

（1）设计之前应了解的问题。

1）建筑条件：建筑物集热面积的大小、形状、建筑物高度，以及允许放置水箱的位置（楼顶、地下室等）大多不一样而不相同。

2）用户单位要求情况：日均用水总量；用户是每日定时一次使用还是随时使用；要求用水温度；用水使用位置；实际用途，等等。

3）用户单位辅助能源的条件：确定采用电加热器，电锅炉，燃油、燃气锅炉，水源、地源或空气源热泵机组等一种方案或两种以上的组合方案。

（2）设计常见的几种方案。

1）家用太阳能热水器的串（并）联方案：在用户要求不是很高的情况下较为常见，适宜在用户条件比较简单的环境使用。安装数量太多则载荷过重，对于建筑物会有不利影响。

2）自然循环设计方案：在小吨位用水量中很普遍，不适于大吨位用水量方式。这种方式比较简单，有一定的要求，水箱与太阳能集热器的高度问题，无论是采用什么方式的太阳能集热器，其串（并）联的数量要求合理，应符合《太阳能热水系统设计、安装及工程验收技术规范》。

3）定温放水设计方案：通过集热器与水箱之间的温差，控制进凉水方式，将达到设定温度的热水顶入水箱，水箱的热水注满后通过温差循环继续增温，这也是很多太阳能公司目前使用的方案。这种方式在日照条件好时一般没有问题，在日照条件较差时，应注意在这种方案中及时补水，使水箱内具有一定的水量，防止电加热器干烧。当水箱的水温低于设定温度时，要求辅助能源设备及时启动，保证用户的正常使用。另外，在设计中根据用户的使用要求不同，分别设定采用每日定时加热方式与定温随时加热方式，例如，在北方要有低温防冻保护功能。

4）温差循环设计方案：通过控制器的设定，使水箱一次注满水，达到最高水位，采用太阳能集热器与水箱内的温差，控制循环泵工作，不断提升水箱中的水温，这是一种很实用的温差循环方案。设计中根据热水使用的用途不同而设定出水温度。每日定时上水，当达到最低水位时，随时自动补水，保证水箱中一定的水量。根据用户条件，辅助能源设备可以采用一种或两种以上的方案。设计中根据用户的需求不同，可以设定是每日定时加热方式还是定温随时加热方式，在北方要求低温防冻保护功能。

（3）控制器功能及系统设计。主要包括：水箱温度显示控制功能，可以随时观察水箱中的水温，这是用户使用中需要经常了解的太阳能系统工作的重要数据；集热器温度显示功能，可以随时观察集热器中的水温，这是系统调试时需要了解太阳能系统工作的重要因素之一；水位状态的显示功能，定时加热时间，控制器在设定时间根据水温判断是否需要自动启动加热功能；设定加热温度，设定的范围适用于不同用户的需求；设定加热方式，采用定时加热或恒温加热；设定上水时间、低水位自动补水、水箱温度控制、远程监控等一系列的控制系统。

2.2　地源热泵技术的应用

1. 地源热泵的工作原理及分类

（1）地源热泵的工作原理。地源热泵是利用水源热泵的一种形式，它是利用水与地能（地下水、土壤或地表水）进行冷热交换来作为水源热泵的冷热源。夏季把室内热量"取"出来，释放到地下水、土壤或地表水中；冬季把地能中的热量"取"出来，供给室内采暖，此时地能为"热源"。

地源热泵空调系统主要包括三部分：室外地能换热系统、水源热泵机组和室内空调末端系统，如图 2.2－1 所示。其中，水源热泵机主要有两种形式：水—水式和水—空气式。三个系统之间靠水或空气换热介质进行热量的传递，水源热泵与地能之间换热介质为水，与建筑物采暖空调末端换热介质可以是水或空气。

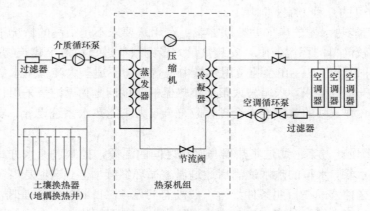

图 2.2－1　地源热泵空调系统运行原理图

热泵技术是将低位热能通过输入少量高位热能（通常为电能），达到低位热能向高位热能的转移，提供人们可以利用的高位热能的技术。低位热能则是指环境空气、地下水和土壤所蕴藏的能量。

热泵机组主要包括四部分：压缩机、冷凝器、节流装置及蒸发器。顺时针正卡诺循环工作可以制冷，逆时针逆卡诺循环工作可以制热。

（2）热泵的分类及特点。

1）空气源热泵，利用环境空气作为冷热源，直接从室外环境空气中提取热量为建筑室内供热，是住宅和其他小规模民用建筑供热的最佳方式。但它的运行受室外气温影响很大，外温为0℃左右时，蒸发器存在结霜问题，为适应外温在5～10℃范围内的变化，需要压缩机在很大压缩比范围内都具有良好的性能，这是目前空气源热泵的技术难点。

2）地源热泵，利用地下浅层地热资源，既可以供热又可以制冷的高效、节能环保型空调系统。按天然资源形式可以分为土壤源热泵、地下水热泵和地表水热泵。地下水热泵又可分为开式和闭式两种。开式是将地下水直接供到热泵机组，再将井水回灌到地下；闭式是将地下水输送到板式换热器，需要二次换热。地表水热泵与土壤源热泵相似，用潜在水下并联的塑料管组成的地下水换热器替代土壤换热器。虽然采用地下水、地表水的热泵换热性能好，能耗低，性能系统高于土壤源热泵，但由于地下水、地表水并非到处可得，并且水质也不一定满足要求，所以其使用范围受到一定限制。

① 水平式地源热泵。通过水平埋置于地表面2～4m以下的闭合换热系统，它与土壤进行冷热交换。此种系统适合于制冷、供暖面积较小的建筑物，如别墅和小型单体楼。该系统初投资和施工难度相对较小，但占地面积较大。

② 垂直式地源热泵。通过垂直钻孔将闭合换热系统埋置在50～400m深的岩土体与土壤进行冷热交换。此种系统适合于制冷、供暖面积较大的建筑物，周围有一定的空地，如别墅和写字楼等。该系统初投资较高，施工难度相对较大，但占地面积较小。

③ 地表水式地源热泵。地源热泵机组通过布置在水底的闭合换热系统与江河、湖泊、海水等进行冷热交换。此种系统适合于中小制冷供暖面积，临近水边的建筑物。它利用池水或湖水下稳定的温度和显著的散热性，不需钻井挖沟，初投资最小，但需要建筑物周围有较深、较大的河流或水域。

④ 地下水式地源热泵。地源热泵机组通过机组内闭式循环系统，经过换热器与由水泵抽取的深层地下水进行冷热交换。地下水排回或通过加压式泵注入地下水层中。此系统适合建筑面积大，周围空地面积有限的大型单体建筑和小型建筑群落。

3）土壤源热泵，利用可再生能源，通过换热介质和大地地表浅层（通常深度小于400m）换热。土壤源热泵的核心是土壤耦合地热换热器，目前地下埋管式土壤源热泵已成为低密度建筑供暖空调冷热源的主要方式。

地源热泵空调系统主要由热泵机组、室外地能换热系统和室内的末端系统三个部分组成，如图2.2-2所示。三个系统之间的传热介质是水或空气。热泵机组和室外土壤的传热介质是水，建筑物采暖空调末端以水或空气作为换热介质。地源热泵空调的室内末端系统与常规中央空调基本相同，既可以是风机盘管，也可以是风管系统，而地源热泵机组的工作原理同常规水冷热泵。与传统空气源热泵空调相比，地源热泵的换热系统不再是传统的冷却塔及辅助热源，而是利用清洁的土壤源的地下换热系统。

地埋管地源热泵的热源为土壤，消耗少量的高位能源（通常为电能），将土壤里不能直接使用的低位热能转变为可供直接使用的高位热能，以供给建筑物能量。深层土壤难以受到外界环境的干扰，常年维持温度恒定，夏季比环境温度低，冬季比环境温度高，因此，地源热泵弥补了空气源热泵容易受到外界环境气候影响的缺陷，工作效率得到很大的提高。同时，

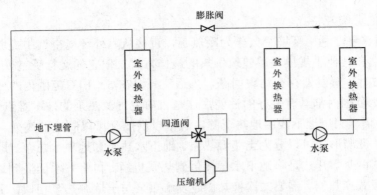

图 2.2－2　地埋管地源热泵系统示意图

地源热泵在夏季会把排放到大地中的热量蓄积起来，以供冬季采暖使用；在冬季热泵吸收大地的热量供给建筑室内热量需求，从而大地失去的热量将以冷量蓄存，以满足夏季制冷需求。

2. 地源热泵的发展趋势

随着经济的发展和人们生活水平的提高，公共建筑和住宅的供暖和空调已经成为普遍的要求。作为中国传统供热的燃煤锅炉不仅能源利用率低，而且还会给大气造成严重的污染，因此，在一些城市中燃煤锅炉被逐步淘汰，而燃油、燃气锅炉则运行费用很高。地源热泵就是一种在技术上和经济上都具有较大优势的解决供热和空调的替代方式。

3. 地源热泵的系统特点

（1）利用可再生能源。地源热泵从常温土壤或地表水（地下水）中吸热或向其排热，利用的是可再生的清洁能源，可持续使用。

（2）高效节能，运行费用低。地源热泵的冷热源温度一年四季相对稳定，属经济有效的节能技术，冬季比环境空气温度高，夏季比环境空气温度低，这种温度特性使得地源热泵比传统空调系统运行效率要高 40%，因此要节能和节省运行费用 40% 左右。另外，地能温度较恒定的特性，使得热泵机组运行更可靠、稳定，也保证了系统的高效性和经济性。在制热、制冷时，输入 1kW 的电量可以得到 4～5kW 以上的制冷制热量。运行费用每年每平方米仅为 18～26 元，比常规中央空调系统低 40% 左右。

（3）节水省地。

1）以土壤（水）为冷热源，向其放出热量或吸收热量，不消耗水资源，不会对其造成污染。

2）省去了锅炉房及附属煤场、储油房、冷却塔等设施，机房面积大大小于常规空调系统的面积，节省建筑空间，也有利于建筑的美观。

（4）环境效益显著。该装置的运行没有任何污染，可以建造在居民区内。在供热时，没有燃烧，没有排烟，也没有废弃物，不需要堆放燃料废物的场地，不会产生城市热岛效应，是理想的绿色环保产品。

（5）运行安全稳定，可靠性高。地源热泵系统在运行中无燃烧设备，因此不可能产生二氧化碳、一氧化碳之类的废气，也不存在丙烷气体，因而也不会有发生爆炸的危险，使用安全。燃油、燃气锅炉供暖，其燃烧产物对居住环境污染极重，影响人们的生命健康。由于土壤深处温度非常恒定，主机吸热或放热不受外界气候影响，运行工况非常稳定，优于其他空调设备。不存在空气源热泵供热不足，甚至不能制热的问题。整个系统的维护费用也较锅炉–制冷机系统大大减少，保证了系统的高效性和经济性。维修量极少，折旧费和维修费也都大大的低于传统空调。

（6）一机两用，应用范围广。地源热泵系统可供暖、制冷，一套系统可以代替原来的锅炉加制冷机的两套装置或系统。可应用于宾馆、商场、办公楼、学校等建筑，更适合于住宅的采暖、供冷。

（7）自动运行。地源热泵机组由于工况稳定，所以系统设计简单，部件较少，机组运行简单、可靠，维护费用低；自动控制程度高，可无人值守；此外，机组使用寿命长，均在20年以上。

4. 地源热泵技术在中国的发展优势

（1）初期投资费用少。地源热泵这项崭新的技术在中国具有巨大的市场潜力。我国城市的建设步伐正在加快，每年城镇新建住宅 214 亿 m²。而在建设新建筑之前并入集中地源热泵系统，其成本要远远低于旧建筑的改造（甚至可以低于一般空调系统），这对我们这个"严寒"与"寒冷"采暖区几乎占了国土面积的 70% 和建筑占全国总建筑面积的 50% 的国家而言，节省的费用是巨大的。在美国，能源相对便宜（与中国相近），而人工费用很高，一般一个家庭的安装费用在 3000～5000 美元，地源热泵仍然具有很强的市场竞争力。而我国人工费用比较低，与西方发达国家相比，我国的基建费用较低。而基建费用是地源热泵最主要的成本增加部分。由此可见，我国与国外发达国家相比，初期投资相对要少一些。

（2）能够提高城市环境质量。随着生活水平的提高，人们对生活品质的要求也越来越高，同时环保意识增强，并开始认识到高品质的空气是人类健康的保障。目前，居民对空气污染的关注程度越来越高，城市（包括室内）对人们生活及身体的影响日益受到重视。表2.2−1 是有关我国 1978—2014 年的能源消费结构。

表 2.2−1　　　　　　　　　我国 1978—2014 年的能源消费结构

年份	能源消费总量（万 t 标准煤）	构成（能源消费总量＝100）			
		煤炭	石油	天然气	一次电力及其他能源
1978	57 144	70.7	22.7	3.2	3.4
1980	60 275	72.2	20.7	3.1	4.0
1985	76 682	75.8	17.1	2.2	4.9
1990	98 703	76.2	16.6	2.1	5.1
1995	131 176	74.6	17.5	1.8	6.1
1996	135 192	73.5	18.7	1.8	6.0
1997	135 909	71.4	20.4	1.8	6.4
1998	136 184	70.9	20.8	1.8	6.5
1999	140 569	70.6	21.5	2.0	5.9
2000	146 964	68.5	22.0	2.2	7.3

续表

年份	能源消费总量（万 t 标准煤）	构成（能源消费总量=100）			
		煤炭	石油	天然气	一次电力及其他能源
2001	155 547	68.0	21.2	2.4	8.4
2002	169 577	68.5	21.0	2.3	8.2
2003	197 083	70.2	20.1	2.3	7.4
2004	230 281	70.2	19.9	2.3	7.6
2005	261 369	72.4	17.8	2.4	7.4
2006	286 467	72.4	17.5	2.7	7.4
2007	311 442	72.5	17.0	3.0	7.5
2008	320 611	71.5	16.7	3.4	8.4
2009	336 126	71.6	16.4	3.5	8.5
2010	360 648	69.2	17.4	4.0	9.4
2011	387 043	70.2	16.8	4.6	8.4
2012	402 138	68.5	17.0	4.8	9.7
2013	416 913	67.4	17.1	5.3	10.2
2014	426 000	66.0	17.1	5.7	11.2

为了彻底治理环境，减少温室气体排放，我国政府正在规划改变以煤为主的能源结构，以实现可持续发展战略。北京等城市正在考虑以电代煤的方法来解决城市污染的问题。每千瓦电能带来 3～4kW 热量的地源热泵，将是极具竞争力的技术。电力是地源热泵的唯一动力，没有燃料分散燃烧所造成的大气污染。与此同时，厂家密封制剂使用过程中不泄露、不补充，减少了对臭氧层的破坏。分析和调查表明，地源热泵的应用对降低温室效应起了积极作用。可见，这项技术应用于中国将缓解城市空气污染问题。

（3）能够缓解能源紧张问题。进入 21 世纪，在生产力高速发展的条件下，人们越来越认识到地球上的资源和能源日益匮乏。我国能源短缺是一个不争的事实，与此同时，我国又存在能源利用率低的问题。据统计，我国总的能源利用率约为 30%，这仅相当于发达国家 50 年代的水平。我国建筑耗能约占总耗能的 25%，其中供热采暖能耗约占一半。能源短缺导致中国的能源价格越来越接近发达国家的水平。就地源热泵技术而言，热泵仅仅用来传输热量，而不是产生热量，所需要的热量有 70%来自地下，夏天制冷时，用来将建筑物中的热量传入地下所消耗的电力也非常少，因此地源热泵这项节能技术应用于我国可以在一定程度上缓解我国的能源压力。

（4）国家相关政策的支持。为了减少我国由于冬季采暖所造成的大气污染，降低国内现有制冷空调的能源消耗，我们致力于寻求新的低能耗、无污染的供暖制冷空调技术。

自从我国实施《民用建筑节能设计标准》后，提高了建筑隔热保温性能，降低了建筑采暖能耗，从而大幅度降低了地源热泵采暖方式的年运行费用，增加了地源热泵与集中供热采暖方式的竞争能力。

5. 地源热泵技术在中国推广过程中可能遇到的问题

任何一项新事物的出现总是要受到人们的质疑，对于地源热泵这项新技术同样可能会遇到一些阻力。① 中国有关地源热泵的现成技术资料不多，这方面的设计、安装和维护技术人员较少，同时，中国生产地源热泵相关设备的厂家少，人们对它还比较陌生，大多抱着观望的态度，这样的情形不利于这项技术在中国的推广。② 我国关于促进地源热泵技术发展的相关优惠政策仍在完善，这使部分想采用地源热泵系统的用户由于看不到眼前利益而采用其他的空调系统。③ 世界上热泵技术比较发达的北美、北欧和中欧等由于气候条件，地源热泵基本上只用于供热，对夏季制冷工况研究较少。而我国幅员辽阔，地处温带，冬季需供暖，夏季需供冷，而且南北地区气象条件差异很大，同样的建筑在不同的地区，其负荷情况可能迥然不同。因此，我们不能照搬外国的技术成果，必须投入大量的科研经费和研究人员进行研究，使其适合中国的气候特点，这也在一定程度上延缓了这项技术在中国的推广。

6. 地源热泵技术的经济性

地源热泵既能供暖又能供冷，既环保又节能，但地源热泵是否具有经济竞争性，仍然是一个非常关键的问题。由于涉及的因素很多，不同地区、不同能源结构及价格等都将直接影响地源热泵的经济性，这里仅通过对地源热泵与传统的供暖空调方式进行比较，探讨其经济性。

地源热泵供暖经济性可以和传统燃煤、燃油和天然气锅炉进行比较；地源热泵空调经济性可以和单冷空调进行比较及其供暖空调综合经济性的比较。评价的主要指标有初投资、成本及现金流量表相关经济参数的评价。

（1）经济参数。

1）初投资：指供暖空调系统各部分投资之和，包括土建费、设备购置费、安装费及其他费用（包括设计费、监理费和不可预见费）。

2）年总成本：指系统各部分的运行费，例如，水费、电费、燃料费，排污费；管理人员工资、管理费，设备折旧费和设备维修、大修费等。

3）年经营成本：指年总成本中扣除设备折旧费。

4）单位面积经营成本：用年经营成本除以供暖或空调面积来计算。

5）单位热（冷）量经营成本：用年经营成本除以供暖累积热负荷或空调累积冷负荷来计算。

6）现金流量表：采用现金流量表方法计算投资项目的有关经济性指标，例如，财务内部收益率、财务净现值（NPV）及投资回收期（Pt）。

对于投资项目，如财务内部收益率大于基准收益率，财务净现值 $NPV > 0$，表明项目盈利能力满足了行业最低要求，项目在财务上是可以接受的；如果 $NPV < 0$，则表示未能达到预定的收益，表示可以不考虑此项目。

投资回收期评价方法：如项目的全部投资回收期小于行业基准投资回收期，表明项目投资能按时收回，投资回收期越小，表明经济性越优。

（2）计算条件。

1）选取天津地区住宅楼为计算对象，供暖热指标取 $50W/m^2$，空调冷指标取 $80W/m^2$。

2）地源热泵冬季供暖制热系数取 4.00，夏季空调制冷系数取 4.50，单冷空调制冷系数取 3.20。

3）经济参数有地下水资源费 0.04 元/t，电价 0.5 元/（kW·h），各种燃料的热值及价格，软化水费，排污费，工人工资，利率，设备使用年限等。

4）供暖空调收费标准，国内北方地区有供暖收费标准，但空调没有收费标准。将来供暖空调要改为"计量收费"，以热（冷）量为收费单位，如南方某地出台以 0.28 元/（kW·h）冷量为收费标准。

（3）分析比较。

1）初投资比较：初投资中包括了从冷热源到管网、到室内终端的所有投资项。热泵的初投资高于锅炉，但从总初投资看，由于地源热泵可供暖供冷，一机两用，一次投资全年使用，节省了冬季供暖的投资，因此地源热泵的初投资要低于锅炉加空调系统的总投资。

2）供暖成本比较：煤锅炉供暖成本最低，其次是地源热泵、天然气锅炉，油锅炉最高。以地源热泵为基准比较各方案供暖成本，煤锅炉比地源热泵低 30%左右，而天然气锅炉要高 40%左右，油锅炉要高 70%左右。

3）空调成本比较：地源热泵的空调运行成本要低于单冷空调，低约 30%。

4）从净现值看：收费标准 0.28 元/（kW·h）时，各供暖空调方案的净现值均小于 0，只有燃煤锅炉当供暖面积大于一定值时，净现值才大于 0，说明按 0.28 元/（kW·h）的收费标准，只有燃煤锅炉具有一定经济效益。如果加大收费标准，如定为 0.4 元/（kW·h），重新计算各方案的净现值、收益率和投资回收期，可以得到燃煤锅炉和地源热泵供暖的净现值均大于 0，内部收益率大于基准收益率 8%，以及投资回收期小于 10 年，此时燃煤锅炉和地源热泵供暖经济上是可行的。相比之下，由于单冷空调经济性明显低于地源热泵空调，所以燃煤锅炉供暖加单冷空调方案的经济性要低于地源热泵供暖空调，说明了地源热泵一机两用，既供暖又空调的经济优势。

对地源热泵方案与燃煤、燃油和燃气锅炉加单冷空调各方案的综合经济性（净现值、收益率、投资回收期）进行比较，地源热泵为最优方案，其次依次是燃煤、天然气和燃油锅炉加单冷空调系统。

以上是"单位热（冷）量收费标准"的计算结果，对经营者来说，供应的热（冷）量越多，所收取的费用将越多，并且供暖空调的成本相对越低，因此其经济效益将越高。因此，不同建筑物，不同的供热（冷）量，经营者的经济效益将不同，不能照搬本文的计算结果。应针对具体的建筑物类型、用途，当地的气象资料，当地的各种能源价格及供暖空调的收费标准来进行可行性研究，以确定何种供暖空调方式为最经济方案。

对传统的"单位面积收费标准"，由于供应的建筑物面积是确定的，向用户收取的采暖空调费用是固定的，因此对经营者来说，供应的热（冷）量越少，其效益就越高。这与"计量收费"的效果正相反，但采用"计量收费"是有利于用户和节能的。

2.3 复合能源技术的应用

1. 复合能源技术综述

（1）发展复合能源的必要性。在开发利用的节能环保可再生清洁能源中，太阳能，以空气、水、地源为热源热泵等，有它们可持续发展的优势，但也存在应用中的问题，见表 2.3–1。

表 2.3-1　　　　　　　　　　　热泵几种热源的优点及存在问题

分类 项目	自然资源					排热热源	
	太阳能	空气	地下水	地表水	土壤源	工业废热	建筑内热量
作为热源的适用性	良好/潜力巨大	良好/大量使用	良好/主要	良好/主要热源	一般/已有应用	良好/主要热源	良好/辅助热源
存在问题	一般可与太阳能采暖联合应用；必须设置蓄热设备	供热时，热泵供热量与建筑热负荷矛盾；室外温度低时易结霜	注意水垢及腐蚀；注意回灌及运行过程中的水污染问题	注意水垢及腐蚀；冬季水温下降问题	投资大；腐蚀问题；故障检修困难	注意水质水垢及腐蚀问题；注意是否供应稳定	从建筑内区利用热泵升温提供外区，应用时注意匹配问题

从热泵几种热源的优点及存在问题表中不难看出，作为单一热源的太阳能、空气源、地下水、地表水、土壤源，它们都是可再生的清洁能源，但它们都要受到时间、地理位置、外部环境、气候等诸多因素的限制，因此必须结合工程条件的实际情况，选择利用能源，特别是发展利用相互扬长避短、优势互补的复合能源是很有必要的。

（2）复合能源的优越性。

1）太阳能-空气复合热源热泵系统的优越性。空气源热泵在较高的室外气温下工作良好，热泵的制热性能系数、制热量较高，能够满足建筑物供热要求。但当冬季室外气温下降时，压缩比增大，到 0℃以下蒸发器出现结霜，热泵工况恶化，其制热性能系数、制热量大幅度下降。这时需要提高热泵热源温度，可以用太阳能蓄热作为热泵的低位热源，采用太阳能-空气复合热源热泵系统。

空气源热泵在寒冷环境下，不能高效、稳定、可靠地运行，而太阳能热泵因直接受太阳辐射的影响，只能间歇运行或配备辅助热源，各有各的优缺点，太阳能-空气复合热源热泵弥补了单一热源热泵存在的局限性。

2）太阳能-土壤复合热源热泵系统的优越性。太阳能与土壤热的结合具有很好的互补性，太阳能可以提升土壤源热泵进口流体温度，提高运行效率；土壤热可以补偿太阳能的间歇性，使得太阳能热泵在阴雨天及夜晚仍能正常运行。同时，土壤还可以将日间富余太阳能暂时储存，不仅能起到恢复土壤温度的作用，而且可以减小其他辅助热源或蓄热装置的容量。还可以采取晴天或白天运行太阳能热泵、阴雨天或夜晚运行土壤源热泵的交替供暖运行模式和同时采用两种热源的联合供暖运行模式。不同运行的运行效果不同，因此必须对各种运行模式进行分析比较，找出最佳的运行方案。

传统的土壤源热泵系统，无论是理论分析、实验研究还是工程实例，都已经发展得比较成熟。而太阳能-土壤源热泵系统虽然只增加了一个热源，但系统结构和运行模式要复杂许多，并且由于太阳能的间歇性和不稳定性，如何有效地利用好这一附加热源是个问题。根据两个热源组合方式的不同，该系统在全年各个季节的运行中有许多运行模式，包括联合运行模式、交替运行模式、季节性土壤蓄热模式。三种运行模式各有各的运行适用条件，目前还没有形成统一的标准，以区别各个运行模式的使用范围。

太阳能-土壤源热泵系统的设计需要考虑全年运行的综合性能，并且受气候条件和太阳能资源状况的影响较大，目前难有普遍使用的设计方法。并且，不同的运行模式有不同的热源匹配方案，这给对该系统的统一设计带来困难。太阳能虽然是容量巨大的可再生能源，但要利用太阳能所带来的代价也很大，系统初投资大，目前从经济性的角度综合考虑太阳能–土壤源热泵系统可行性的研究开展得还很少，这阻碍了该系统的应用和推广。

3）冰蓄冷–水源热泵复合系统的优越性。冰蓄冷与水源热泵是两种相对独立的技术，都具有一定的局限性。冰蓄冷技术只能应用于夏季空调季节，可以起到"削峰填谷"的效益，但冰蓄冷技术无法提供冬季供暖；水源热泵技术虽然可以同时提供冬季供暖和夏季制冷，但却无法在夜间电力低谷时段蓄得冷量，以起到"削峰填谷"的功效。而把二者有机结合起来，可以实现优势互补，同时满足制冷和采暖的需求，又有较大的经济效益和节能效益，可谓一举多得。

4）集成运用多种能源的空调冷热源系统的优越性。上海世博中心以会展功能为主，空调峰值负荷较高但持续时间短，非常适合采用空调蓄能系统；该项目紧邻黄浦江，具备引入江水的条件，便于应用江水源热泵技术；该项目还有生活热水等用热需求，需要锅炉供热，而锅炉也恰能弥补江水源热泵在供热品质上的不足。基于上述情况，从系统运行可靠性、稳定性和经济性、能源利用效率、环保效应等方面分析，最终确定：空调冷源由冰蓄冷系统、江水源热泵机组组成；空调热源由江水源热泵机组和燃气锅炉组成；此外，该空调冷热源系统还整合了利用现有的江水源热泵机组和消防水池而构成的节能性更优的水蓄冷系统，以及冬季江水源热泵机组供热时利用江水对少量空调内区实现自然供冷的功能，成为集成多种冷热源利用技术并具备多种功能的复合系统。

2. 复合能源技术的应用

（1）太阳能–空气复合源热泵系统。太阳能热泵一般是指利用太阳能作为蒸发器热源的热泵，该系统利用集热器进行太阳能低温集热（10～20℃），然后通过热泵将此低温热提升到供暖、供热水所需的温度（30～50℃）。根据太阳能集热器与热泵蒸发器的组合形式，可分为直膨式和非直膨式两种。直膨式系统中，太阳能集热器与热泵蒸发器合二为一，即制冷工质直接在太阳集热器中吸收太阳辐射能而得到蒸发；在非直膨式系统中，太阳能集热器与热泵蒸发器分离，通过集热介质（一般采用水、空气、防冻液），在集热器中吸收太阳能，并在蒸发器中将热量传递给制冷剂，或者直接通过换热器将热量传递给需要预热的空气或水。根据太阳能集热环路与热泵循环的连接形式，非直膨式系统又可分为串联式系统、并联式系统和混合连接系统。

太阳能–空气复合源热泵是将太阳能蓄热作为热泵的低位热源，如图2.3-1所示。

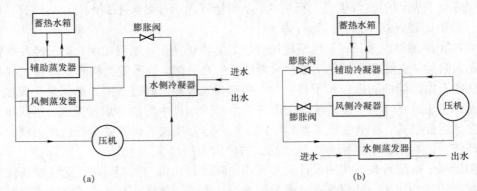

图2.3-1　太阳能–空气复合源热泵系统简图

(a) 冬季制热；(b) 夏季制冷

（2）太阳能-土壤复合热源热泵系统。传统（单一）土壤源热泵系统在供暖季节运行时，随着运行时间的增加，地埋管持续吸收附近土壤的热量，管内流体平均温度和地埋管钻孔壁的温差越来越小，最终导致地埋管出口水温越来越低，系统能效比下降。但加入太阳能集热系统作为辅助热源，晴天或白天可有效利用太阳能分担一部分地埋管负荷，提高热泵机组进口水温，在整个供暖期可以有效减少地埋管系统从土壤的吸热量，保持地埋管钻孔壁与管内流体之间的温差，提高系统性能系数。

太阳能-土壤源热泵系统不仅可以实现满足冬季供暖工况的多种联合运行模式，还可以实现满足夏季供冷工况的土壤源热泵系统单独运行模式；过渡季节的太阳能蓄热模式；夏季供冷（本系统土壤源单供）工况下，太阳能集热系统的主要作用是提供生活热水。

太阳能-土壤源热泵系统联合运行有三种不同的运行模式，通过系统控制方式的不同，可以实现串联模式——地埋管换热器和太阳能集热器耦合方式；并联模式——地埋管换热器和太阳能集热器耦合方式；蓄热模式——可实现太阳能-蓄热水箱联合运行蓄热，也可实现地埋管换热器和蓄热水箱串联运行。

（3）冰蓄冷-水源热泵复合系统。有某一空调工程，空调面积 40 000m²，夏季空调冷负荷为 5000kW，冬季空调热负荷为 3000kW，如单纯采用水源热泵系统会使得所需地下水用量较大，需开采水井 10 口，4 抽 6 回灌。采用冰蓄冷-水源热泵复合系统，使得地下水在全日内得到平均的分配使用，因而只需钻凿水源井 5 口，2 抽 3 回灌，同时大量使用后半夜低谷电，代替日间电力高峰时段的用电量，运行费大大降低。

选用主要设备及性能参数：2 台三工况水源热泵主机，型号 LWP4200；空调工况最大能量为 2520kW，耗电量为 378kW×2；冷冻泵 3 台，耗电量 27kW×3；负载泵 3 台，耗电量 30kW×3；板式换热器 2 台，型号 ALFA-LAVAL，蓄冷球型号 STL-ACOO，180 等。

冰蓄冷-水源热泵复合系统流程，如图 2.3-2 所示。两台水源热泵机组，需要 15℃的地下水 200 m³/h，夏季作为冷却水，地下水最大供、回灌温度为 15～25℃；冬季作为低温热源，地下水供、回灌温度为 15～5℃，故需打出水井 2 口，回灌水井 3 口，总出水量 200 m³/h。

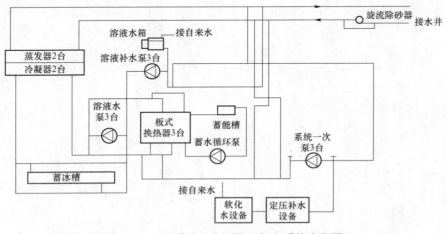

图 2.3-2 冰蓄冷-水源热泵复合系统流程图

（4）集成运用多种能源的空调冷热源系统。该冷热源系统夏季供冷由冰蓄冷系统和江水源热泵共同提供，承担的负荷比例为 6:4，水蓄冷系统在部分高峰用电时段起着替代一台水源热泵机组的作用，管路流程上三者为并联连接；冬季供热则由江水源热泵和燃气锅炉共同提供，承担的负荷比例也为6:4，二者在管路流程上为串联连接，即40℃的空调回水经热泵机组升温至46℃，再经过锅炉热源升温至50℃供出，运行时二者也可以分别对空调系统供热。冷热源集成系统示意图如图2.3-3所示。

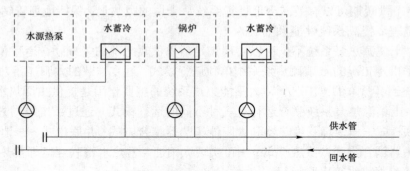

图 2.3-3　冷热源集成系统示意图

第 3 章　热源热网与供暖环境的节能减排

3.1　热源系统的节能减排

热源系统的节能减排是指燃煤供热锅炉和燃气供热锅炉供热系统的节能减排。

3.1.1　热源系统的节能综述

1. 热源系统的节能概况

我国的能源政策是贯彻开发与节约并举的方针,节约能源是国家发展经济的一项长远战略任务。加快建设资源节约型、环境友好型社会,提高生态文明水平、保持经济可持续发展,是当前制定国民经济和社会发展规划的重要内容。在国民经济迅速发展期间,面对资源和环境的约束,必须增强危机感,要积极采取有效的应对措施。为了推进社会节能,就要加强用能管理,采取技术上可行,经济上合理,兼顾环境条件和经济承受能力允许的措施。健全有效管理机制、加强资源节约型的生产和消费模式。合理控制能源消耗总量,强化节能目标考核,推广先进节能技术和节能设备。在生产运行中尽可能降低单位产品能耗和单位产值能耗;在制度上加强对节约能源的管理;在能源的生产、运输和使用过程中,杜绝各个环节的损失,降低单位产值能耗,逐步提高能源的有效利用率,促进国民经济向节能型社会发展。随着国民经济的迅速发展和人民生活水平的不断提高,对能源的需求量增加很大。从能源的消耗利用情况来看,突出两大问题,一是能源短缺,二是温室气体排放量增加,这两者都需要从节约能源着手来解决,特别是减少化石燃料的消耗量尤为重要。

从国内迅速发展经济的具体情况来看,我国正处于工业化和城镇化的快速发展阶段。因此工业建设、基础设施建设和住房建设等对原材料的需求都有所增加,这就导致高耗能行业有增长的趋势,使工业能源消耗和建筑物供热能耗都必然增加。从目前形势分析,我国现阶段仍是粗放型的经济发展模式,GDP 上升依赖于大量的能源消耗,现在我国已经成为能源消耗量最大的国家。全国 2017 年能源消费总量为 44.9 亿 t 标准煤,比 2016 年上升 2.9%。万元国内生产总值能耗同比下降 3.7%。重点耗能工业企业单位烧碱综合能耗下降 0.3%,吨水泥综合能耗下降 0.1%,吨钢综合能耗下降 0.9%,吨粗铜综合能耗下降 4.8%,每千瓦时火力发电标准煤耗下降 0.8%。全国万元国内生产总值二氧化碳排放下降 5.1%。能耗下降,能效水平提升,即用较少的能源生产出了等量的国内生产总值。随着清洁能源消费量占比不断提升,意味着能耗降低的同时,用能也更为清洁化。建筑物供热能耗指标偏高,与北欧的一些发达国家供热相比也有较大差距。在能源消耗不断增加的同时,我国能源的进口量也在不断增加,不但进口大量的原油,从 2009 年开始,对煤炭的进口量也逐年增加。如果这些趋势不得到有效控制，将来甚至有可能威胁到我国的能源安全。从当前国内发展形势看，工业和供热行业节能都有一定潜力，要抓紧机遇，努力提高能源利用效率，制定有效可行措施，把节能工作落实到实处。

为减少温室气体排放量的节能要求：燃料燃烧产生的温室气体不能用对排烟处理的方法减少其排放量，而只能用降低燃料消耗量的方法才能减少温室气体的排放量，也就是说减排必须节能。全球气候变化已经引起了国际社会的广泛关注，如何采取有效措施减少温室气体排放正逐步成为环境、政治、经济领域共同关注的焦点。根据"联合国气候框架公约"的最终目标是"将大气中温室气体的浓度稳定在防止气候系统受到危险的人为干扰的水平上"。二氧化碳的排放量与燃料中的碳含量和燃烧过程中的氧化率有关，燃煤供热机组的氧化率为98%，热力生产排放因子为 0.11t/GJ CO_2，约折合每千克标准煤排除 2.9kg CO_2。研究机构 Carbon Brief 根据中国发布的最新统计数据推算，2018 年中国排放碳排放总量达 100 亿 t，比 2017 年增长 2.3%（而 2017 年二氧化碳排放增速为 1.7%），其中煤炭消费排放为 73 亿 t（+1.0%）、石油消费排放 15 亿 t（+6.5%）、水泥生产排放 7 亿 t（明显下降 5.3%）、天然气排放 5 亿 t（增幅最大+17.7%）。虽然整体排放增长，但是随着经济结构和能源结构的转型，2018 年中国碳排放强度（每单位 GDP 二氧化碳排放）下降 4.0%。根据 Carbon Brief 计算，2018 年美国二氧化碳排放总量 54 亿 t（+2.8%）、欧盟排放 35 亿 t（+0.7%）、印度排放 26 亿 t（+5.7%），其他国家排放 153 亿 t（+1.7%），总体上 2018 年全球碳排放增长 2.0%。但从目前形势看，我国完成这一目标还存在很大困难。面对新形势，我们必须从战略和全局出发，坚持把提高能源利用率作为应对气候变化的中心任务。温室气体排放主要来自化石能源消耗，控制温室气体排放的重点在于节能，潜力和成本优势也在节能。因此在工业和民用领域应对气候变化都要以提高能效为核心，优化用能结构、大力提高能效利用水平，降低能源消耗强度和温室气体排放强度，实现我国经济持续发展和应对气候变化双赢。

2. 热源系统的节能技术标准及规范

能源系统节能首要应遵循的国家法律法规，如《中华人民共和国节约能源法》《中华人民共和国建筑法》，这些法律法规的主要内容应体现到各种标准和规范中去具体执行。

《公共建筑节能设计标准》：对于公共建筑的材料、结构形式、门窗等设计都有具体规定，设计中应遵照执行，以达到建筑节能要求。

《锅炉房设计规范》：本规范是热源设计的重要依据，热源厂的供热规模、供热方式、供热系统、供热参数、燃料系统、水处理系统和其他配套设施等都应按照此规范执行。

《城镇供热系统节能技术规范》：本规范中对供热系统的工程设计、运行管理和能耗指标等提出了合理的要求，各个环节如果能严格执行就可以达到供热系统节能的目标。

《工业锅炉水质》：供热锅炉补水要严格执行锅炉补水质量要求，是防止锅炉受热面结垢、保证锅炉安全运行和节省燃料的重要手段。

3. 热源系统的节能技术要求

根据现行相关标准和规范，热源厂供热系统可以主要从节约燃料、节约用电和节约用水方面进行热源节能。

（1）节约燃料。锅炉是否节约燃料，主要看锅炉热效率的高低，因此，对燃煤锅炉和燃气锅炉的热效率都应有具体的要求。燃气锅炉的可燃气体不完全燃烧损失很小，所以燃气锅炉的热效率较高，一般小型燃气锅炉的热效率也能达到 90%以上。为了节能，燃气锅炉还可以采用冷凝余热回收利用的方法，使其热效率进一步提高，产生明显的节能效果。

（2）节电要求。热源厂能耗最大的是燃料，其次是电能消耗。各种不同炉型、不同燃料、不同的工艺流程、不同的辅机设备和供热参数，其电能消耗是有差别的。

根据《城镇供热系统节能技术规范》（CJJ/T 185—2012）中规定，热水锅炉房（不包括热网循环泵）总电功率与总热负荷的比值不宜大于表 3.1－1 中规定的数值。

表 3.1－1   锅炉房电功率与热负荷的比值

锅炉类型	电功率与热负荷比值/（kW/MW）
层燃锅炉	14
流化床锅炉	29
燃油、燃气锅炉	4.5

热网循环泵单位输热量的电耗量不应高于上表规定值的 1.1 倍。间接供热时，循环泵电耗量为一级管网循环泵和二级管网循环泵电耗量的总和。在实际工程项目中，应积极采取各种有效措施，减少热源系统的电能消耗。

（3）节水要求。热源厂内的用水主要为供热系统补水及厂内生产和生活用水。根据 CJJ/T 185—2012，热水供热系统补水要求如下：

1）间接连接热力网的热源补水率不应大于 0.5%。

2）直接连接热力网的热源补水率不应大于 2%。

3）当街区供热管网设计供回水温差大于 15℃时，热源（或热力站）补水率不应大于 1%。

4）当街区供热管网设计供回水温差小于或等于 15℃时，热源（或热力站）补水率不应大于 0.3%。

3.1.2 热源系统的节能途径及措施

1. 节约燃料

（1）燃煤锅炉。供热系统中热源厂的主要设备是锅炉，在燃煤锅炉选择时，应选用 14MW 及以上较大容量的锅炉，以集中供热方式代替小锅炉分散供热。较大燃煤锅炉比小型锅炉有较高的效率，这样在实际运行中就可节省大量的用煤量。在运行时，热工控制系统采用先进的分散式控制系统（DCS），由计算机控制机组启停，并进行技术处理和参数调整，以保证锅炉系统始终在最佳经济工况下运行，以达到节省燃煤和减少配套辅机能耗的目的。外表温度超过 50℃的设备和管道都应进行良好的保温，以减少散热损失，达到节约燃料的目的。

（2）燃气锅炉。小容量的燃气锅炉也有较高的热效率，因此燃气锅炉可以采用分布式供热模式，这样省去大量的供热管道工程。在用于供热锅炉的燃气中，一般含硫量都很低或不含硫，这样锅炉排出的烟气温度可降得低一些，不会引起受热面的低温腐蚀。所以，对于燃气锅炉，可以采用回收冷凝余热的方法来提高锅炉热效率，这样也就达到节省燃气消耗量的目的。

2. 节约用电

减少热源厂内电耗，首先是要选用大型高效节能设备，同时也要保证大部分时间内设备处于高效率状态下运行。在工艺方面，对供热管道和烟风管道等采用合理流速，控制管道压降损失在推荐范围内，以减少辅机设备电耗。在控制方面，可采用变频技术对风机和水泵进行自动控制，以便根据不同的负荷状态及参数来调节电机转速，达到节约能源、减少电耗的目的。供电方面应优化电缆路径，减少线路损耗。厂房的通风系统优先采用自然进风和自然排风的方式，以节约用电。热源厂各处照明应选用节能灯具，以减少用电。优先选用低损耗变压器，以降低变压器的空载损耗和负荷损耗，提高变压器效率，节省用电。

3. 节约用水

热源厂最大一项用水为供热系统补水，其补水量的大小应按《城镇供热系统节能技术规范》中所规定补水量的要求执行。尽可能循环利用设备冷却水，燃煤锅炉的排污水可以用于冲灰渣。烟气系统的脱硫可优先选用干法方式，以减少脱硫系统的用水量。

4. 加强热源节能管理

（1）制定管理规程。按照有关法律、法规、标准和规范，制定一套加强热源厂节能管理的规章制度和有效措施，明确各部门应尽的职能和各岗位要负的责任，使节能管理有章可循，有法可依。

（2）设备和实施配置与控制的管理。首先，应选择对能源消耗、能源利用效率有重要影响的设备和设施，并确保重点用能设备和设施的允许能效规定值，定期监控其能源消耗和能源利用效率水平。同时，应进行有效的设备维护、保养，以保持能源的有效利用。

（3）在能源采购方面的管理。应确保采购和配置适宜的一次能源和二次能源，使之达到降低消耗和提高能源利用率的目的。例如，要考虑能源的质量、可获得性以及经济性等因素，对采购的能源产品进行计量和检验质量。

（4）在运行过程中的管理。在热源厂的供热过程中，应确定和控制对能源消耗和能源利用率有影响的工艺过程，淘汰落后的工艺和设备。监控过程的能源消耗和能源利用率，定期进行能源统计和能耗状况分析。在运行过程中，严格控制烟气含氧量、排烟温度、炉渣含碳量等运行指标，提高锅炉运行热效率，减少燃料消耗量。加强炉体保温和密封，以减少散热和泄漏损失。对表面温度 50℃ 以上的设备和管道进行有效的保温，减少散热损失。同时应做好对设备和管道系统的维修，减少跑、冒、滴、漏损失。

（5）节能管理机构。根据热源供热系统的规模大小，建立相应的节能管理机构，全面负责热源厂的日常节能工作。节能管理部门应设立管理岗位，配备具有专业知识和实际经验的技术人员作为能源管理员，负责能源利用情况的监督、检查，定期向节能管理部门报送能源利用情况的报告。

3.1.3 热源系统的节能主要内容实例

1. 燃煤热水锅炉热源厂节能主要内容实例：燃煤锅炉热源厂供热系统节能与否，主要在于锅炉热效率的高低。在选择锅炉时，要有较高的设计热效率，锅炉容量要较大一些，采用集中供热方式。锅炉运行时，应有必要的监测和控制仪表，实现锅炉燃烧系统随负荷变可自动调节，以保持锅炉在较高热效率的工况下运行。而分散供热的小型锅炉的设计热效率就偏低一些，再加上操作运行条件差，其实际工作热效率同大型锅炉相比，差距就更大了。本例中将以一座两台大型热水锅炉、供热锅炉房与 10 座两台分散供热的小型热水锅炉房，在相同供热负荷下做能耗分析比较。

比较相同条件：额定锅炉采暖供热负荷 $Q = 140\text{MW}$，燃煤低位发热值 $Q_{\text{Nnet}} = 18\,840\text{kJ/kg}$，沈阳地区采暖天数 $N_{\text{P}} = 151\text{d}$，采暖平均热负荷系数 $t_{\text{p}} = 0.66$。

比较内容：分别计算出大、小锅炉房总的燃煤消耗量，相同内容的主要配套辅机电耗量和热源厂内的补水量，并进行分析比较。

[**例3.1-1**] 两台70MW大型热水锅炉房供热系统能耗计算。

两台70MW热水锅炉房是属于大型锅炉集中供热的锅炉房，采用间接连接供热方式，一级管网供水温度 $t_{大1}=130℃$，一级管网回水温度 $t_{大2}=70℃$。根据锅炉房设计规范等资料，选择合适的锅炉和主要配套辅机设备，并绘制出锅炉房供热系统图。

$2×70MW$ 燃煤热水锅炉及主要配套辅机设备表见表3.1-2。

$2×70MW$ 燃煤热水锅炉房供热系统图如图3.1-1所示。

表3.1-2　　　　　　　　　　2×70MW 热水锅炉及主要配套辅机设备表

序号	名　称	型号及规格	单位	数量	电容/kW		备注
					单容	总容	
1	链条炉排热水锅炉	QXL70-1.6/150/90-AII	台	2			
	炉排电机	$N=5.5kW$	台	2	5.5	11	
2	鼓风机	G5-51-1NO20D	台	2			
	风量	$Q=164\,000-182\,000m^3/h$					
	风压	$H=3156-2805Pa$					
	电机功率	$N=220kW$	台	2	220	440	
3	引风机	Y5-51-1NO22D	台	2			
	风量	$Q=227\,000-257\,000m^3/h$					
	风压	$H=4464-4100Pa$					
	电机功率	$N=500kW$	台	2	500	1000	
4	一级热网循环水泵	SB-X350P$_2$-300-500	台	3			两用一备
	流量	$Q=1150m^3/h$					
	扬程	$H=75mH_2O$					
	电机功率	$N=280kW$	台	3	280	840	两用一备
5	补水泵	CZW65-250A	台	2			一用一备
	流量	$Q=23.4m^3/h$					
	扬程	$H=70mH_2O$					
	电机功率	$N=11kW$	台	2	11	22	一用一备
6	加压水泵	CZW65-200A	台	2			一用一备
	流量	$Q=15.2m^3/h$					
	扬程	$H=40mH_2O$					
	电机功率	$N=5.5kW$	台	2	5.5	11	一用一备
7	全自动软化水装置	水量20m³/h	套	1			
8	常温过滤式除氧装置	水量20m³/h	套	1			
9	软化水箱	$V=10m^3$	台	1			
10	除氧水箱	$V=10m^3$	台	1			
11	旋流除污器	DN600　PN1.6	台	1			

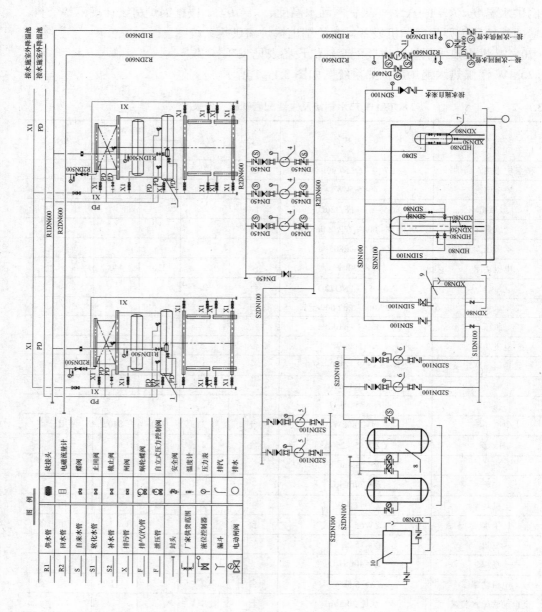

图 3.1－1 2×70MW 燃煤热水锅炉房供热系统图

（1）大型集中供热锅炉房的燃煤消耗量计算。

两台 70MW 大型热水锅炉，额定供热负荷 $Q=140MW$，其计算燃煤消耗量 $B_大$可按式（3.1－1）计算：

$$B_大 = 3.6 \times \frac{Q \times 10^6}{Q_{Dnet} \times \eta_{大运} \times 10^3}$$ （3.1－1）

式中　$B_大$——大型锅炉房计算燃煤消耗量，t/h；

　　　Q——大型锅炉房额定供热负荷；

　　　$\eta_{大运}$——大型热水锅炉运行热效率，取 82%。

大型链条炉排热水锅炉的运行热效率比锅炉设计热效率低 1%～2%，所以取运行热效率为 82%，将上述各值代入式（3.1－1）计算可得：

$$B_大 = 3.6 \times \frac{140 \times 10^6}{18\,840 \times 0.82 \times 10^3} = 32.62(t/h)$$

大型锅炉房采暖期年耗煤量 $B_{年大}$可按下式计算：

$$B_{年大} = B_大 \times N_P \times 24 \times t_p$$

式中　$B_{年大}$——大型锅炉房采暖期年平均总耗煤量，t/年；

　　　N_P——沈阳地区采暖天数，取 151d；

　　　t_p——沈阳地区采暖负荷平均系数，取 0.66。

将上述各值代入上式可得：

$$B_{年大} = 32.62 \times 151 \times 24 \times 0.66 = 78\,031（t/年）$$

（2）大型集中供热锅炉房的主要配套辅机电耗量计算。

根据表 3.1－2 中提供的锅炉及主要配套辅机运行电容量为 $N_大=2022kW$，可按式（3.1－2）计算出大型锅炉房的采暖期年电耗量 $N_{年大}$为

$$N_{年大} = N_大 \times N_P \times 24 \times t_p = 2022 \times 151 \times 24 \times 0.66 = 4\,836\,300（kW \cdot h/年）$$ （3.1－2）

式中　$N_{年大}$——大型锅炉房的采暖期年电耗量，kW·h/年。

（3）大型集中供热锅炉房的供热系统补水量计算。

根据节能规范要求，间接连接供热系统的补水量 $G_{补大}$（t/h）按该系统循环水量 $G_{循大}$（t/h）的 0.5%进行计算，其中 $G_{循大}$可由式（3.1－3）计算：

$$G_{循大} = \frac{Q \times 10^6}{1.163 \times (t_{大1} - t_{大2}) \times 10^3}$$ （3.1－3）

式中　Q——大型锅炉房额定供热负荷，取 140MW；

　　　$t_{大1}$——大型锅炉房一级热网供水温度，取 130℃；

　　　$t_{大2}$——大型锅炉房一级热网回水温度，取 70℃。

将上述各值代入式（3.1－3），可求得：

$$G_{补大} = 0.5\% \times \frac{140 \times 10^6}{1.163 \times (130 - 70) \times 10^3} = 10(t/h)$$

大型锅炉房的采暖期年补水量 $G_{年大}$可用式（3.1－4）计算：

$$G_{年大} = G_{补大} \times N_P \times 24 = 10 \times 151 \times 24 = 36\,240（t/年）$$ （3.1－4）

[例3.1-2] 10座2×7MW小型热水锅炉房供热系统能耗计算。

2×7MW热水锅炉房属于小型分散供热锅炉房，要与70MW的大型热水锅炉供出相同的热负荷就需要10座。采用直接连接供热方式，管网供水温度 $t_{小1}=80℃$，管网回水温度 $t_{小2}=60℃$。根据锅炉房设计规范，选择一座锅炉房内合适的锅炉和主要配套辅机设备，并绘出锅炉房供热系统图。

2×7MW燃煤热水锅炉及主要配套辅机设备见表3.1-3

2×7MW燃煤热水锅炉房供热系统图如图3.1-2所示。

表3.1-3 2×7MW热水锅炉及主要配套辅机设备表

| 序号 | 名　称 | 型号及规格 | 单位 | 数量 | 电容/kW | | 备注 |
					单容	总容	
1	链条炉排热水锅炉	QXL7-1.3/115/70-AⅡ	台	2			
	炉排电机	$N=1.5kW$	台	2	1.5	3	
2	鼓风机	G6-48-11NO8.5A	台	2			
	风量	$Q=14\ 500m^3/h$					
	风压	$H=3138Pa$					
	电机功率	$N=18.5kW$	台	2	18.5	37	
3	引风机	Y6-48-11NO11.2	台	2			
	风量	$Q=32\ 000m^3/h$					
	风压	$H=3200Pa$					
	电机功率	$N=55kW$	台	2	55	110	
4	一级热网循环水泵	CZW300-380	台	2			一用一备
	流量	$Q=720m^3/h$					
	扬程	$H=44mH_2O$					
	电机功率	$N=132kW$	台	3	132	264	一用一备
5	补水泵	CZW50-160B	台	2			一用一备
	流量	$Q=15m^3/h$					
	扬程	$H=26mH_2O$					
	电机功率	$N=3kW$	台	2	3	6	一用一备
6	加压水泵	CZW40-200B	台	2			一用一备
	流量	$Q=10.6m^3/h$					
	扬程	$H=36mH_2O$					
	电机功率	$N=3kW$	台	2	3	6	一用一备
7	全自动软化水装置	水量10m³/h	套	1			
8	常温过滤式除氧装置	水量10m³/h	套	1			
9	软化水箱	$V=5m^3$	台	1			
10	除氧水箱	$V=5m^3$	台	1			
11	旋流除污器	DN400　PN1.0	台	1			

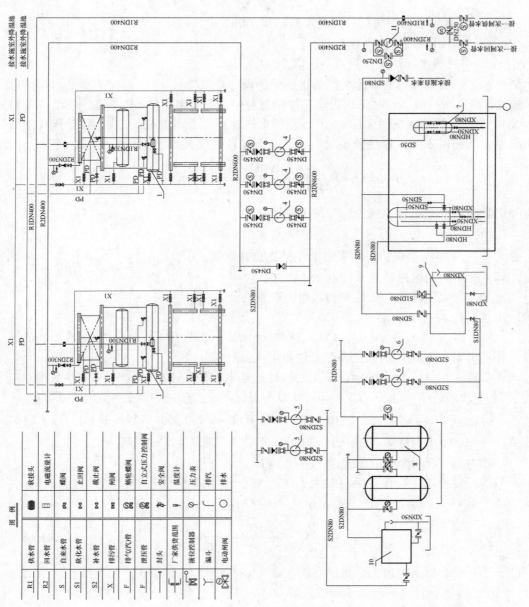

图 3.1－2 2×7MW 燃煤热水锅炉房供热系统图

（1）小型分散供热锅炉房的燃煤消耗量计算。

10 座两台 7MW 小型热水锅炉，额定总供热负荷 $Q=140MW$，其总计算燃煤消耗量 $B_小$ 可按式（3.1−5）计算：

$$B_小 = 3.6 \times \frac{Q \times 10^6}{Q_{Dnet} \times \eta_{小运} \times 10^3}$$（3.1−5）

式中　$B_小$——10 座小型锅炉房总计算燃煤消耗量，t/h；

　　　Q——小型锅炉额定总供热负荷；

　　　$\eta_{小运}$——小型热水锅炉运行热效率，取 70%。

小型热水锅炉的设计热效率比大型热水锅炉的设计热效率低一些，同时小型热水锅炉运行条件较差，特别在简短运行时每次启动和停炉过程中其热效率更低。根据辽宁省前几年对省内 14MW 及以下的热水锅炉和 20t/h 及以下的蒸汽锅炉综合调查统计，实际锅炉运行热效率在 70% 左右，所以本次计算热效率取 70%。将上述各值代入式（3.1−5）计算可得：

$$B_小 = 3.6 \times \frac{140 \times 10^6}{18\,840 \times 0.7 \times 10^3} = 38.21(t/h)$$

小型锅炉房的采暖年耗煤量 $B_{年小}$ 可按下式计算：

$$B_{年小} = B_小 \times N_P \times 24 \times t_p$$

式中　$B_{年小}$——10 座小型锅炉房的采暖期年平均总耗煤量，t/年；

　　　N_P——沈阳地区采暖天数，取 151d；

　　　t_p——沈阳地区采暖负荷平均系数，取 0.66。

将上述各值代入上式可得：

$$B_{年小} = 38.21 \times 151 \times 24 \times 0.66 = 91\,392 \ (t/年)$$

（2）小型分散供热锅炉房的主要配套辅机电耗量计算。

根据设备表 3.1−3 中提供的锅炉及主要辅机运行电容量，计算出 10 座小锅炉房的总运行电耗量 $N_小 = 2910kW$，可按式（3.1−6）计算小型锅炉房一个采暖期的年总电耗量 $N_{年小}$。

$$N_{年小} = N_小 \times N_P \times 24 \times t_p = 2910 \times 151 \times 24 \times 0.66 = 6\,960\,254 \ (kW \cdot h/年)$$（3.1−6）

式中　$N_{年小}$——10 座小型锅炉房的一个采暖期的年总电耗量，kW·h/年。

（3）小型分散供热锅炉房的供热系统补水量计算。

根据节能规范要求，直接连接温差大于 15℃ 时，热网供热系统的补水量 $G_{补小}$（t/h）按该系统循环水量 $G_{循大}$（t/h）的 1% 进行计算，其中 $G_{循小}$ 可由式（3.1−7）计算：

$$G_{循小} = \frac{Q \times 10^6}{1.163 \times (t_{小1} - t_{小2}) \times 10^3}$$（3.1−7）

式中　Q——10 座小型锅炉房的总供热负荷，取 140MW；

　　　$t_{小1}$——小型锅炉房的热网供水温度，取 80℃；

　　　$t_{小2}$——小型锅炉房的热网回水温度，取 60℃。

将上述各值代入式（3.1−7），可求得：

$$G_{补大} = 1\% \times \frac{140 \times 10^6}{1.163 \times (80 - 60) \times 10^3} = 60(t/h)$$

10 座小型锅炉房的采暖期年补水量 $G_{年小}$ 可用下式计算：

$$G_{年小} = G_{补小} \times N_P \times 24 = 60 \times 151 \times 24 = 217\,440（t/年）$$

（4）大型锅炉房供热系统与小型锅炉房供热系统的能耗比较。

一座 $2 \times 70MW$ 大型集中供热的热水锅炉房与 10 座小型分散供热的热水锅炉房供热系统的能耗比较见表 3.1-4。

表 3.1-4　　　　　　大型锅炉供热系统与小型锅炉供热系统能耗比较表

	$2 \times 70MW$ 大型热水锅炉	10 座 $2 \times 7MW$ 小型热水锅炉	备注
小时燃煤量/（t/h）	32.62	38.21	
年耗煤量/（t/年）	78 031	91 392	
年节煤率（%）	14.62	—	
运行电容量/kW	2022	2910	部分设备
年电耗量/（kW·h）	4 836 300	6 960 254	部分设备
年节电率（%）	30.52	—	部分设备
小时补水量/（t/h）	10	60	
年补水量/（t/年）	36 354	217 440	
年节水率（%）	83.3	—	

从表 3.1-4 可以看出，相对于小型燃煤锅炉房，大型燃煤锅炉房的年节煤率为 14.62%，年节电率为 30.52%，年节水率为 83.3%。

表 3.1-4 内数值仅为热源厂内能耗比较，对于大型集中供热间接连接供热系统还应包括热力站及二级管网能耗在内，这时的燃煤消耗量不变，但电耗和水耗有较大变化，反而是分散供热的小型锅炉供热系统的电耗和水耗要小。不过从综合能耗分析比较来看，燃煤能耗占比例最大，对于大型燃煤锅炉供热系统的综合能源消耗量来看，燃煤占 95%左右，电耗占 4.5%左右，而水耗所占的比例不到 0.5%。所以燃煤热源厂的节能主要是减少燃煤的消耗量。

2. 燃气热水锅炉热源厂节能主要内容实例

燃气热水锅炉的设计热效率和实际运行热效率都比较高，一般运行热效率都达到 92%左右，而且大小炉型的热效率都差不多。所以燃气锅炉要想节能，只能采用回收锅炉排出烟气中冷凝水的余热，并降低排烟温度的方法来进一步提高锅炉热效率。

本例中将两个 $2 \times 7MW$ 的燃气锅炉房的燃气消耗量进行比较，两个锅炉房中，其中一个装有冷凝水余热回收装置，另一个则没有此装置。因两个锅炉房的电耗量和水耗量相同，所以在此就不再进行比较了。两个锅炉房都设在沈阳地区，燃气低位发热值 $Q_{Dnet} = 35\,588kJ/m^3$。

［例 3.1-3］带冷凝余热回收装置的 $2 \times 7MW$ 燃气热水锅炉房。

采用冷凝余热回收装置后，可进一步冷凝烟气中的水蒸气，充分利用水蒸气中的潜热和降低烟气温度的显热，使排烟温度降低至 80℃左右。锅炉热效率可提高到 $\eta_{余} = 105\%$ 左右，此技术在目前工程项目设计中已得到广泛的应用。

根据锅炉房设计规范等资料，选择合适的锅炉和主要配套辅机设备，并绘制出锅炉供热系统图。

2×7MW 带冷凝余热回收装置的燃气热水锅炉及主要配套辅机设备见表 3.1－5。

表 3.1－5　　2×7MW 带冷凝余热回收装置的燃气热水锅炉及主要配套辅机设备表

序号	名　称	型号及规格	单位	数量	电容/kW		备注
					单容	总容	
1	链条炉排热水锅炉	7MW　1.0MPa	台	2			
2	燃烧器	$N=30kW$	台	2	30	60	
3	一级热网循环水泵	CZW300－380	台	2			一用一备
	流量	$Q=720m^3/h$					
	扬程	$H=44mH_2O$					
	电机功率	$N=132kW$	台	3	132	264	一用一备
4	补水泵	CZW50－160B	台	2			一用一备
	流量	$Q=15m^3/h$					
	扬程	$H=26mH_2O$					
	电机功率	$N=3kW$	台	2	3	6	一用一备
5	加压水泵	CZW40－200B	台	2			一用一备
	流量	$Q=10.6m^3/h$					
	扬程	$H=36mH_2O$					
	电机功率	$N=3kW$	台	2	3	6	一用一备
6	全自动软化水装置	水量 $10m^3/h$	套	1			
7	常温过滤式除氧装置	水量 $10m^3/h$	套	1			
8	软化水箱	$V=5m^3$	台	1			
9	除氧水箱	$V=5m^3$	台	1			
10	旋流除污器	DN400　PN1.0	台	1			

2×7MW 带冷凝余热回收装置的燃气热水锅炉房供热系统图如图 3.1－3 所示。

现在还有一种烟气余热回收型吸收式热泵技术，可将排烟温度降至 25℃，更充分地利用烟气余热，进一步提高了锅炉的热效率。但此技术设备一次投资较高，工程应用时要做好技术经济分析，慎重选用。

下面以 2×7MW 燃气锅炉（额定供热量 $Q=2×7MW=14MW$）装设冷凝余热回收装置为例，进行燃气消耗量 $V_余$ 的计算：

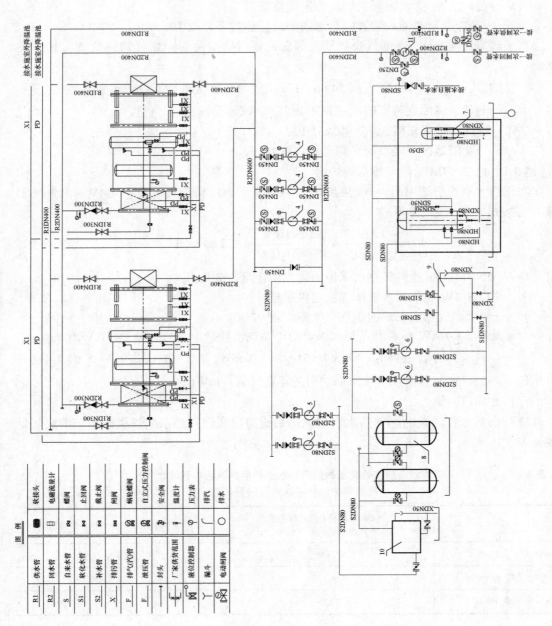

图 3.1－3　2×7MW 带冷凝余热回收装置的燃气热水锅炉房供热系统图

$$V_{余} = \frac{Q \times 10^6}{Q_{Dnet}\eta_{余}} = \frac{14 \times 10^6}{35\,588 \times 1.05} = 374.66\,(\text{m}^3/\text{h}) \qquad (3.1-8)$$

式中　$V_{余}$——带冷凝余热回收装置的 2×7MW 锅炉燃气消耗量，m^3/h；

　　　Q——2×7MW 燃气热水锅炉的额定供热量；

　　　$\eta_{余}$——带冷凝余热回收装置的热水锅炉运行热效率，取 105%。

一个采暖期 2×7MW 带烟气余热回收装置的燃气锅炉房的年燃气消耗量 $V_{年余}$ 按下式计算：

$$V_{年余} = V_{余} \times N_P \times 24 \times t_p = 374.66 \times 151 \times 24 \times 0.66 = 896\,127\,(\text{m}^3/\text{年})$$

式中　$V_{年余}$——带余热回收装置的 2×7MW 燃气热水锅炉房的年耗气量，$\text{m}^3/\text{年}$；

　　　N_P——沈阳地区采暖天数，取 151 天；

　　　t_p——沈阳地区采暖负荷平均系数，取 0.66。

[例 3.1-4] 2×7MW 燃气热水锅炉房

此燃气热水锅炉房选用两台普通的燃气热水锅炉，额定供热负荷 $Q = 14\text{MW}$，其燃气消耗量 V 可按式（3.1-9）计算：

$$V = \frac{Q \times 10^6}{Q_{Dnet} \times \eta} = \frac{14 \times 10^6}{35\,588 \times 0.92} = 427.6\,(\text{m}^3/\text{h}) \qquad (3.1-9)$$

式中　V——2×7MW 普通燃气热水锅炉的燃气消耗量，m^3/h；

　　　Q——2×7MW 燃气热水锅炉的额定供热量；

　　　η——普通燃气热水锅炉的运行热效率，取 92%。

一个采暖期 2×7MW 普通燃气热水锅炉的年燃气消耗量 $V_{年}$ 按式（3.1-10）计算：

$$V_{年} = V \times N_P \times 24 \times t_p = 427.6 \times 151 \times 24 \times 0.66 = 1\,022\,751\,(\text{m}^3/\text{年}) \qquad (3.1-10)$$

式中　$V_{年}$——2×7MW 普通燃气热水锅炉房的年耗气量，$\text{m}^3/\text{年}$；

　　　N_P 和 t_p 同前面值。

带冷凝余热回收装置的燃气热水锅炉供热系统与普通燃气热水锅炉供热系统的燃气量比较见表 3.1-6。

表 3.1-6　　　　带冷凝余热回收装置的燃气热水锅炉供热系统与普通燃气
热水锅炉供热系统的燃气量比较

	2×7MW 带冷凝余热回收装置的燃气热水锅炉供热系统	2×7MW 普通燃气热水锅炉供热系统
小时耗气量/（m^3/h）	374.66	427.6
年耗气量/（$\text{m}^3/\text{年}$）	896 127	1 022 751
节气率（%）	12.38	—

3.1.4　热源系统的减排综述

1. 热源减排概况

供热行业在今后相当长一段时间内，节能减排都是一个永恒的主题。供热锅炉节省燃料消耗量，在一定程度上也减少了污染物的排放量。当前供热锅炉房的燃料是以煤为主，据沈阳市某一年度的统计，供热锅炉的煤炭消耗量占总能耗的 73%，其中有 1/4 是用于冬季供暖的。大量燃煤排出的污染物造成沈阳市的煤烟型污染，也是形成雾霾天气的主因之一。据有关部门分析结果表明，燃煤颗粒物污染在冬季高达 55%。近两年燃煤造成的污染更为突出，据有关部门分析结果显示，冬季采暖期沈阳市燃煤污染占总污染物的 60%。燃煤中的硫在燃烧过程中会生成 SO_2，燃煤中的氮在燃烧过程中会生成 NO_x 化物，这些有害气体都会对大气造成污染。因此，对燃煤造成的严重污染现状，应切实采取积极有效的措施以改变这种局面。

2. 热源减排技术标准和规范

供热行业减少污染物排放应遵循以下主要法律法规、标准和规范：

《中华人民共和国环境保护法》：这主要体现在各种标准和设计规范中，工程项目的设计、施工、运行管理都严格执行。

《锅炉房大气污染物排放标准》（GB 13271—2014）：本标准中对不同燃料种类、各种燃烧方式和各类地区的排放物的浓度都有明确的要求，是工程设计和操作运行管理的重要依据。

《工业锅炉及炉窑湿法烟气脱硫工程技术规范》：本规范中系统地介绍了四种脱硫工艺系统的脱硫方法和优缺点，在项目设计中应根据工程的实际情况和脱硫的供应条件及废弃物的利用方法，做出正确的方案选择，以达到较好的脱硫效果。

3. 热源减排要求

锅炉大气污染排放标准对 65t/h 及以下的蒸汽锅炉、各种容量的热水锅炉等的排放物提出具体要求。

（1）在用锅炉排放要求。对现在已投入运行使用的锅炉，其容量在 10t/h（7MW）以上的锅炉，自 2015 年 10 月 1 日起执行表 3.1－7 中的规定，其容量在 10t/h（7MW）以下的锅炉，自 2016 年 7 月 1 日起执行表 3.1－7 中的规定。

表 3.1－7　　　　　　在用锅炉大气污染物排放浓度限值　　　　　　（mg/m³）

污染物项目	限　值			污染物排放控制位置
	燃煤锅炉	燃油锅炉	燃气锅炉	
颗粒物	80	60	30	烟囱或烟道
二氧化硫	400 500①	300	100	
氮氧化物	400	400	400	
汞及其他化合物	0.05			
烟气黑度（格林曼黑度，级）	≤1			烟囱排放口

① 在广西壮族自治区、重庆市、四川省和贵州省的燃煤锅炉执行该限值。

（2）新建锅炉排放要求。自 2014 年 7 月 1 日起，新建锅炉执行表 3.1－8 中的规定。

表3.1-8   新建锅炉大气污染物排放浓度限值   （mg/m³）

污染物项目	限　值			污染物排放监控位置
	燃煤锅炉	燃油锅炉	燃气锅炉	
颗粒物	50	30	20	烟囱或烟道
二氧化硫	300	200	50	
氮氧化物	300	250	200	
汞及其他化合物	0.05			
烟气黑度（格林曼黑度，级）	≤1			烟囱排放口

（3）重点地区排放要求。对国家规定的重点地区排放标准执行表3.1-9中的规定。

表3.1-9   大气污染特别排放限值   （mg/m³）

污染物项目	限　值			污染物排放监控位置
	燃煤锅炉	燃油锅炉	燃气锅炉	
颗粒物	30	30	20	烟囱或烟道
二氧化硫	200	100	50	
氮氧化物	200	200	150	
汞及其他化合物	0.05			
烟气黑度（格林曼黑度，级）	≤1			烟囱排放口

（4）对烟囱要求。每个新建燃煤锅炉房只能设一根烟囱，烟囱高度应根据锅炉房装机容量，按表3.1-10中规定执行。燃油、燃气锅炉烟囱不低于8m，锅炉烟囱的具体高度按批复的环境影响评价文件确定。新建锅炉房的烟囱周围200m距离内有建筑物时，其烟囱应高出最高建筑物3m。

表3.1-10   燃煤锅炉房烟囱最低允许高度

锅炉房装机总容量	MW	<0.7	0.7～1.4	1.4～2.8	2.8～7	7～14	≥14
	t/h	1	1～2	2～4	4～10	10～20	≥20
烟囱最低允许高度	m	20	25	30	35	40	45

（5）大气污染物监测要求。锅炉使用单位应按照有关法律和《环境监测管理办法》等规定建立企业监测制度，制订监测方案，严格执行大气污染物浓度测定方法标准。

3.1.5　热源系统的减排途径及措施

1. 利用清洁能源

从现在情况来看，可大量用于供热的清洁能源主要有电能和天然气。电能供热是利用晚间廉价的低谷电对电锅炉进行储热的技术，白天不用电能加热供热介质，只需把达到一定温度的供热介质送到用户即可。合理的低谷电价比燃气锅炉的运行费用要低，基本上可与燃煤锅炉供热时运行费用持平。但电储热锅炉供热的一次投资费用高，每平方米住宅采暖面积需投资100元左右，一般供热单位比较难承受，同时电是二次能源，我国现以火力发电为主，因此在电厂周围也存在污染问题。天然气锅炉供热的一次建设投资比燃煤锅炉供热的一次建设投资还低，单位住宅采暖面积的一次建设投资约为电储热锅炉供热一次建设投资的1/4。但是由于天然气现在价格较高，供热运行成本约为燃煤锅炉供热成本的两倍。若能通过政府各有关主管部门协商，把天然气价格降到一个合理价位，再考虑地方财政拿出一定补贴费用等措施，发展燃用天然气锅炉供热是有前景的，所以清洁能源的利用也应以天然气为主较好。

2. 利用优质煤炭

在我国燃料构成中，以煤为主是长期形成的事实，一下完全改变燃料结构不太结合实际情况。因此，应根据不同地区限制劣质煤的使用，要求燃用优质煤，以减少污染。

3. 烟气净化处理

（1）烟气除尘。较大燃煤锅炉的除尘主要有静电除尘、布袋除尘和电袋除尘三种方式。

1）静电除尘。静电除尘器是以静电净化法来收捕烟气中的粉尘污染物，它的净化工作主要是依靠电晕极和沉淀极这两个系统来完成的。当含有粉尘颗粒的烟气，在接有高压直流电源的阴极线（又称电晕极）和接地的阳极板之间所形成的高压电场通过时，由于阴极发生电晕放电，气体被电离。此时，带负电的气体离子，在电场力的作用下向阳极板运动，在运动中与粉尘颗粒相碰，则使尘粒荷以负电。荷电后的尘粒在电场力的作用下，也向阳极运动，达到阳极后，放出所带电子，尘粒则沉积于阳极板上，而得到净化的气体排出除尘器外。

静电除尘器的特点是净化效率高，阻力损失小、运行温度高，处理气体量大，可实现全自动控制。

2）布袋除尘器。布袋除尘器是以织物纤维滤料采用过滤技术，将烟气中的固体颗粒过滤下来的设备。这种表面过滤方式是以纤维过滤和粉尘层过滤的组合形式。其除尘机理具体表现为筛滤、惯性碰撞、扩散和重力沉降等作用。布袋除尘器的效果好坏主要取决于纤维材料，这种材料是合成纤维、天然纤维或玻璃纤维织成的布或毡，并把它缝成图形或扁平形的滤袋。

布袋除尘器的特点是净化效率高，捕集细微粉尘效果好，处理烟气量大，可实现全自动控制，但运行阻力偏大。

3）电袋除尘器。电袋除尘器是充分利用静电除尘器和布袋除尘器的优点，先由静电除尘器的电场捕集烟气中的大量粉尘，再经布袋收集剩余的细微粉尘，这是一种高效的组合式除尘器。

电袋除尘器的特点是除尘效率具有有效性和稳定性，阻力比纯布袋除尘器低500Pa左右，清灰周期长，可延长滤布使用寿命。

（2）烟气脱硫处理。根据采用不同的脱硫剂，烟气脱硫的方法很多。《工业锅炉及炉窑湿法烟气脱硫工程技术规范》（HJ 462—2009）中提出的有石灰石法、石灰法、双碱法和氧化镁法。对于大于或等于65t/h（46MW）锅炉，脱硫效率不宜低于90%；对小于65t/h（46MW）锅炉脱硫装置，在满足排放标准和总量控制要求的前提下，脱硫效率可适当降低，但不宜小于80%。

1）石灰石法。石灰石脱硫是最早的烟气脱硫方法之一，工艺成熟、应用广泛。

石灰石法脱硫原理如下：

$$SO_2 + H_2O \longrightarrow H_2SO_3$$

$$CaCO_3 + H_2SO_3 \longrightarrow CaSO_3 + CO_2 + H_2O$$

$$CaSO_3 + \frac{1}{2}O_2 \longrightarrow CaSO_4$$

$$CaSO_3 + \frac{1}{2}H_2O \longrightarrow CaSO_4 \cdot \frac{1}{2}H_2O$$

$$CaSO_4 + 2H_2O \longrightarrow CaSO_4 \cdot 2H_2O$$

$$CaSO_3 + H_2SO_3 \longrightarrow Ca(HSO_3)_2$$

石灰石脱硫法的液气比宜大于 10L/m³，钙硫比宜小于 1.05。此法液气比大，脱硫所需循环水量也大，总能耗高。

2）石灰法。石灰法脱硫也是最早的烟气脱硫方法之一，工艺成熟，使用范围广。

石灰法脱硫原理如下：

$$SO_2 + H_2O \longrightarrow H_2SO_3$$

$$CaO + H_2O \longrightarrow Ca(OH)_2$$

$$Ca(OH)_2 + H_2SO_3 \longrightarrow CaSO_3 + 2H_2O$$

$$CaSO_3 + \frac{1}{2}O_2 \longrightarrow CaSO_4$$

$$CaSO_3 + \frac{1}{2}H_2O \longrightarrow CaSO_4 \cdot \frac{1}{2}H_2O$$

$$CaSO_4 + 2H_2O \longrightarrow CaSO_4 \cdot 2H_2O$$

石灰脱硫法的液气比宜大于 5L/m³，钙硫比宜小于 1。此法液气比较大，脱硫所需循环水量也较大，因此总能耗较高。

3）双碱法。为了克服石灰石和石灰法脱硫效率差、能耗高、易结垢等缺点，又开发了双碱法脱硫。这种方法已有成熟的运行经验，得到广泛应用。

双碱法脱硫原理如下：

塔内吸收反应过程

$$NaCO_3 + SO_2 \longrightarrow NaSO_3 + CO_2$$

$$2NaOH + SO_2 \longrightarrow NaSO_3 + H_2O$$

$$NaSO_3 + SO_2 + H_2O \longrightarrow 2NaHSO_3$$

塔外再生过程

$$Na_2SO_3 + Ca(OH)_2 \longrightarrow 2NaOH + CaCO_3$$

$$NaHSO_3 + Ca(OH)_2 \longrightarrow NaOH + CaSO_3 + H_2O$$

氧化反应

$$Na_2SO_3 + \frac{1}{2}O_2 \longrightarrow Na_2SO_4$$

$$Na_2SO_4 + Ca(OH)_2 \longrightarrow CaSO_4 + NaOH$$

$$CaSO_3 + \frac{1}{2}O_2 \longrightarrow CaSO_4$$

双碱法脱硫的液气比宜大于 $2L/m^3$，钙硫比宜小于 1.1，因液气比小，脱硫循环少，所以总能耗低。但需两套加入脱硫剂的装置，工艺系统和控制方式稍复杂。

4）氧化镁法。氧化镁法脱硫系统是以氧化镁为原料，经熟化生成氢氧化镁作为脱硫剂的一种先进、高效、经济的脱硫系统。

氧化镁法脱硫塔内的主要反应原理如下：

$$MgO + H_2O \longrightarrow Mg(OH)_2$$
$$SO_2 + Mg(OH)_2 + 5H_2O \longrightarrow MgSO_3 \cdot 6H_2O$$
$$SO_2 + MgSO \cdot 6H_2O \longrightarrow Mg(HSO_3)_2 \cdot 5H_2O$$
$$Mg(HSO_3)_2 + MgO + 11H_2O \longrightarrow 2MgSO_3 \cdot 6H_2O$$
$$2MgSO_3 + O_2 \longrightarrow 2MgSO_4$$

氧化镁法脱硫的液气比宜大于 $2L/m^3$，镁硫比宜小于 1.05，此法的液气比和镁硫比都小，使脱硫循环水少，脱硫原料消耗也少，总能耗低，所以有较好的经济效益。当采用机械方法收集脱硫副产物时，对 $MgSO_3$ 可以不进行氧化，因此，脱硫系统可采用氧化风机，以节约电耗。

5）烟气脱硫的发展趋势。湿法烟气脱硫系统运行时间较长，有成熟的运行经验，也有较好的脱硫效果，但与近几年发展起来的干式脱硫工艺相比，还是有些不足之处。湿式脱硫系统流程长，操作、维护复杂，对系统有防腐蚀要求，系统能耗高，水耗大，投资成本高，占地面积大。在脱硫塔内，烟气与喷成雾状的脱硫液逆流接触进行脱硫反应，同时也有热交换过程，使排烟温度下降 90～100℃。这些热量把脱硫液中的水加热变成水蒸气，塔顶的除雾器只能除水滴、不能除水蒸气（水蒸气量约占锅炉容量的 5%），这部分水蒸气经烟道至烟囱排出。由于沿途的温降，使水蒸气凝结成水，严重时会形成烟囱雨。在烟囱内形成凝水的部分由烟囱底部排出，未形成凝结水的水蒸气随烟气一同排入大气。当遇到低气压时，气流难以扩散，水蒸气在空中遇冷就会形成雾层停留在空中。

干式脱硫方式可以克服湿式脱硫方式的不足之处，而且运行稳定，脱硫效率高，所以今后的发展趋势宜逐渐采用干式脱硫方式来代替湿式脱硫方式。

（3）烟气脱硝处理。

1）氮氧化物的生成。燃料在燃烧过程中生成的氮氧化物 90% 为 NO，其他为 NO_2，其中又可分为燃料型氮氧化物和温度型氮氧化物。

燃料型氮氧化物：是指燃料中的氮在一定温度下生成的氮氧化物，其生成量的多少与燃料中的含氮量和燃烧方式有关。燃煤层燃锅炉氮氧化物的生成率为 25%～50%，煤粉锅炉氮氧化物的生成率为 20%～25%。

温度型氮氧化物：是指空气中的氮在高温下氧化生成的氮氧化物，生成量的多少与燃烧温度有关，温度越高生成量越多，因此，可以用控制燃烧技术的方法来控制温度型氮氧化物的生成量。

2）烟气脱硝方法。燃煤锅炉对氮氧化物污染的控制技术包括低氮燃烧和烟气脱硝两种方法。低氮燃烧技术具有投资少和运行费用低的特点，因此，燃煤锅炉首先考虑采用低氮燃烧装置技术，以减少氮氧化物的产生。但由于低氮燃烧技术只能将氮氧化物的生成率控制在一定范围内，因此单独采用低氮燃烧方式已不能满足日益提高的环保要求，所以目前的燃煤锅炉都采用了相应的烟气脱硝装置。

根据不同反应温度可以分为高温脱硝（SNCRJ 技术）、中温脱硝（SCR 技术）和低温脱硝（COA 技术）。高温脱硝反应温度在 850～1100℃，中温脱硝反应温度在 280～420℃，低温脱硝反应温度在 60～90℃。

① 高温脱硝（SNCRJ）。这里所说的高温脱硝是指选择性非催化还原（SNCRJ）方法，主要是向 850～1100℃ 范围内的高温烟气中喷入氨溶液或尿素溶液等还原剂，通过还原剂产生的氨自由基与烟气中的 NO_x 发生反应，还原生成 N_2 和 H_2O。脱硝效率与温度范围、还原剂的分布情况及反应停留时间三者有关，一般脱硝效率在 30%～70%。

② 中温脱硝（SCR）。这里所说的中温脱硝是指选择性催化还原（SCR）方法，是在一定温度（280～420℃）和催化剂存在的条件下，向烟气中喷入还原剂 NH_3，将烟气中的 NO_x 还原为无害的 N_2 和 H_2O。这是一种目前在国内外技术最为成熟、应用广泛、脱硝效率最高的脱硝工艺。合理布置烟道，设计高效的 NH_3 和烟气混合，选用最佳额脱硝反应器，一般脱硝效率可达 60%～90%。

③ 低温脱硝（COA）。这里所说的低温脱硝是指循环氧化吸收（COA）方法，这种新型的低温脱硝方法优化设置了双相添加剂及分段氧化吸收的工艺方案。通过液相添加剂和固相添加的分段使用，形成双级氧化，提高了系统的脱硫效率，同时还可提高脱硫剂的使用效率和降低成本。脱硝效率一般在 30%～80%。

高温脱硝可与中温脱硝和低温脱硝组合使用。

3）烟气脱硝的发展趋势。从前面介绍的几种脱硝工艺来看，高温脱硝系统较简单，但脱硝效率较低，对于含氮量较高的燃料难以达到脱硝标准。中温脱硝效率虽高，但建设投资也高。高温脱硝在炉内高温下进行，中温脱硝也要在较高温度下进行，因此脱硝反应后的生成物温度也较高，即使到锅炉尾部排烟处也具有一定温度。也就是在排烟损失中要增加一部分脱硝产物所带走的热量，这对节能是不利的。因此，从节能角度看，希望是锅炉尾部排出的烟气再进行脱硝处理，这对节能是有利的。为了简化脱硝系统，节省建设投资和减少占地面积，可将脱硫塔和脱硝塔合为一体。两塔合一不仅提高了设备的利用率和简化了工艺系统，同时在一塔中的脱硫废弃物可用来脱硝，而脱硝废弃又可作为混凝土的添加剂使用。

3.1.6 热源系统的减排主要内容实例

1. 脱硫减排主要内容实例

（1）脱硫减排的主要内容。上一小节简单介绍了四种脱硫方法，这里以氧化镁脱硫法为例，再介绍一下湿法脱硫工艺系统的主要内容。

1）烟气系统。锅炉排烟首先进入除尘器，除尘后的烟气再由引风机送入脱硫塔，在脱硫塔内烟气自下而上流动，并与塔内自上而下的脱硫剂吸收液逆流接触，进行吸收反应而脱硫。脱硫后的烟气再经塔顶部的除雾器脱水，最后经烟道送进烟囱，排入大气。

2）脱硫系统。脱硫系统的主要设备有脱硫塔，浆液循环泵、供浆泵和排废液泵等。在脱硫塔内设有折流板或旋流板、浆液喷嘴、清洗喷嘴和除雾器等部件。在塔内，SO_2 被脱硫剂浆液洗涤，并与浆液中 $Mg(OH)_2$ 发生反应，最终以生成亚硫镁晶体为主，同时含有硫酸镁的混合物。循环泵将脱硫液反复送入脱硫塔，以提高吸收反应率。达到一定浓度的亚硫酸镁浆液用排废液泵抽出，送入副产品处理系统。

3）浆液制备系统。制备脱硫剂浆液的脱硫剂可用散装氧化镁或袋装氧化镁。若用散装氧化镁,可把密封罐送来的氧化镁粉,通过气力输送进入氧化镁储仓;然后再通过仓底给料机把氧化煤粉送入浆液罐,同时将水按一定比例加入罐内;并通过搅拌机使浆罐中的物料混合均匀,并且不产生沉淀;脱硫剂浆液的浓度宜控制在20%～30%,调整pH值,最后通过供浆泵把脱硫剂浆液送到脱硫塔中。

4) 副产品处理系统。由脱硫塔吸收反应产生的副产品亚硫酸镁和硫酸镁的混合物,经设置在脱硫塔附近的排废液泵抽出,送入副产品处理系统浓缩或沉淀。当采用内循环系统时,可把副产品送入箱式过滤机浓缩处理后装外运。若采用外循环系统,可在热源厂主厂房外设沉降池,让脱硫塔系统循环水在池中把脱硫副产品沉淀下来,然后抓斗装车外运。

5) 公用系统。公用系统主要为工艺系统用水,设有冲洗水泵和水箱。脱硫系统的工艺水主要用于除尘器冲洗、系统中各有关泵和阀门管道等冲洗。

6) 热工控制系统。脱硫系统采用PLC控制,由操作员台和通信网络组成。主要控制内容包括脱硫塔循环液浓度、脱硫塔循环液pH值、脱硫塔液位、除雾器反冲洗喷水、浆液罐内的浓度和液位。

(2) 脱硫减排量效果计算及实例。下面以一个在沈阳地区,冬季采暖设计热负荷$Q=56MW$为例,对脱硫减排的实际效果进行计算。

根据采暖热负荷的大小,选用两台链条炉排燃煤热水锅炉。锅炉热效率为$\eta=82\%$,燃煤低位发热值$Q_{Dnet}=18\,840kJ/kg$,燃煤收到基含硫量为$S_{ar}=0.6\%$,小时燃煤B计算如下:

$$B=3.6\times Q/(Q_{Dnet}\eta)=3.6\times56\times10^6/(18\,840\times0.82)=13\,050kg/h \quad (3.1-11)$$

年耗煤量$B_{年}$为

$$B_{年}=B\times24\times N\times t_p=13\,050\times24\times151\times0.66=31.2\times10^6\,(kg/年) \quad (3.1-12)$$

式中　　24——每天采暖小时数;

$\quad\quad$ N——沈阳地区每年采暖天数为151d;

$\quad\quad$ t_p——沈阳地区采暖平均系数为0.66。

经脱硫后SO_2每年的排放量G_{SO_2}为

$$G_{SO_2}=B_{年}\times C_{SO_2}\times(1-\eta_{SO_2})\times S_{ar}\times64/32 \quad (3.1-13)$$

$$=31.2\times10^6\times0.8\times(1-90/100)\times(0.6/100)\times(64/32)$$

$$=29\,952\,(kg/年)$$

式中　　$B_{年}$——年耗煤量为$31.2\times10^6kg/年$;

$\quad\quad$ C_{SO_2}——含硫燃料生成SO_2的份额,取0.8;

$\quad\quad$ η_{SO_2}——脱硫装置的脱硫效率,取90%;

$\quad\quad$ S_{ar}——燃煤收到基的含硫量为0.6%;

$\quad\quad$ 64——SO_2的分子量;

$\quad\quad$ 32——S的分子量。

不脱硫时,全年SO_2生成量$G_{全SO_2}$为

$$G_{全SO_2}=B_{年}\times C_{SO_2}\times S_{ar}\times64/32 \quad (3.1-14)$$

$$=31.2\times10^6\times0.8\times(64/32)$$

$$=299\,520\,(kg/年)$$

全年减少 SO_2 排放量 ΔG_{SO_2} 为

$$\Delta G_{SO_2} = G_{全SO_2} - G_{SO_2} \qquad (3.1-15)$$
$$= 299\,520 - 29\,952$$
$$= 269\,538\ （kg/年）$$

再计算排放的 SO_2 浓度是否达到排放标准要求。

SO_2 每小时排放量 $G_{h \cdot SO_2}$ 为

$$G_{h \cdot SO_2} = B \times C_{SO_2} \times (1 - \eta_{SO_2}) \times S_{ar} \times 64/32 \qquad (3.1-16)$$
$$= 13\,050 \times 0.8 \times (1 - 90/100) \times (0.6/100) \times (64/32)$$
$$= 12.53\ （kg/h）$$

式中　　$G_{h \cdot SO_2}$ ——SO_2 小时排放量，kg/h。

经折算烟囱出口 SO_2 排放浓度为 $103mg/m^3$，满足一般地区燃煤锅炉排放标准的要求。

2. 脱硝系统减排的主要内容及实例

（1）脱硝减排的主要内容。这里以中温脱硝，即选择性催化还原（SCR）方法为例，简单介绍一下脱硝工艺系统的主要内容。

1）烟气系统。中温脱硝烟气温度为 280～420℃，锅炉省煤器出口到空气预热入口的烟气温度适宜这个温度范围。因此，需把烟气自省煤器后引出，并作一旁通烟道，把脱硝反应装置放在竖直的旁通烟道内。经脱硝处理后的烟气再引入锅炉空气预热前烟道内，在脱硝装置运行时，应关闭锅炉省煤器和空气预热器之间装设的烟气挡板。

2）脱硝系统。选择性催化还原脱硝技术是在金属催化剂作用下，用氨液作还原剂在温度范围为 280～420℃ 的条件下脱除烟气中的氮氧化物。脱硝反应器布置在竖直旁通烟道的上方，脱硝氨液由喷嘴射出与烟气中的氮氧化物发生混合反应。由于采用了先进的混流和均流技术，脱硝效率最高可达到 90% 以上。

3）脱硝剂氨液系统。烟气脱硝剂氨液系统包括氨液接卸、储存、制备和供应系统，主要设备有液氨槽车、液氨卸料压缩机、储氨罐、液氨泵、液氨蒸发槽、氨气缓冲槽、稀释风机、混合器、氨气稀释槽、废水泵和废水池等。

液氨的供应是由液氨槽车运送到热源厂，利用液氨卸料压缩机将液氨由槽车输入液氨储罐内，再由液氨泵（也可用高位差）将储罐中的液氨输送到液氨蒸发槽并蒸发为氨气，经氨气缓冲槽来控制一定的压力和流量，然后与稀释空气在混合器中混合均匀，最后送到脱硝系统中使用。

4）排放氨气处理系统。在氨气制备过程中没有氨气排放系统，使液氨储存和供应系统的氨气排放管路为一个封闭系统。排放的氨气将由氨气稀释槽内吸收成氨废水后排至废水池，再由废水泵送到废水处理站。

5）氨气吹扫系统。液氨储存及氨气制备供应系统中应保持其密闭性，防止氨气的泄漏和氨气与空气的混合造成爆炸危及安全。为此，系统中的卸料压缩机、储氨罐、氨气蒸发槽和氨气缓冲槽等设备处都设有氨气吹扫管线。液氨卸料之前，通过氮气对以上系统各处分别进行严格的密封性检查和吹扫，以防止氨气泄漏并与系统中残余的空气混合而造成危险。

6）热工控制系统。对脱硝系统的主要设备设置必要的热工控制设施，以保证系统设备的安全、可靠运行。在液氨储罐上装有超流阀、逆止阀、紧急关断阀和安全阀等保护设施，还装有温度计、压力表、液位计、高液位报警仪和相应的变送器，将信号送到脱硝控制系统，当储罐内的温度和压力超高时报警。罐体四周安装有自动喷淋水装置，当罐体超温时可自动喷淋降温。当有微量氨气泄漏时，也可启动自动喷淋装置，对氨气进行吸收，防止氨气污染。液氨在蒸发槽内蒸发所需热量由专设的加热器提供，蒸发槽上装有压力控制阀，将氨气压力控制在一定范围内，当出口压力过高时，则切断液氨进料阀。氨气出口管线上装有温度检测仪，当温度过低时，也可切断液氨进料阀，使氨气至缓冲槽维持适当温度和压力。蒸发槽上还装有安全阀，以防止设备压力异常超高。

液氨储存及供应系统周边装有氨气检测器，以监测氨气泄漏，并显示大气中氨的浓度。当监测出大气中氨浓度过高时，机组控制室会发出警报，此时操作人员应及时采取措施，以防止氨气泄漏的异常情况发生。

（2）脱硝减排效果计算及实例。

本计算内容和 1.中脱硫减排量效果计算的前提条件相同，燃煤消耗量也一样。燃煤收到基含氮量 $N_{ar}=1.5\%$，中温脱硝装置的脱硝效率取 $\eta_{NO_x}=80\%$。

经过脱硝处理后，每年排放的氮氧化物量可按下式计算：

$$G_{NO_x}=1.63\times B_{年}\times(\beta\times n+V_y\times 10^{-6}\times C_{NO_x})(1-\eta_{NO_x}) \quad (3.1-17)$$

$$=1.63\times 31.2\times 10^6\times(40/100\times 1.5/100+9.83\times 10^{-6}\times 93.8)\times(1-80/100)$$

$$=69\,978（kg/年）$$

式中 G_{NO_x}——全年氮氧化物排放量，kg/年；

     $B_{年}$——全年燃煤量，kg/年；

     β——燃烧过程中氮化物转化为 NO_x 的生成率，取 40%；

     n——燃料中的氮含量，取 1.5%；

     V_y——烟气生成量，9.83m³/kg；

     C_{NO_x}——燃烧生成氮氧化物的浓度，取 9.83m³/kg；

     η_{NO_x}——脱硝效率，取 80%。

不脱销时，全年氮氧化物的生成量 $G_{全NO_x}$ 可用下式计算：

$$G_{全NO_x}=1.63\times B_{年}\times(\beta\times n+V_y\times 10^{-6}\times C_{NO_x}) \quad (3.1-18)$$

$$=1.63\times 31.2\times 10^6\times（40/100\times 1.5/100+9.83\times 10^{-6}\times 93.8）$$

$$=349\,890（kg/年）$$

式中 $G_{全NO_x}$——不脱销时全年氮氧化物生成量，kg/年。

全年减少 NO_x 排放量 ΔG_{NO_x} 为

$$\Delta G_{NO_x}=G_{全NO_x}-G_{NO_x} \quad (3.1-19)$$

$$=348\,990-69\,987$$

$$=279\,903（kg/年）$$

再计算排放的 NO_x 浓度是否达到排放标准要求。

每小时 NO$_x$ 排放量 $G_{\text{h}.\text{NO}_x}$ 为

$$G_{\text{h}.\text{NO}_x} = 1.63 \times B \times (\beta \times n + V_{\text{y}} \times 10^{-6} \times C_{\text{NO}_x})(1 - \eta_{\text{NO}_x}) \tag{3.1-20}$$

$$= 1.63 \times 13\,050 \times (40/100 \times 1.5/100 + 9.83 \times 10^{-6} \times 93.8)(1 - 80/100)$$

$$= 29.27\,(\text{kg/h})$$

式中　$G_{\text{h}.\text{NO}_x}$——NO$_x$ 小时排放量，kg/h；其他符号意义同前。

经折算，烟囱出口 NO$_x$ 排放浓度为 240mg/m³，满足一般地区燃煤锅炉排放标准的要求。

3.2　热网供热系统的节能减排

3.2.1　热网供热系统的节能综述

1. 热网节能概况

供热热网系统节能是供热系统节能的一个重要组成部分，努力减少热网能耗，把热网节能工作落实到实处。热网节能主要从三个方面入手，一是减少管网的散热损失，二是减少热媒在输送过程中的电耗，三是减少热力管网各处的泄漏损失。按照技术规范的要求，采取切实有效的节能措施，一定会使热网系统节能工作收到满意的技能效果。

2. 热网节能技术标准及规范

热网系统节能主要应遵循的法律法规、标准和规范：《中华人民共和国节约能源法》《国务院关于加强节能工作的决定》，这些法规主要体现在标准和规范中去执行。

《城镇供热管网设计规范》：本规范中对热网的供热半径、供热参数、供热温差等都提出了明确的要求，在设计中应遵照执行。

《城镇供热系统节能技术规范》：本规范对热网供热温差的大小、供热能耗指标、各种供热连接方式下系统补水率的大小都做出明确规定，在设计和运行中认真执行，可达到热网系统节能的目的。

《城镇供热直埋热水管道技术规程》：本规程中主要规定了直埋热水管道的设计和施工方法，直埋热水管道有较好的节能效果，在工程中已得到了广泛的应用。

3. 热网节能技术要求

热网节能主要是减少热网散热损失、减少热媒输送的电耗和减少热网的泄漏损失。

（1）节省热量要求。根据节能要求，供热管网的热效率应大于 92%，再根据城镇供热管网设计规范要求，供热管网热损失不应大于 5%。对于直埋供热热水管网，在城镇供热系统节能技术规范中要求其温降应小于 0.1℃/km。

（2）节电要求。在高温水供热系统中，要求供水温度为 110～150℃，回水温度不应超过 70℃，供回水温差不小于 50℃，这样可减小管道输送流量，以节约电耗。为了省电，街区管网的供回水温差不宜小于 25℃。为了减少电耗，要把管道的压降控制在合理的范围内，主干线管道压降为 30～70Pa/m，街区管道管道压降为 60～100Pa/m。同时，热水管线也不宜太长，对高温热水管道宜控制在 20km 以内，对于街区管道宜控制在 2km 以内。

（3）节水要求。加强热网管道的管理和维修，尽可能避免过量泄漏损失，把补水率控制在合理的范围内，以减少水耗量。

3.2.2 热网供热系统的节能途径及措施

1. 减少散热损失

热水管道采用无补偿直埋敷设方式，比其他敷设方式可减少散热损失。同时管道要求有良好的保温，一般选用工厂生产的预制保温管成品，包括各种预制保温管件。施工中，管道接口处也应用各种材料在现场进行发泡保温。预制保温管的内保温层为耐温的硬质聚氨酯，外保护层为高密度聚乙烯套管。保温材料聚氨酯的密度为 $60\sim80kg/m^3$，抗压强度不小于200Pa，导热系数不大于 $0.027W/(m^2 \cdot ℃)$，耐热温度为 150℃，并能在 130℃的运行温度下工作 20 个采暖期。高密度聚乙烯外套管的密度为 $940\sim965kg/m^3$，断裂伸长率不小于350%，纵向回缩率不大于 3%。达到上述标准的预制保温管和预制保温管件，可以保证热水管网的散热损失不超过有关标准和法规要求。

2. 节省电耗

减少运行过程的电能消耗是供热管网节能的主要内容之一，其中用于输送热水的循环水泵电耗为最大一项。因此，应针对具体工程项目，优化供热方案，例如，采用集中循环水泵供热方式，还是采用分布式循环水泵供热方式，应根据每个工程的具体情况进行方案比较后确定，不能简单地认为分布式循环水泵供热方式就一定能节省能耗。

确定经济合理的管道阻力损失，选用有关规范推荐的管道设计经济比摩阻，把循环水泵电耗控制在合理的范围内。但在运行过程中，由于管道内有腐蚀和结垢现象发生，管道因粗糙度增加而阻力增大，结垢会使管道流通截面积变小，流速增加使阻力增大。所以在运行中对管网的补水应选择有效的处理措施，目前所采用的方法是除氧和软化处理，使其达到补水标准要求，同时控制循环水的 pH 值在规定范围内。

按有关规范要求，保持循环水有足够的温差，在供出相同的热量时，循环水温差越大，流量就越小，相应的循环水泵的电耗也就越小。因此，为了节省热网运行中的电耗，采取措施适当增加循环水供回水的温差，应是一个行之有效的方法。

热力站的循环水泵应采用变频调节，同时要设置节能所必需的控制仪表。

3. 节约用水

间接连接的供热管道在运行时的水损失主要是阀门和附件等连接处的漏损，直接连接的供热管道除了漏损之外，还有用户人为放水。因此，要减少热网的水损失，就要加强对管道的维修，并对用户宣传节约用水。

4. 加强热网节能管理

（1）制定管理规程。按照相关的法律、法规、标准和规范，制定一套加强热网节能管理的规章制度，明确各部门的职能和各岗位人员所负的责任。

（2）设备材料的配置与控制管理。首先应选好对电能消耗有影响的设备，并确保用能设备允许的能效规定值，定期监控其电耗和设备的能效水平。预制保温管材应保证其热工性能，达到良好的保温效果，同时对用电设备和管道附件进行维护和保养，使其处于良好的运行状态。

（3）设备管材采购方面的管理。应按正规程序对用电设备进行采购，要求设备性能好、效率高。保温管和附件的采购应达到有关标准的要求，并检查验收。

（4）运行中的管理。热力站和热力管道正常投入使用后，在运行过程中要加强维护管理，定期检查设备运行情况，发现有异常情况应及时处理和维修。各热力站的一次仪表数据应随时传送到热网调度控制中心，以便及时调整供热参数，使其满足热负荷变化的要求。在热力站要检测好二级管网的漏水情况，加强巡视管理，杜绝人为放水，使管道泄漏率保持在合理的范围内。

3.2.3 热网供热系统的节能主要内容实例

1. 热网供热系统节能的主要内容

热网供热系统的能耗差别最大的是循环水泵电耗。间接连接供热时，循环水泵电耗包括一级管网循环水泵电耗和二级管网循环水泵电耗。在分布式循环水泵间接连接的供热系统中，循环水泵电耗包括一次网主循环水泵和分布式循环水泵以及二级网循环水泵三者的电耗。直接连接加混水泵供热时，可分为集中循环水泵和分布式循环水泵两种情况。当采用集中循环水泵时，其耗电量包括集中循环水泵用电量和混水泵用电量。当采用分布式循环水泵时，其耗电量包括主循环水泵和各分布式循环水泵以及混水泵三者耗电量。

2. 燃煤锅炉集中供热管网节能分析比较实例

由上述热网供热系统节能主要内容分析可见，供热管网的主要能耗是循环水泵和混水泵的电耗。在不同的供热方式条件下，其耗电量大小是有很大区别的，通过技术经济比较优化供热方案是至关重要的。为了简化计算，本节设定在一些相同的条件下进行比较。

选择一个在沈阳市内新建的节能小区内的六层建筑为例，总建筑面积 $F = 110 \times 10^4 \text{m}^2$，采暖热指标 $q = 45 \text{W/m}^2$，分 11 个热力站，每个热力站的供热面积 $F_{热} = 10 \times 10^4 \text{m}^2$，热力管网的经济比摩阻取 $R = 50 \text{Pa/m}$（工程中应按管径和流量的实际情况来计算管道阻力损失），热水锅炉热源厂到第一个支线接口处的管长为 500m，以后每个支线接出处的干线管长皆为 500m，最后一个热力站到前一个热力站支线接出处的管长为 1000m，除此之外，每个支线从干线接出处到热力站的管长皆为 800m，热力干线总长度为 6000m。供热管网布置如图 3.2 - 1 所示。

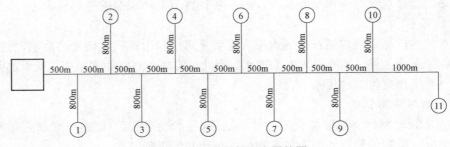

图 3.2 - 1 供热管网布置简图
□—热水热源厂；○—热力站

根据前面的设定条件和供热管网简图，采用三种循环水泵供热系统间接连接方式：分布式循环水泵供热系统间接连接方式和增加温差分布式循环水泵加混水泵供热系统直连方式三种方案为例进行电耗比较分析。

[例 3.2 - 1] 集中循环水泵供热系统间接连接方式的电耗。

这种供热方式为二级管网间接连接供热，一级管网为高温水，供水温度 $t_1 = 130℃$，回

水温度 $t_2 = 70℃$；二级管网为低温水，供水温度 $t_1' = 80℃$，回水温度 $t_2' = 60℃$。集中循环水泵供热系统间接连接方式如图 3.2−2 所示。

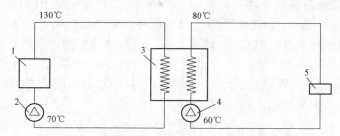

图 3.2−2　集中循环水泵供热系统间接连接方式

1—热水锅炉；2——一级网循环水泵；3—换热器；4—二级网循环水泵；5—热用户

本热网供热系统的供热方式和供热参数是传统式的供热连接方式通常选用的供热参数，其耗电量主要为一级管网循环水泵用电量和二级管网循环水泵用电量。

（1）一级管网循环水泵用电量 N_1 计算。要计算一级管网循环水泵的工作用电量，首先应根据一级供热管网的循环水流量和管网系统的阻力大小，选择合适的一级管网循环水泵。

1）一级管网循环水泵流量 $G_总$ 计算。首先根据设定条件计算采暖总负荷

$$Q_总 = Fq = 110 \times 10^4 \times 45 = 49.5 \times 10^6 \text{（W）}$$

式中　F——供热区域总面积，m^2；

　　　q——住宅采暖热指标，W/m^2。

一级管网循环水流量 $G_总$ 可用下式计算：

$$G_总 = 1.1 \times \frac{Q_总}{1.163 \times (t_1 - t_2) \times 1000} = 1.1 \times \frac{49.5 \times 10^6}{1.163 \times (130 - 70) \times 1000} = 780.34 \text{ (t/h)} \qquad (3.2−1)$$

式中　1.1——供热管网循环水流量调节系数；

　　　t_1——一级管网供水温度，℃；

　　　t_2——一级管网回水温度，℃。

2）一级管网系统总阻力 $H_总$ 计算。一级管网系统总阻力为锅炉房内部阻力 $H_内$、一级管网阻力损失 H_1、热力站一级管网侧阻力损失 $H_高$ 三者之和。

根据锅炉结构形式，锅炉房内部阻力损失可取 $10mH_2O$（$1mH_2O = 1 \times 10^4 Pa$），除污器可取 $3mH_2O$，锅炉房内管道阻力损失取 $3mH_2O$，则锅炉房内部阻力 $H_内 = 10 + 3 + 3 = 16（mH_2O）$。

一级供热管网阻力损失

$$H_1 = LR \times 2 = 6000 \times 50 \times 2 = 600\,000 \text{（Pa）} = 60 \text{（}mH_2O\text{）} \qquad (3.2−2)$$

式中　L——一级管网干线总长度，m；

　　　R——管道比摩阻，Pa/m。

热力站内一级高温水管网侧阻力损失包括换热器阻力损失 $5mH_2O$、一级网侧除污器阻力损失 $3mH_2O$、站内一级网侧管道阻力损失 $2mH_2O$，则 $H_高 = 5 + 3 + 2 = 10 \text{（}mH_2O\text{）}$

根据以上结果计算可得：

$$H_总 = H_内 + H_1 + H_高 = 16 + 60 + 10 = 86 \text{（}mH_2O\text{）} \qquad (3.2−3)$$

3）选择一级管网循环泵并确定工作用电量 N_1。根据一级管网循环水量 $G_总=780.34t/h$，管网总阻力损失 $H_一=86mH_2O$，选择一级管网循环水泵如下：300S90 型循环水泵两台，一台工作一台备用。其水泵性能参数为流量 $Q=790m^3/h$，扬程 $H=90mH_2O$，电功率 $N_1=315kW$，效率 $\eta=79\%$。循环水泵为一台工作，即一级网循环水泵的工作用电量 $N_1=315kW$。

（2）二级管网循环水泵用电量 N_2 计算。同一级管网选择循环泵的计算方法一样，确定二级循环泵的工作用电量如下。

1）二级管网循环水泵流量 $G_热$ 计算。二级管网循环水泵设在热力站内，所以首先应根据设定条件计算出二级管网所供出的采暖热负荷

$$Q_热=F_热 q=10\times10^4\times45=4.5\times10^6（W）\tag{3.2-4}$$

式中　$F_热$——热力站供热小区面积，m^2；

$\quad\quad q$——住宅采暖热指标，W/m^2。

二级管网循环水流量 $G_热$ 可用下式计算：

$$G_热=1.1\times\frac{Q_热}{1.163\times(t_1'-t_2')\times1000}=1.1\times\frac{4.5\times10^6}{1.163\times(80-60)\times1000}=212.81（t/h）\tag{3.2-5}$$

式中　1.1——供热管网循环水流量调节系数；

$\quad\quad t_1'$——二级管网供水温度，℃；

$\quad\quad t_2'$——二级管网回水温度，℃。

2）二级管网系统总阻力 $H_二$ 计算。二级管网系统总阻力为热力站内二级低温水管网侧损失 $H_低$、二级低温水管网阻力损失 H_2 和用户内部阻力损失 $H_户$ 三者之和。

热力站内二级低温水阻力损失包括换热器阻力损失 $5mH_2O$、除污器阻力损失 $3mH_2O$ 和管道阻力损失 $2mH_2O$，则换热站内阻力损失

$$H_低=5+3+2=10（mH_2O）\tag{3.2-6}$$

二级供热管网阻力损失

$$H_2=L_2R\times2=800\times50\times2=80\,000Pa=8（mH_2O）\tag{3.2-7}$$

式中　L_2——二级管网干线总长度，m；

$\quad\quad R$——管道比摩阻，Pa/m。

用户内部阻力损失一般为 $2mH_2O$，则

$$H_二=H_低+H_2+H_户=10+8+2=20（mH_2O）\tag{3.2-8}$$

3）选择二级管网循环水泵确定工作用电量 N_2。根据二级管网循环水流量 212.81t/h，管网总阻力损失 $20mH_2O$，选择循环水泵如下：选择 C2W200—315B 型循环水泵两台，一台工作，一台备用。其水泵性能参数为流量 $Q=225m^3/h$，扬程 $H=21mH_2O$，电功率 $N_1=18.5kW$。总共 11 个换热站，则二级管网循环水泵工作电量 $N_2=11\times18.5kW=203.5kW$。

（3）集中供热循环水泵间接供热总工作用电量 $N_总$

$$N_总=N_1+N_2=315+203.5=518.5（kW）$$

年用电量 $N_年=N_总\times151\times24\times0.66=518.5\times151\times24\times0.66=1\,201\,600（kW\cdot h）$

$$\tag{3.2-9}$$

[例 3.2 – 2] 分布式循环水泵间接供热系统电耗。

这种供热方式也是分为两级管网间接连接供热：一级管网供水温度 $t_1 = 130℃$，回水温度 $t_2 = 70℃$；二级管网供水温度 $t_1' = 80℃$，回水温度 $t_2' = 60℃$。

本热网供热系统供热方式和供热参数也是与传统的供热设计连接方式通常选用的供热参数相同的，而不同之处是在一级管网的回水管道上增设了分布式循环水泵，此分布式循环水泵设在各个热力站内换热器后的回水管道上，主循环水泵设置在锅炉房内。主循环水泵和分布式循环水泵的零压差点设在锅炉房出口处，这样主循环水泵就能克服锅炉房内部的阻力损失，各分布式循环水泵克服自锅炉房出口到各自热力站所属管段的阻力损失。其耗电量为主循环泵、各分布式循环水泵和二级管网循环水泵三者的耗电量。分布式循环水泵供热系统间接连接方式如图 3.2 – 3 所示

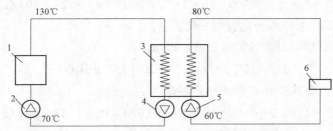

图 3.2 – 3　分布式循环水泵供热系统间接连接方式
1—热水锅炉；2—一级网主循环水泵；3—换热器；4—一级网分布式循环水泵；
5—二级网循环水泵；6—热用户

（1）主循环水泵工作用电量 $N_主$ 计算。

1）主循环水泵流量 $G_主$。主循环水泵的流量同例 1 中的一级网循环水流量 $G_总$ 相等，即 $G_主 = G_总 = 780.34t/h$。

2）主循环水泵系统的阻力 $H_主$。主循环水泵系统应克服的阻力等于例 1 中锅炉房内部阻力损失，即 $H_主 = H_1 = 16mH_2O$。

3）选择主循环水泵并确定工作用电量 $N_主$。根据其流量和系统阻力，选用 300S19 型循环水泵两台，一台工作，一台备用。其性能参考如下：流量 $Q = 790m^3/h$，扬程 $H = 19mH_2O$，电功率 $N_1 = 55kW$，即主循环水泵工作用电量 $N_主 = 55kW$。

（2）分布式循环水泵工作用电量 $N_分$ 计算。

1）分布式循环水泵流量 $G_分$ 计算。因为 11 个热力站的设计供热负荷相同，所以其循环水量也相等。本供热系统主循环水泵的流量 $G_主 = 780.34t/h$，则每个热力站的循环水量 $G_分 = 780.34/11 = 70.94$（t/h）。

2）每个分布式循环水泵供热系统阻力计算。分布式循环水泵所需克服阻力包括管线阻力和热力站内部阻力，由于热源厂到各热力站距离不同，其管线阻力应分别计算。各热力站内部系统阻力 $H_内$ 可视为基本相同，其值包括换热器阻力 $5mH_2O$，除污器阻力 $3mH_2O$，热力站内管线阻力 $2mH_2O$，即热力站阻力损失 $H_内 = 10mH_2O$。

① 1 号热力站分布式循环水泵供热系统阻力 $H_{分1}$ 计算
管线阻力 $H_{管1}$ 可由下式简化计算：

$$H_{管1} = L_1 R \times 2 = 1300 \times 50 \times 2 = 130\,000（Pa）= 13（mH_2O） \qquad (3.2-10)$$

式中　L_1——热源厂到 1 号热力站管线长度，m；

　　　　R——管道比摩阻，Pa/m。

$$H_{分1} = H_{管1} + H_{内} = 13 + 10 = 23（mH_2O）$$

②　2 号热力站分布式循环水泵供热系统阻力 $H_{分2}$ 计算

管线阻力　　$H_{管2} = L_2 R \times 2 = 1800 \times 50 \times 2 = 180\,000（Pa）= 18（mH_2O）$　　$(3.2-11)$

式中　L_2——热源厂到 2 号热力站管线长度，m；

　　　　R——管道比摩阻，同 L_1 管道取值，Pa/m。

$$H_{分2} = H_{管2} + H_{内} = 18 + 10 = 23（mH_2O）$$

③　3 号热力站分布式循环水泵供热系统阻力 $H_{分3}$ 计算

管线阻力　　$H_{管3} = L_3 R \times 2 = 2300 \times 50 \times 2 = 230\,000（Pa）= 23（mH_2O）$　　$(3.2-12)$

式中　L_3——热源厂到 3 号热力站管线长度，m；

　　　　R——管道比摩阻，同 L_1 管道取值，Pa/m。

$$H_{分3} = H_{管3} + H_{内} = 23 + 10 = 33（mH_2O） \qquad (3.2-13)$$

④　4 号热力站分布式循环水泵供热系统阻力 $H_{分4}$ 计算

管线阻力　　$H_{管4} = L_4 R \times 2 = 2800 \times 50 \times 2 = 280\,000（Pa）= 28（mH_2O）$　　$(3.2-14)$

式中　L_4——热源厂到 4 号热力站管线长度，m；

　　　　R——管道比摩阻，同 L_1 管道取值，Pa/m。

$$H_{分4} = H_{管4} + H_{内} = 28 + 10 = 38（mH_2O） \qquad (3.2-15)$$

⑤　5 号热力站分布式循环水泵供热系统阻力 $H_{分5}$ 计算

管线阻力　　$H_{管5} = L_5 R \times 2 = 3300 \times 50 \times 2 = 330\,000（Pa）= 33（mH_2O）$　　$(3.2-16)$

式中　L_5——热源厂到 5 号热力站管线长度，m；

　　　　R——管道比摩阻，同 L_1 管道取值，Pa/m。

$$H_{分5} = H_{管5} + H_{内} = 33 + 10 = 43（mH_2O） \qquad (3.2-17)$$

⑥　6 号热力站分布式循环水泵供热系统阻力 $H_{分6}$ 计算

管线阻力　　$H_{管6} = L_6 R \times 2 = 3800 \times 50 \times 2 = 380\,000（Pa）= 38（mH_2O）$　　$(3.2-18)$

式中　L_6——热源厂到 6 号热力站管线长度，m；

　　　　R——管道比摩阻，同 L_1 管道取值，Pa/m。

$$H_{分6} = H_{管6} + H_{内} = 38 + 10 = 48（mH_2O） \qquad (3.2-19)$$

⑦　7 号热力站分布式循环水泵供热系统阻力 $H_{分7}$ 计算

管线阻力　　$H_{管7} = L_7 R \times 2 = 4300 \times 50 \times 2 = 430\,000（Pa）= 43（mH_2O）$　　$(3.2-20)$

式中　L_7——热源厂到 7 号热力站管线长度，m；

　　　　R——管道比摩阻，同 L_1 管道取值，Pa/m。

$$H_{分7} = H_{管7} + H_{内} = 43 + 10 = 53（mH_2O） \qquad (3.2-21)$$

⑧　8 号热力站分布式循环水泵供热系统阻力 $H_{分8}$ 计算

管线阻力　　$H_{管8} = L_8 R \times 2 = 4800 \times 50 \times 2 = 480\,000（Pa）= 48（mH_2O）$　　$(3.2-22)$

式中　L_8——热源厂到 8 号热力站管线长度，m；

　　　R——管道比摩阻，同 L_1 管道取值，Pa/m。

$$H_{分8}=H_{管8}+H_{内}=48+10=58（mH_2O）\tag{3.2-23}$$

⑨ 9 号热力站分布式循环水泵供热系统阻力 $H_{分9}$ 计算

管线阻力　　$H_{管9}=L_9R×2=5300×50×2=530\,000（Pa）=53（mH_2O）\tag{3.2-24}$

式中　L_9——热源厂到 9 号热力站管线长度，m；

　　　R——管道比摩阻，同 L_1 管道取值，Pa/m。

$$H_{分9}=H_{管9}+H_{内}=53+10=63（mH_2O）\tag{3.2-25}$$

⑩ 10 号热力站分布式循环水泵供热系统阻力 $H_{分10}$ 计算

管线阻力　　$H_{管10}=L_{10}R×2=5800×50×2=580\,000（Pa）=58（mH_2O）\tag{3.2-26}$

式中　L_{10}——热源厂到 10 号热力站管线长度，m；

　　　R——管道比摩阻，同 L_1 管道取值，Pa/m。

$$H_{分10}=H_{管10}+H_{内}=58+10=68（mH_2O）\tag{3.2-27}$$

⑪ 11 号热力站分布式循环水泵供热系统阻力 $H_{分11}$ 计算

管线阻力　　$H_{管11}=L_{11}R×2=6000×50×2=600\,000（Pa）=60（mH_2O）\tag{3.2-28}$

式中　L_{11}——热源厂到 11 号热力站管线长度，m；

　　　R——管道比摩阻，同 L_1 管道取值，Pa/m。

$$H_{分11}=H_{管11}+H_{内}=60+10=70（mH_2O）\tag{3.2-29}$$

3）选择分布式循环水泵并确定总工作用电量 $N_分$。根据前面计算的分布式流量和各自克服供热系统的阻力，选择分布式循环水泵，并确定各分布式循环水泵的工作用电量。

① 1 号热力站分布式循环水泵选择和工作用电量 $N_{分1}$ 的确定。

根据计算流量 70.94t/h 和应克服的系统阻力 23mH$_2$O，选用 SQWD100—315（Ⅰ）B 型水泵两台，一台工作一台备用。其性能技术参数为：流量 $Q=72m^3/h$，扬程 $H=25mH_2O$，电功率 $N_1=11kW$，效率 $η=65\%$。由此可确定分布式循环水泵的工作用电量 $N_{分1}=11kW$。

② 2 号热力站分布式循环水泵选择和工作用电量 $N_{分2}$ 的确定。

根据计算流量 70.94t/h 和应克服的系统阻力 28mH$_2$O，选用 SQWD100—315（Ⅰ）A 型水泵两台，一台工作一台备用。其性能技术参数为：流量 $Q=74m^3/h$，扬程 $H=28mH_2O$，电功率 $N_2=11kW$，效率 $η=66\%$。由此可确定分布式循环水泵的工作用电量 $N_{分2}=11kW$。

③ 3 号热力站分布式循环水泵选择和工作用电量 $N_{分3}$ 的确定。

根据计算流量 70.94t/h 和应克服的系统阻力 33mH$_2$O，选用 SQWD100—160 型水泵两台，一台工作一台备用。其性能技术参数为：流量 $Q=71m^3/h$，扬程 $H=35mH_2O$，电功率 $N_3=15kW$，效率 $η=70\%$。由此可确定分布式循环水泵的工作用电量 $N_{分3}=15kW$。

④ 4 号热力站分布式循环水泵选择和工作用电量 $N_{分4}$ 的确定。

根据计算流量 70.94t/h 和应克服的系统阻力 38mH$_2$O，选用 SQWD80—200（Ⅰ）B 型水泵两台，一台工作一台备用。其性能技术参数为：流量 $Q=87m^3/h$，扬程 $H=38mH_2O$，电功率 $N_4=15kW$，效率 $η=71\%$。由此可确定分布式循环水泵的工作用电量 $N_{分4}=15kW$。

⑤ 5 号热力站分布式循环水泵选择和工作用电量 $N_{分5}$ 的确定。

根据计算流量 70.94t/h 和应克服的系统阻力 43mH$_2$O，选用 SQWD80—200（Ⅰ）A 型水泵两台，一台工作一台备用。其性能技术参数为：流量 $Q=79$m^3/h，扬程 $H=45$mH$_2$O，电功率 $N_5=118.5$kW，效率 $\eta=70\%$。由此可确定分布式循环水泵的工作用电量 $N_{分5}=18.5$kW。

⑥ 6 号热力站分布式循环水泵选择和工作用电量 $N_{分6}$ 的确定。

根据计算流量 70.94t/h 和应克服的系统阻力 48mH$_2$O，选用 SQWD100—200 型水泵两台，一台工作一台备用。其性能技术参数为：流量 $Q=71$m^3/h，扬程 $H=53$mH$_2$O，电功率 $N_6=22$kW，效率 $\eta=65\%$。由此可确定分布式循环水泵的工作用电量 $N_{分6}=22$kW。

⑦ 7 号热力站分布式循环水泵选择和工作用电量 $N_{分7}$ 的确定。

根据计算流量 70.94t/h 和应克服的系统阻力 53mH$_2$O，选用 SQWD100—200 型水泵两台，一台工作一台备用。其性能技术参数为：流量 $Q=71$m^3/h，扬程 $H=53$mH$_2$O，电功率 $N_7=22$kW，效率 $\eta=65\%$。由此可确定分布式循环水泵的工作用电量 $N_{分7}=22$kW。

⑧ 8 号热力站分布式循环水泵选择和工作用电量 $N_{分8}$ 的确定。

根据计算流量 70.94t/h 和应克服的系统阻力 58mH$_2$O，选用 SQWD100—200A 型水泵两台，一台工作一台备用。其性能技术参数为：流量 $Q=79$m^3/h，扬程 $H=73$mH$_2$O，电功率 $N_8=30$kW，效率 $\eta=64\%$。由此可确定分布式循环水泵的工作用电量 $N_{分8}=30$kW。

⑨ 9 号热力站分布式循环水泵选择和工作用电量 $N_{分9}$ 的确定。

根据计算流量 70.94t/h 和应克服的系统阻力 63mH$_2$O，选用循环水泵规格同 8 号相同的热力站，即分布式循环水泵工作用电量 $N_{分9}=30$kW，水泵效率为 $\eta=64\%$。

⑩ 10 号热力站分布式循环水泵选择和工作用电量 $N_{分10}$ 的确定。

根据计算流量 70.94t/h 和应克服的系统阻力 68mH$_2$O，选用循环水泵规格同 8 号相同的热力站，即分布式循环水泵工作用电量 $N_{分10}=30$kW，水泵效率为 $\eta=64\%$。

⑪ 11 号热力站分布式循环水泵选择和工作用电量 $N_{分11}$ 的确定。

根据计算流量 70.94t/h 和应克服的系统阻力 70mH$_2$O，选用循环水泵规格同 8 号相同的热力站，即分布式循环水泵工作用电量 $N_{分11}=30$kW，水泵效率为 $\eta=64\%$。

分布式循环水泵总工作用电量为上述 11 个热力站各个分布式循环水泵工作用电量之和，即 $N_分=234.5$kW。

（3）二级管网循环水泵工作用电量 N_2。二级管网循环水泵工作用电量 N_2 与 [例 3.2−1] 中二级管网循环水泵工作用电量相同，即 $N_2=407$kW。

（4）分布式循环水泵间接供热总工作用电量 $N_总$。分布式循环水泵间接连接供热总工作用电量为主循环水泵、分布式循环水泵和二级管网循环水泵三者用电量之和，即

$$N_总=N_主+N_分+N_2=55+234.5+203.5=493（kW） \qquad (3.2-30)$$

年用电量 $N_年=N_主×151.24×0.33=493×151.24×0.33=1\,179\,200（kW·h）$

$$(3.2-31)$$

[例 3.2−3] 分布式循环水泵加混水泵直接供热系统电耗。

这种连接方式分为内环管网加调节阀和外环管网加混水泵直接连接两种方式，其中用户采暖可分为散热器采暖和地板辐射采暖串联或者并联连接两种形式。

锅炉房内部管网循环水由主循环水泵带动循环，其供水温度 $t_1=130$℃，回水温度 $t_2=70$℃。而外线管网回水温度 $t_2'=50$℃，也就是需要用 130℃的高温水将 50℃的外管网回水加热到 70℃，保持与锅炉的回水温度相同，避免了燃煤锅炉引起尾部受热面的低温

腐蚀。

外线管网在热力站以前的供水温度为130℃，回水温度为50℃。在热力站以后，经混水使供水温度变为$t_{低}=80℃$，经用户采暖后的回水温度降为50℃。

用户采暖用散热器和地热管道的连接形式分为三种：第一种形式为在一个用户内一部分用散热器采暖，另一部分用地热管道采暖；第二种形式为在一栋六层楼内，上面四层为散热器采暖，下面两层为地热管道采暖；第三种形式为两栋楼用散热器采暖，再把回水引去另一栋楼作为地热管道采暖的热媒。本例中采用第二种连接形式，这种形式设计、施工和运行管理都较为方便。散热器采暖时供水温度为80℃，回水温度为60℃，地热管道采暖的供水温度为60℃，回水温度为50℃。

分布式循环水泵和混水泵都设在热力站内，其设备总用电量为主循环水泵、分布式循环水泵和混水泵三者用电量之和。分布式循环水泵加混水泵直接连接用户两种采暖形式串联供热系统，如图3.2-4所示。

图3.2-4 分布式循环水泵加混水泵供热系统直连方式（一）

1—热水锅炉；2—一级网主循环水泵；3—调节阀；4—一级网分布式循环水泵；

5—混水泵；6—一级散热器用户；7—二级地热采暖用户

（1）主循环水泵工作用电量$N_{主}$。本例中主循环水泵的工作条件与［例3.2-2］中主循环水泵的工作条件完全相同，因此工作用电量也相同，即$N_{主}=55kW$。

（2）分布式循环水泵工作用电量$N_{分}$计算。

1）分布式循环水泵流量$G_{分}$计算。每个热力站的供热负荷相同，每个站分布式循环水泵的计算流量$G_{分}$可由下式计算：

$$G_{分}=1.1\times\frac{Q_{热}}{1.163\times(t_1-t_2')\times1000}=1.1\times\frac{4.5\times10^6}{1.163\times(130-50)\times1000}=53.21（t/h）$$

（3.2-32）

式中 $Q_{热}$——热力站的供热负荷，W；

      1.1——供热管网循环水流量调节系数；

      t_1——二级管网供水温度，℃；

      t_2'——二级管网回水温度，℃。

2）每个分布式循环水泵供热系统阻力计算。

每个分布式循环水泵供热系统的阻力包括热力站前外线管网的阻力损失和热力站混水

后低温水管网系统的阻力损失。热力站以前外线管网的阻力损失在前例中已有计算，本例中所需克服的阻力与之相同，可直接引用。

热力站经过混水泵后的低温水管网损失 $H_混$ 为低温水管网损失 $H_低$ 和室内系统阻力损失 $H_内$ 之和。热力站到用户最远距离为 1000m，则 $H_低 = 1000 \times 50 \times 2 = 100\,000$（Pa）= 10（$mH_2O$）。

室内阻力为两级散热采暖设施串联，其阻力损失可取 $4mH_2O$，即 $H_内 = 4mH_2O$，由此可得：

$$H_混 = H_低 + H_内 = 10 + 4 = 14（mH_2O）\tag{3.2-33}$$

每个热力站后混水后的管网阻力损失都相同，也就是本例中各个热力站内分布式循环水泵应克服的阻力损失为［例3.2-2］中相应热力站前面的管网损失加上热力站混水后管网系统的阻力损失 $14mH_2O$ 即可。为省去重复的计算过程，下面直接列出各热力站分布式循环水泵供热系统的阻力值。

① 1号热力站分布式循环水泵应克服的阻力 $H_{分1} = 27mH_2O$。
② 2号热力站分布式循环水泵应克服的阻力 $H_{分2} = 32mH_2O$。
③ 3号热力站分布式循环水泵应克服的阻力 $H_{分3} = 37mH_2O$。
④ 4号热力站分布式循环水泵应克服的阻力 $H_{分4} = 42mH_2O$。
⑤ 5号热力站分布式循环水泵应克服的阻力 $H_{分5} = 47mH_2O$。
⑥ 6号热力站分布式循环水泵应克服的阻力 $H_{分6} = 52mH_2O$。
⑦ 7号热力站分布式循环水泵应克服的阻力 $H_{分7} = 57mH_2O$。
⑧ 8号热力站分布式循环水泵应克服的阻力 $H_{分8} = 62mH_2O$。
⑨ 9号热力站分布式循环水泵应克服的阻力 $H_{分9} = 67mH_2O$。
⑩ 10号热力站分布式循环水泵应克服的阻力 $H_{分10} = 72mH_2O$。
⑪ 11号热力站分布式循环水泵应克服的阻力 $H_{分11} = 82mH_2O$。

3）分布式循环水泵工作用电量 $N_分$。

根据计算流量和各分布式循环水泵系统应克服的阻力，选择合适的分布式循环水泵。为了简化重复的计算过程，直接引用各分布式循环水泵的工作用电量和效率。

① 1号热力站分布式循环水泵工作用量 $N_{分1}$。
所选循环水泵的电功率为7.5kW，水泵工作效率为71%，即 $N_{分1} = 7.5kW$。

② 2号热力站分布式循环水泵工作用量 $N_{分2}$。
所选循环水泵的电功率为7.5kW，水泵工作效率为65%，即 $N_{分2} = 7.5kW$。

③ 3号热力站分布式循环水泵工作用量 $N_{分3}$。
所选循环水泵的电功率为11kW，水泵工作效率为67%，即 $N_{分3} = 11kW$。

④ 4号热力站分布式循环水泵工作用量 $N_{分4}$。
所选循环水泵的电功率为15kW，水泵工作效率为67%，即 $N_{分4} = 15kW$。

⑤ 5号热力站分布式循环水泵工作用量 $N_{分5}$。
所选循环水泵的电功率为15kW，水泵工作效率为67%，即 $N_{分5} = 15kW$。

⑥ 6号热力站分布式循环水泵工作用量 $N_{分6}$。
所选循环水泵的电功率为18.5kW，水泵工作效率为60%，即 $N_{分6} = 18.5kW$。

⑦ 7 号热力站分布式循环水泵工作用量 $N_{分7}$。

所选循环水泵的电功率为 18.5kW，水泵工作效率为 60%，即 $N_{分7}$ = 18.5kW。

⑧ 8 号热力站分布式循环水泵工作用量 $N_{分8}$。

所选循环水泵的电功率为 22kW，水泵工作效率为 60%，即 $N_{分8}$ = 22kW。

⑨ 9 号热力站分布式循环水泵工作用量 $N_{分9}$。

所选循环水泵的电功率为 22kW，水泵工作效率为 60%，即 $N_{分9}$ = 22kW。

⑩ 10 号热力站分布式循环水泵工作用量 $N_{分10}$。

所选循环水泵的电功率为 22kW，水泵工作效率为 51%，即 $N_{分10}$ = 22kW。

⑪ 11 号热力站分布式循环水泵工作用量 $N_{分11}$。

所选循环水泵的电功率为 22kW，水泵工作效率为 51%，即 $N_{分11}$ = 22kW。

分布式循环水泵总工作用电量为上述 11 个热力站各分布式循环水泵工作用电量之和，即 $N_{分}$ = 159kW。

（3）混水泵工作用电量 $N_{混}$。在每个热力站内设两台混水泵，一台工作，一台备用。

1）混水泵流量 $G_{混}$ 计算。要计算混水泵的流量，首先应计算出每个热力站所需高温水的流量 $G_{高}$ 和经混水后的低温水流量 $G_{低}$，送去每个热力站高温水的流量 $G_{高}$ 可用下式计算：

$$G_{高} = \frac{Q_{热}}{1.163 \times (t_1 - t_2') \times 1000} = \frac{4.5 \times 10^6}{1.163 \times (130 - 50) \times 1000} = 48.37 \text{（t/h）} \quad (3.2-34)$$

式中　t_1——外管网高温供水温度，℃；

　　　t_2'——外管网回水温度，℃。

经混水后低温水供出温度 t_1' = 80℃，回水温度 t_2' = 50℃。高温水带入的热量 $Q_{高}$ 可用下式计算：

$$Q_{高} = 1.163 G_{高} C \times (t_1 - t_2') \quad (3.2-35)$$

经混水后低温供出的热量 $Q_{低}$ 可用下式计算：

$$Q_{低} = 1.163 G_{低} \times C \times (t_1' - t_2') \quad (3.2-36)$$

因为高温水带入的热量和低温供出的热量是相等的，即 $Q_{高} = Q_{低}$，所以将以上两式整理后，可得低温水流量 $G_{低}$：

$$G_{低} = \frac{G_{高} \times (t_1 - t_2')}{t_1' - t_2'} = \frac{48.37 \times (130 - 50)}{80 - 50} = 129 \text{（t/h）} \quad (3.2-37)$$

在热力站中设混水泵，混水泵的流量 $G_{混}$ 等于低温水流量 $G_{低}$ 减去高温水流量 $G_{高}$，即

$$G_{混} = G_{低} - G_{高} = 129 - 48.37 = 80.63 \text{（t/h）}$$

选混水泵时的流量再考虑 1.1 的调节系数，即混水泵的实际出水流量不应小于 88.69t/h。

2）混水泵应克服的供热系统阻力 $H_{混}$ 计算。混水泵供热系统应克服的阻力有用户室内阻力损失 $H_{户}$、热力站到最远用户入口的管网阻力损失 $H_{网}$ 和热力站内混水系统的阻力损失 $H_{热}$。

用户室内采暖为散热器和地热管道串联形式，取阻力损失为 4mH$_2$O。低温水管网供热距离为 1000m，阻力损失为 $H_{网}$ = 1000 × 50 × 2 = 100 000（Pa）= 10（mH$_2$O）。热力站内部管道阻力损失取 2mH$_2$O，除污器阻力损失取 3mH$_2$O，所以 $H_{热}$ = 5mH$_2$O。混水泵供热系统克服的总阻力为：

$$H_混 = H_户 + H_网 + H_热 = 4 + 10 + 5 = 19（mH_2O） \tag{3.2-38}$$

3）选择混水泵，确定混水泵的工作用电量 $N_混$。根据混水量和系统应克服的阻力损失，每个热力站选择两台混水泵，一台工作，一台备用，其型号为 CZW100—160A 型，流量 $Q = 93.5m^3/h$，扬程 $H = 28mH_2O$，电功率 $N = 11kW$，供 11 个热力站，混水泵工作总用电量为 $N_混 = 11 \times 11 = 121（kW）$。

（4）分布式循环水泵加混水泵供热系统直连方式（一）。

本供热系统总工作用电量为

$$N = N_主 + N_分 + N_混 = 55 + 159 + 121 = 335（kW） \tag{3.2-39}$$

年工作用电量为

$$N_年 = N \times 151 \times 24 \times 0.66 = 335 \times 151 \times 24 \times 0.66 = 801\ 266（kW \cdot h） \tag{3.2-40}$$

（5）分布式循环水泵加混水泵供热系统直连方式（二）。

这种供热系统用户内的采暖设施为并联形式，其用户内部阻力损失可比串联形式减少一半。再是混水泵设在用户入口进户管处，分布式循环水泵仍设在热力站内，其总工作用电量比用户的采暖设施串联时略有减少，如图3.2-5所示。

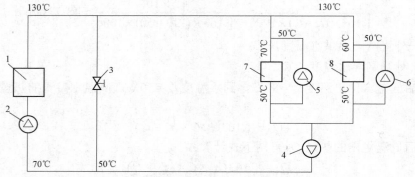

图 3.2-5　分布式循环水泵加混水泵供热系统直连方式（二）
1—热水锅炉；2——级网主循环泵；3—调节阀；4——级网分布式循环水泵；
5—散热器采暖混水泵；6—地热采暖混水泵；7—散热器采暖用户；8—地热采暖用户

（6）燃煤锅炉集中供热三种不同形式的供热系统用电比较。

通过前面对燃煤锅炉集中供热的三种不同供热系统用电量的计算结果列于表3.2-1中，进行分析比较。

表 3.2-1　　　　　　　　　　　　不同供热方式下用电量的比较

	集中循环水泵间接供热	分布式循环水泵间接供热	分布式循环水泵加混水泵直接供热
工作电容量/kW	518.5	493	335
年耗电量/万 kW · h	120.16	117.92	80.13
节电率（%）		1.86	33.1

从表中数据可见,分布式间接供热系统在一般情况下并不比中小型集中循环水泵间接供热节省多少能,其原因正如前面选泵可见,集中循环水泵效率为 79%,而分布式循环水泵的平均效率只有 66.18%,后面直接连接供热的分布式循环水泵因流量更小,其平均效率只有 61.72%,对于大型集中供热工程,选择大型高效的循环水泵时,其循环水泵的效率可达到 88%左右,此时集中循环水泵比分布式循环水泵反而要节能。另外在运行时,大型集中供热可采用两台以上水泵并联运行,当热负荷降一半时,可一台工作,使水泵仍保持高状态运行,而分布式泵只有一台工作,在低负荷时效率更低。再是当采暖热负荷大部分在热源附近时,采用分布式循环水泵有一定节能效果;当采暖热负荷大部分在热用户末端时,采用分布式循环水泵是不节能的。所以供热系统是否节能要根据实际工程具体问题具体分析,不能一概而论。但分布式循环水泵能保证末端用户得到足够的流量,达到水利平衡。

从表 3.2 – 1 中也可看出,当采用分布式循环水泵加混水泵直接连接供热方式时有明显的节能效果,这主要是增大了供热管网的供回水温差,把温差由原来的 60℃提高到了 80℃,因此加大热力管网供回水温差是供热管网节能的重要手段,同时也是节省热力管网的投资费用。

一般温差每增加 10℃,可降低热网投资 8%左右。同时,混水直接供热,取消了换热器等设备,可减少大量的一次投资费用。取消了换热器,换热器两侧的水阻力损失也随之没有了,这又节省了很多运行电耗,对节能有利。

(7)换热站供热改为混水泵供热的方法。

对于有两级管网换热站供热的系统,出现有些换热站供热效果不好,需要提高供水温度来满足供热要求的情况,或者为了节能而同时降低两级管网的回水温度来增大供热温差,都可以采用混水泵来取代换热器的方法,这样既可以节省一次投资和运行电耗。

在改造中应注意改造后自混水点到用户管网来回的总阻力损失,当该阻力损失超过原一级管网的资用压头时,就应设增压水泵,一般是二级管网超过 1km 时应设置增压水泵。增压水泵的流量为改造后一级管网水量与混水泵水量之和,增压泵扬程为改造后原二级系统的阻力减去一级管网的资用压头之差。混水泵流量按所需混水量计算,扬程为混水点供回水管道的压力差。按计算结果,在选混水泵时,两者均应考虑一定余量。采用混水泵供热管网节电的多少,主要看热网改造前供回水温差的大小,以及改造后供回水温差增加多少而定。例如,原热网供热系统供回水温差为 20℃,改造后供回水温差增加到 25℃,则节电率为 20%。若原供热系统供回水温差为 20℃,改造后温差增加到了 30℃,则节电率为 33%。

3. 燃气锅炉分散供热管网节能分析比较

采暖锅炉燃烧清洁天然气时,可选用小型分布式燃气锅炉供热方式,这与集中供热相比可节省一级管网循环水泵的运行电耗和一级管网的初投资费用。若再提高小型锅炉的供热温度和改变供热方式,会收到更好的节能效益和经济效益。[例 3.2 – 4]是我们以[例 3.2 – 1]中一个热力站的供热规模为例,分别采用传统供热和增大温差加混水泵的方式进行分析比较。

[例 3.2 – 4] 低温水直接供热方式。

在[例 3.2 – 1]中的任意一个热力站的位置,设置一个小型燃气锅炉房,选用两台 2.8MW 的燃气锅炉。供热面积、供热负荷、供热参数均与[例 3.2 – 1]中的热力站相同,其供热系

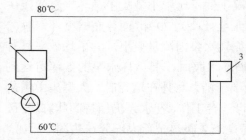

图 3.2-6 燃气热水锅炉低温供热
1—燃气热水锅炉；2—循环水泵；3—采暖热用户

统如图 3.2-6 所示。

根据［例 3.2-1］中的计算，循环水泵的工作用电量为 18.5kW。循环水泵的年工作用电量为

$$N = 18.5 \times 151 \times 24 \times 0.66 = 45\,590 \text{（kW·h）} \tag{3.2-41}$$

［例 3.2-5］增大温差加混水泵供热方式。

在［例 3.2-4］中燃气锅炉供热的基础上，提高供水温度到 $t_1 = 110℃$，降低回水温度至 $t_2 = 50℃$。在用户内部采用散热器和地热管道串联方式采暖。用户入口进户管处加设混水泵，将 110℃高温水降低至 $t_1' = 80℃$ 后送至用户。其供热方式如图 3.2-7 所示。

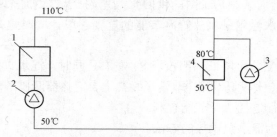

图 3.2-7 增大温差加混水泵供热方式
1—燃气热水锅炉；2—循环水泵；3—混水泵；4—采暖热用户

（1）循环水泵工作用电量 $N_循$ 计算。

1）循环水泵流量 $G_循$ 计算。

$$G_循 = 1.1 \times \frac{Q_热}{1.163 \times (t_1 - t_2) \times 1000} = 1.1 \times \frac{4.95 \times 10^6}{1.163 \times (110-50) \times 1000} = 70.95 \text{（t/h）} \tag{3.2-42}$$

式中 $Q_热$——供热负荷，W；

1.1——供热管网循环水流量调节系数；

t_1——管网供水温度，℃；

t_2——管网回水温度，℃。

2）循环水泵扬程 $H_循$ 计算。循环水泵应克服的供热系统阻力为管网阻力损失 $H_网$ 和用户内部的阻力损失 $H_内$ 之和。

管网阻力损失 $H_网 = 50 \times 1000 \times 2\text{Pa} = 100\,000\text{Pa} = 10\text{mH}_2\text{O}$

用户内部阻力损失 $H_内 = 4\text{mH}_2\text{O}$

则 $H_循 = H_网 + H_内 = 10 + 4 = 14$（$\text{mH}_2\text{O}$）

3）选择循环水泵并确定工作用电量 $N_循$。根据计算流量和所需克服的系统阻力，选用循环水泵 CZL100—i25A 型两台，一台工作一台备用，其具体性能参数为：流量 $Q = 89\text{m}^3/\text{h}$，扬程 $H = 16\text{mH}_2\text{O}$，电功率 $N = 7.5\text{kW}$，即循环水泵工作总用电量为 $N_循 = 7.5\text{kW}$。

（2）混水泵工作用电量 $N_混$ 计算。

1）混水泵流量 $G_混$ 计算。混水泵流量可用高温水带入热量 $Q_高$ 于混水后的低温水供热热量 $Q_低$ 相等来求得，即

$$Q_高 = G_高 \times C \times (t_1 - t_2) \tag{3.2-43}$$

$$Q_低 = G_低 \times C \times (t_1' - t_2) \tag{3.2-44}$$

因 $Q_高 = Q_低$，整理两式后可得：

$$G_低 = \frac{G_高 \times (t_1 - t_2)}{t_1' - t_2} = \frac{64.5 \times (110 - 50)}{80 - 50} = 129（t/h） \tag{3.2-45}$$

式中　$G_高$ ——高温水流量，t/h；

　　　t_1 ——高温水供出温度，℃；

　　　t_1' ——混水后低温水供出温度，℃；

　　　t_2 ——回水温度，℃。

混水泵的总流量 $G_{混总} = G_低 - G_高 = 129 - 64.5 = 64.5$（t/h）

因混水泵设在各用户入口管道处，共设置 40 个用户入口，则每个进户管处混水泵的流量 $G_混 = 64.5/40 = 1.61$（t/h），考虑 1.1 的调整系数，选泵时的流量为 1.61t/h。

2）混水泵所需克服的阻力 $H_混$。混水泵只克服用户内部采暖设施阻力，即克服散热器和地热管道串联运行时的阻力，可取 4mH$_2$O。

3）选混水泵并确定混水泵工作用电量 $N_混$。根据计算流量和所需克服系统阻力，每个进户管入口处选用 SQL15—80 型水泵两台，一台工作一台备用，其性能参数为：流量 $Q = 2m^3/h$，扬程 $H = 7mH_2O$，电功率 $N = 0.18kW$，共 40 台混水泵工作，则混水泵工作总用电量

$$N_混 = 0.18 \times 40 = 7.2（kW） \tag{3.2-46}$$

（3）增大温差和混水泵供热方式的总用作用电量 N。

总工作用电量为循环水泵和混水泵的工作用电量之和，即

$$N = N_循 + N_混 = 7.5 + 7.2 = 14.7（kW） \tag{3.2-47}$$

年总工作用电量

$$N_年 = 14.7 \times 151 \times 24 \times 0.66 = 35\,160（kW \cdot h） \tag{3.2-48}$$

（4）分布式燃气锅炉不同供热方式的能耗分析比较。根据［例3.2-4］和［例3.2-5］两种不同供热方式的能耗比较可见表 3.2-2。

表 3.2-2　　　　　　　　低温水直供与增大温差加混水泵能耗比较表

	低温供热	增大温差加混水泵供热
工作电容量/kW	18.5	14.7
年耗电量/万 kW·h	45 590	35 160
节电率（%）		22.88

从上表计算结果的比较可见，增大温差加混水泵的供热方式比传统的低温水供热方式有较好的节能效果，同时还能节省管网初投资费用，但由于流量减少，对各热用户的水利平衡调节要求较高。

3.3 供暖环境的节能减排

3.3.1 供暖环境的节能综述

1. 供暖环境的节能概况

我国从 1986 年首次发布建筑节能设计标准至今已经三十余年了，并在全国建成了相当数量的节能住宅，在推进建筑节能的同时，供暖环境节能也在深入开展，并取得了一定的成果。众所周知，暖通空调能耗量约占建筑总能耗量的 40%～50% 以上。我国幅源辽阔，按中国供暖制度划分规则：只有累年日平均气温稳定≤5℃的日数≥90 天被界定为集中供暖的地区，主要分布在严寒、寒冷和部分夏热冬冷地区，具体分界线为秦岭—陇海线以北地带。

近些年随着我国经济的发展和人们生活水平的提高，采暖能耗量随着供暖面积的增加而增长，传统能源资源的消耗与污染物排放的危害给人们生活的环境带来极大的压力，在政府的倡导下人们把压力变为动力，切实做好节能减排的工作。

我国这些年来不断总结出，做好供暖环境节能主要从以下几个方面开展：一是从设计入手，结合项目具体情况按我国气候分区做好建筑围护结构的热工设计；严格按照设计环节的标准规范措施的有关条文进行：选好室内外温度取值、负荷计算、设备部件选择、系统形式选择、自控调节系统等；有条件积极推行计量系统设计，把握好供暖环境设计节能第一关；二是加强供暖环境运行使用管理，加强系统设备部件的维修，注意结合供暖环境的负荷变化进行调节，实现室内供热环境热舒适的条件下节能，严防供暖系统设备部件损坏与渗漏，造成能耗损失；三是要综合考虑热源、管网和室内供热环境的节能，不单单反映在锅炉热效率和管网输送效率这两个能耗指标上，同时还反映在为用户末端提供室内供热环境热舒适性条件下的节能。

我国的能源政策是贯彻节约与开发并举的方针，这些年一方面大力推动供暖环境从设计到使用运行管理将节能工作落到实处；另一方面又积极开展可再生清洁能源的应用技术，如全国已建成许许多多的被动式太阳能房，大力开展地源热泵技术的应用，广阔乡镇变废为宝，大力开展沼气技术的应用等，都取得了可喜的成果。

2. 供暖环境的节能技术标准及规范

供暖环境节能主要遵循的法规、标准及规范如下：

《民用建筑供暖通风与空气调节设计规范》（GB 50736—2012）：本规范是供暖设计的重要依据，室内外设计参数的选取，热负荷的计算、供热方式、供热系统形式和其他配套设施等都应按照此规范执行。

《公共建筑节能设计标准》（GB 50189—2015）：公共建筑用能数量多，能耗大。制定并实施公共建筑节能设计标准，有利于改善公共建筑的环境，提高暖通空调系统的能源利用效率，把控从建筑热工及暖通空调各设计环节方面的指标和节能措施。

《严寒和寒冷地区居住建筑节能设计标准》（JGJ 26—2010）：严寒和寒冷地区居住建筑必须采取节能设计，在保证室内热环境质量的前提下，建筑热工和供暖通风设计应将采暖能耗指标控制在规定的范围内。本规范对室内热环境计算参数和围护结构热工参数等作了详细

74

规定。

《民用建筑热工设计规范》（GB 50176—2015）：根据我国划分的建筑热工气候分区与设计要求，合理确定围护结构的最小传热阻。

《辐射供暖供冷技术规程》（JGJ 142—2012）：主要由吸收式制冷机组供冷和地面辐射供暖工程中的设计、材料选择、施工、调试验收等几方面内容组成。

《供热计量技术规程》（GJ 173—2009）：对集中供热系统的热源供热量、热用户的用热量进行计量。

《全国民用建筑工程设计技术措施—节能专篇—暖通空调·动力》：涵盖了民用建筑中采暖、通风、空调及动力设计的节能内容。较详细和全面地规定了建筑工程设计中暖通空调、动力专业的节能技术细则。

3. 供暖环境的节能技术要求

供暖环境的节能技术有如下几个方面要求：

（1）设计方面。首先在设计初期需要对建筑周围的环境进行实地考察，重点考察热源形式和外网输送管线，以选取合适的供暖系统；在施工图设计阶段，应对每一采暖房间进行热负荷计算，对于公共建筑，热负荷计算应扣除采暖房间内部的得热量，如室内设备散热量、人员密集场所的人体散热量等；在采用低温热水地面辐射供暖方式时，房间设计温度应降低2℃进行房间采暖负荷计算，或取常规对流式计算热负荷的 90%～95%，且不计算敷设有加热管道的地面热负荷；在燃气红外线辐射供暖系统用于全面采暖时，其热负荷应取常规对流式计算热负荷的 80%～90%，且不计算高度附加；在外表温度超过 50℃的设备和管道都应进行良好的保温，以减少散热损失，达到节约燃料的目的。最后系统形式设计阶段，要根据建筑的功能用途等因素进行采暖形式的选择，常用形式有"散热器采暖""住宅分户热计量采暖""辐射采暖""热风采暖"等类型。

（2）设备方面。供暖环境常用的设备有：循环泵、换热器、水处理设备等，应注意选用高效节能设备。常用的附件有：散热器、减压阀、疏水器、膨胀水箱、平衡阀、分水器、集水器、分汽缸等，要了解它们的作用、使用场所、应选择高效优质的部件并注意养护，确保供暖系统好使节能。随着能源危机和环境污染的恶化，在有条件时应积极采用可再生的新能源技术，选用新能源设备，例如，采用太阳能应用技术，选用太阳能设备；采用热泵应用技术，选用热泵设备等，为热用户提供节能环保的采暖需求。

（3）管理功能方面。应建立、健全节能运行管理制度和用能系统操作规程；加强用能系统和设备运行调节，维护保养，巡视检查，推行低成本、无成本节能措施；施行一把手负责制，对本单位节能工作全面负责，应当指定专人负责能源消费统计，如实记录能源消费计量原始数据，建立统计台账；并且应设置能源管理岗位，实行能源管理岗位责任制，重点用能系统，设备的操作岗位应当配备专业技术人员，并实施资源管理激励机制，管理业绩与节约资源，提高经济效益。

3.3.2　供暖环境的节能途径及措施

1. 供暖环境的节能主要途径

（1）增强外围护结构的保温性能和采光效果，以此来减少热量的损失，减少供暖的能耗。

（2）采用科学调节方法和智能监管平台，根据建筑的负荷变化进行合理调节供热量，同时监督管理能耗，避免不必要的损失。

（3）推广可再生的清洁能源，如太阳能热水供暖系统、地源热泵供暖系统等，达到减少传统能源的消耗。

（4）在供暖节能设计方面，严格执行国家相关方面的节能标准、规范，选择高效节能的技术方案、设备、材料等节能措施，达到节能降耗的目标；积极采用新工艺、新技术、新产品，最大限度地降低能耗。

2. 供暖环境的主要节能措施

（1）围护结构热工设计。根据我国划分的建筑热工气候分区与设计要求，严寒地区必须充分满足冬季保温要求，一般可不考虑夏季防热；寒冷地区应满足冬季保温要求，部分地区兼顾夏季防热。在采暖这部分能耗中，外围护结构传热的能耗量大，其围护结构传热系数对建筑的采暖能耗影响很大，因此按照规范要求确定合理的传热系数，对减少热损失，达到节能的目标，意义重大。设计时应按照《公共建筑节能设计标准》（GB 50189—2015）、《严寒和寒冷地区居住建筑节能设计标准》（JGJ 26—2010）的相关要求，通过对建筑体形系数、窗墙比、传热系数的取值进行控制；优化设计方案，通过降低围护结构损耗的热能，达到节能的目标。

1）外墙。外墙可以通过外保温和内保温来提高墙体的保温性。比较适宜的外墙外保温技术有 EPS 板薄抹灰外墙外保温技术、XPS 板薄抹灰外墙外保温技术、PUR 板薄抹灰外墙外保温技术等。

2）外窗。外窗主要从窗框型材、玻璃和窗户气密性考虑。可以通过形成双层窗，在原有窗户外侧墙体上安装一个建筑节能窗罩，此窗罩与原有窗户构成双层窗，提高保温隔热隔声的效果。在原外窗上加气密条，以提高外窗气密性。气密条可以选择橡胶条、塑料条或橡塑结合密封条。

3）屋顶。屋顶的传热系数相对较大，保温性能差。可以通过在原有屋面加保温层，倒置式保温屋面做法是将保温层放置在防水层之上，这样不仅能够有效防止保温层内部结露，也使防水层得到很好的保护，屋面构造耐久性也得到提高。国内可供用于倒置屋面做法的保温材料主要有泡沫玻璃、挤塑型聚苯乙烯泡沫板、聚乙烯泡沫板等。

（2）供暖系统形式选择。根据建筑周围实地考察，选取合适的供暖形式，其类型特点及适用场合如下：

散热器供暖：以对流散热为主，这种以对流为主的供暖方式多数用于民用住宅、公共建筑以及工业建筑的一部分场所。散热器供暖系统一般集中设置计量管理。

住宅分户热计量供暖：有安装散热器以对流散热为主的供暖方式，也有安装地热盘管以低温辐射供暖为主的供暖方式，供暖系统通常分户设置计量管理。

辐射供暖：是通过热射线散出热量来进行供暖的方式，它不依靠任何中间介质。辐射供暖可分为低温（<80℃）、中温（80～700℃）及高温（500～900℃）三种，前两种可以用热水或蒸汽作为热媒，后一种则用电热或可燃气体加热辐射散热设备。这种供暖方式多用于一些高大空间建筑、对卫生要求较高的场所。

热风供暖：是以几乎 100%的对流散热来进行供暖的方式，暖风机靠强迫对流来加热周围空气，比靠自然对流的散热器作用范围大，散热量多，这种供暖方式多用于供暖负荷大或供暖的空间比较大而又允许使用再循环空气的地方。

再根据建筑物的规模、层数、布置管道的条件和用户要求，选取合适的供暖管道系统的形式。供暖管道系统常用形式范围特点见表 3.3-1。

表 3.3-1　　　　　　　　供暖管道系统常用形式范围特点

系统形式	适用范围	优缺点
双管上供下回	室温有调节要求的四层以下建筑	便于集中排气，易产生垂直失调
双管下供下回	室温有调节要求，顶层不能敷设干管的四层以下建筑	有利于解决垂直失调，可使重力水头与立管阻力相抵消，室内无供水干管，顶层房间美观。缺点是不便于集中排气；需要设置地沟
双管中供式	顶层无法敷设供水干管或边施工边使用的建筑	可解决一般供水干管挡窗问题；解决垂直失调比上供下回有利；对楼层扩建有利。缺点是不便于集中排气
双管下供上回	热媒为高温水，室温有调节要求的四层以下建筑	便于集中排气；需要采用高温热媒时，可降低散热器表面温度
单管上供下回	一般多层建筑	水力稳定性好，便于集中排气；安装构造简单。缺点是当散热器配置过多或不考虑支管散热量等因素时，有可能发生上游热，下游冷的垂直失调
单管水平式	单层建筑或不能敷设立管的多层建筑	经济美观，安装简便。缺点是不便于集中排气；不利于管道热伸长的补偿；散热器接口处易漏水
下供上回和上供下回混合式	热媒为高温水的多层建筑	高温水热媒直连系统的较佳方法之一
单、双管式	8层以上建筑	避免垂直失调，可解决散热器立管管径过大，克服单管系统不能调节的问题

（3）推广应用新能源技术。

1）热泵技术：利用土壤、水源和空气等低位热能，通过采用热泵技术，提升转化为可供用户采暖和制冷的能源。热泵是通过少量的高位电能输入，实现低位热能向高位热能转移的一种高效而环保的节能设备。它是利用土壤、水源和空气中吸收的太阳能和地热能而形成的低温低位热能资源，为热用户提供采暖和制冷服务。其技术优势在于采用热泵技术可使再生清洁能源充分利用，达到高效节能、运行稳定、环保。热泵可应用于宾馆、商场、办公楼、学校等建筑，小型的地源热泵更适合于别墅住宅的采暖。

2）太阳能技术。众所周知，太阳能是取之不尽、用之不竭的清洁可再生能源，是未来的主要能源。太阳能在供暖方面有应用很多，如太阳能采暖和热水供应等。太阳能供暖系统由三部分组成：太阳能收集系统、热水供应系统和采暖系统。太阳能收集系统由集热器、蓄热水箱、集热器水泵等组成；平板集热器朝南倾斜置于住宅屋顶上，在长江以北、黄河以南一带地区，一幢 $120m^2$ 的住宅大约需要 $16\sim24m^2$ 的平板集热器；为平衡集热器收集的能量与用热量间的不均衡性，设有蓄热水箱；集热器水泵根据集热器出口水温与蓄热器底部水温之差来控制启停，通常当温差大于 $5\sim7℃$ 时启动，温差在 $-0.5\sim2℃$ 时关闭。热水供应系统的流程是：自来水在热水箱（具有加热和蓄水作用）中用太阳能收集系统中的热水加热，进行热水供应。

（4）运营管理技术。

1）能源管理制度。

① 建立能源计量管理体系，形成计量管理程序文件，并保持和持续改进其有效性；

② 规范计量人员的行为，能源计量器具的管理和能源计量数据的采集制度；

③ 建立能源管理部门，设专人负责能源计量器具的管理，负责能源计量器具的配备、使用、检定（校准）、维修、报废等管理工作；

④ 能源管理人员（包括计量器具检定、校准和维修及计量人员）必须具有相应资质和能力，对能源管理人员建立和保存能源计量人员的技术档案。

2）设备管理制度。

① 由能源管理部门编制能源计量器具一览表，详细载明能源计量设备的型号、数量、安装位置、检定情况等内容；

② 用能设备的设计、安装和使用满足 GB/T 6422、GB/T 15316 关于用能设备的能源监测要求；

③ 建立能源计量器具档案，包括：计量器具使用说明书、出厂合格证、检定（测试、校准）证书、维修记录及相关信息。

3）计量统计管理。

① 建立能源统计报表制度，报表数据能追溯至计量测试记录；

② 数据记录表格样式规范化、便于汇总和分析；

③ 按月、季、年分期统计能源消耗量；

④ 实行单独分户计量，便于管理及节电措施，责任落实到位。

3.3.3 供暖环境的节能主要内容实例

1. 浴室废热水余热回收节能实例

浴室是我们日常生活的必备设施，同时也是能耗较大的地方，特别是集中浴室。洗浴所用的洗澡水一般是通过热水器加热，无论用电或天然气，都要消耗一定的能源。人们在日常洗浴过程中，洗浴后的废温水相比环境来说成在一定的温差，这部分能量随着废温水的排出而白白浪费了，所以提出如下浴室废水余热回收系统。

一般在家庭浴室中，在浴室地面抬高 15cm 高度上安装马桶，在这部分上，再增加约 $1m^2$ 的面积用来当沐浴的地方，空间分布如图 3.3-1 所示。浴室换热器采用外径 $\phi=600$ 高度 $H=12mm$。圆柱形的两层结构，上层通自来水，下层通废热水。冷热水流通空间高度均为 5mm，流道宽度为 40mm，支撑肋板为 5mm。考虑到良好的导热性、塑性以及低温冲击韧性，本方案中材料均采用铜及铜合金。

（1）具体结构示意如图 3.3-1 所示。

（2）设计理念。经过沐浴的废热水，由重力作用直接流经换热器表面，然后沿着壁面往下流到下层的废热水入口与上层流经的自来水进行换热，换热之后的自来水再流经厨房集热板进一步加热。由于流动是靠重力，换热器管道可以设计一些坡度，让流动更容易进行，换热更充分一些。

废热水落到地面与换热器的上层进行一次初步换热，然后流到废热水流道在换热器里再进行一次充分换热。为了让换热器效果得到强化，管路可以做成波浪形纹管，让流动充分发展成湍流，为了减少散热量，安装换热器前在底部铺上一层保温层。

（3）热量回收计算。

已知：

换热器直径 $\phi = 600\mathrm{mm}$ ；上下面壁厚 $\delta = 1\mathrm{mm}$ ；换热空间高度 $H = 5\mathrm{mm}$ ；

换热间隔 $\delta_1 = 40\mathrm{mm}$ ；支撑面壁厚 $\delta_2 = 5\mathrm{mm}$ ；铝合金导热系数 $\lambda = 162\mathrm{W/m \cdot K}$ ；

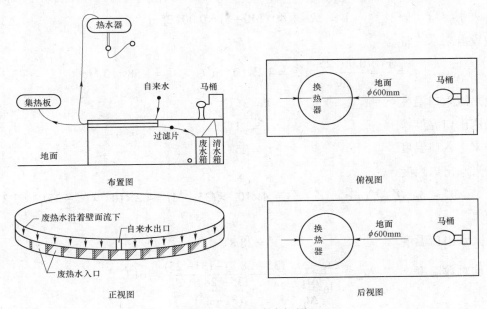

图 3.3 – 1　浴室空间图

已测热水流量

$$q_1 = \frac{V}{t} = \frac{0.2 \times 10^{-3}}{25}\,\mathrm{m^3/s} = 4 \times 10^{-5}\,\mathrm{m^3/s} \qquad (3.3-1)$$

$$V_1 = 1.5 \times 10^{-2}\,\mathrm{m/s}$$

（通过秒表，量筒测量数据，计算而得）

关于热水温度的测量，为了避免测量数据的偶然性。我们选择了早 8 点，中 1 点，晚 6 点三个不同时间段进行温度测量。测量结果见表 3.3 – 2～表 3.3 – 4。（此时为广东的四月份）

表 3.3 – 2　　　　　　　　　　　洗 澡 前 热 水 温 度

测量时间	早	中	晚	平均
温度 t/℃	41.8	40.9	42.6	42.0

表 3.3 – 3　　　　　　　　　　　洗 澡 后 热 水 温 度

测量时间	早	中	晚	平均
温度 t_1/℃	34.8	35.2	34.6	35.0

表 3.3 – 4　　　　　　　　　　　自 来 水 温 度

测量时间	早	中	晚	平均
温度 t_2/℃	24.8	25.2	25.0	25.0

由以上测量的数据可知，使用后的热水与自来水最大温差可达 10℃，可以进行一部分

的热量回收。

换热面积
$$S = \pi R^2 \times 40 / (40+5) = 0.27 \text{m}^2 \tag{3.3-2}$$

自来水容量
$$V = \pi R^2 h \times 40 / (40+5) = 0.00125 \text{m}^3 \tag{3.3-3}$$

假设自来水流量

$$q_2 = \frac{V}{t} = \frac{0.00125}{30} \text{m}^3/\text{s} = 4.2 \times 10^{-5} \text{m}^3/\text{s} \quad V_2 = 1.58 \times 10^{-2} \text{m/s} \tag{3.3-4}$$

设热流入口温度 $\quad t_1' = 35\text{℃}$

热流出口温度 $\quad t_1'' = 31\text{℃}$

自来水入口温度 $\quad t_2' = 25\text{℃}$

自来水出口温度

$$t_2'' = q_1 c_1 (t_1' - t_1'') = q_2 c_2 (t_2'' - t_2') = 4 \times 10^{-5} \times (35-31) = 4.2 \times 10^{-5} \times (t_2'' - 25) \tag{3.3-5}$$

解得:

自来水出口温度 $\quad t_2'' = 28.8\text{℃}$

平均对数温度
$$\Delta t_m = \frac{\Delta t_2 - \Delta t_1}{\ln \dfrac{\Delta t_2}{\Delta t_1}} \quad \frac{(35-28.8)-(31-25)}{\ln \dfrac{(35-28.8)}{(31-25)}} = 61\text{℃} \tag{3.3-6}$$

热水
$$t_f = \frac{t_1'' + t_1'}{2} = 33\text{℃} \tag{3.3-7}$$

物性参数 $\quad \lambda = 62 \times 10^{-2} \text{W/(m·K)}; \quad v = 0.75 \times 10^{-6} \text{m}^2/\text{s}; \quad Pr = 5.1$

求得
$$h_1 = \frac{0.664 Re^{1/2} Pr^{1/3} \lambda}{R} = 372.8 \text{W/(m}^2 \cdot \text{K)} \tag{3.3-8}$$

自来水
$$t_f = \frac{t_2'' + t_2'}{2} = 26.9\text{℃} \tag{3.3-9}$$

查得物性参数 $\lambda = 61 \times 10^{-2} \text{W/(m·K)}; \quad v = 0.9 \times 10^{-6} \text{m}^2/\text{s}; \quad Pr = 6.2$

求得
$$h_1 = \frac{0.664 Re^{1/2} Pr^{1/3} \lambda}{R} = 359.8 \text{(W/m}^2 \cdot \text{K)} \tag{3.3-10}$$

$$K = \frac{1}{\dfrac{\delta}{\lambda} + \dfrac{1}{h_1} + \dfrac{1}{h_2}} = \frac{1}{\dfrac{0.001}{162} + \dfrac{1}{372.8} + \dfrac{1}{359.8}} = 183 \text{W/(m·K)} \tag{3.3-11}$$

换热量
$$q = kA\Delta t = 183 \times 0.27 \times 6.1 = 301.4 \text{W} \tag{3.3-12}$$

热水落到地面开始进行一次换热,然后再流进换热器,又一次换热。换热比较复杂,简化模型后,可把原系统简化为经过两次横掠平板式的换热。

总换热量
$$Q = 2q = 602.8 \text{W} \tag{3.3-13}$$

理论换热量
$$Q_t = q_{m1} c_1 \Delta t = 4 \times 10^{-5} \times 4.18 \times 10^{-3} \times (35-31) \text{W} = 668.8 \text{W} \tag{3.3-14}$$

误差
$$w = \frac{Q - Q_t}{Q_t} \times 100\% = 9.6\% \tag{3.3-15}$$

误差在 10% 以内，又加上换热器铺于保温层材料上，这一侧会有一部分热量损失。此时，可以认为热量平衡。

（4）设计结论。综上计算，在浴室的废热水换热系统，可以回收一部分热量，使自来水升温 $\Delta t = 6.1℃$ 回收的能量为：

$$\phi_1 = cM_1 t \Delta t_1 = 4.8 \times 10^3 \times 0.042 \times 40 \times 60 \times 6.1 \text{kJ} = 2951 \text{kJ} \quad (3.3-16)$$

在浴室换热系统中，假设换热器的换热效率为 60%，换热时间也为 40min，那么换热器省下电能为：

$$W_1 = \frac{\Phi_1}{P\eta_1} = \frac{2951 \times 2}{3600 \times 0.6} = 2.34 (\text{kW} \cdot \text{h}) \quad (3.3-17)$$

通过计算可知，每天可节省这么多电能，如果在全国范围内每个家庭每天节省这么多能量来计算，这将是一个非常可观的数字，室内环境将做到真正的节能。

2. 厨房余热回收节能实例

随着民用炊事燃料气体化的发展，城市煤气、石油液化气、天然气的家庭应用日益广泛。燃气炉具的热效率一般为 50%～60%。火焰和热烟气经过锅、壶底部后，很快向周围环境散热，烟气余热逸散在厨房内，造成热量损失。所以提出厨房余热回收装置，可以达到室内节能的目的。

（1）具体装置。在炉灶周围安装集热板，集热板的结构采用两层结构，内层是水容器换热器，外层为保温层，由外圆、上下盖板和前玻璃面板组成。后、上下、左右侧盖板采用整体发泡隔热层进行填充。集热板设计外形尺寸是外径为 $R = 160mm$，内径为 $R = 120mm$ 的中空圆柱形，这是因为一般单灶具的长度为 350mm，为了整洁、协调，所以采用略小一点的长度。集热板主要是接受炉灶的辐射热，很少有对流换热，因此设计 150mm 高度，其中 30mm 为支架的高度，也是预留空隙能让空气进入煤具使其充分燃烧，也显得美观大方。水容器层厚度为 30mm，保温层厚度为 6mm，玻璃厚度为 2mm，两层钢板厚度各位为 1mm。外圆、上下盖板及保温层板采用不锈钢板，厚度为 1mm。前面板采用钢化玻璃，底座采用不锈钢。集热板结构剖视图如图 3.3-2 所示。

（2）设计理念。集热板的冷水取自换热器换热之后的自来水，经换热器加热后流回浴室里的

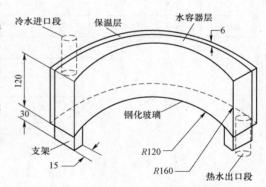

图 3.3-2 集热板结构剖视图

热水器，其热水的流出动力是入口自来水压力。为了便于安装和维修以及流量上的控制，在进水端位置处处安装了控制阀。由于水具有不同温度分层的特性，因此集热板水容器中没有分隔，为一整体，这样有助于水加热时的对流。

前面板采用钢化玻璃，主要是为了加强换热并防止集热版热量损失。同时玻璃面板也非常美观，在玻璃面板内侧可以预先做一些图案，使其看上去美观大方。集热板主要吸收炉灶的辐射热量，加热换热器内的水。在钢化玻璃板在表面涂有黑色吸热涂层，增加换热器的黑度，增强换热。后面板靠近墙面，必须设置保温层。采用两层结构，中间夹保温层，可以有效防止热量散失。其中保温层拟采用整体发泡技术，将内部空间充满保温气泡。这样既保温

又轻便。

（3）理论计算。O 点为火焰中心，灶具工作时火焰形状为圆形，半径 $R = 80mm$，高度 $H = 40mm$，火焰中心温度为 $800 \sim 1000℃$，外焰温度约为 $1300℃$，发射率 $\varepsilon_1 = 0.9$。集热板初始温度 $T_0 = 25℃$，吸收率 $\alpha_1 = 0.8$，T_2 为水加热的温度。火焰面与炉灶面是两个平行的表面，可以看成是两个灰体之间的换热。火焰与集板之间辐射换热量为：

$$\phi = \frac{A_1\delta(T_1^4 - T_2^4)}{\frac{1}{\varepsilon_1} + \frac{1}{\alpha_1} - 1} = \frac{2\pi \times 70 \times 30 \times 10^{-6} \times 5.67 \times 10^{-8}(T_1^4 - T_2^4)}{\frac{1}{0.9} + \frac{1}{0.8} - 1} \qquad (3.3-18)$$

水温从 25℃升到 T_2 所需要的热量为：

$$\phi_1 = cM(T_2 - T_0) \qquad T_0 = 273K + 25K = 298K$$

$$M = \frac{\pi \times (R_2^2 - R_1^2)\rho h}{t} = \frac{3.14 \times (0.16^2 - 0.12^2) \times 0.12 \times 1000}{t} \text{（kg/s）} \qquad (3.3-19)$$

联立得 $\phi = \phi_1 = 4.2 \times 10^3 M(T_2 - 298)$

化简可得质量流量 m 与温度之间的函数关系：

$$8.378\,2 \times 10^{-14}T_2^4 + 4200MT_2 - 1.251\,6 \times 10^6 M - 1110.586\,8 = 0 \qquad (3.3-20)$$

利用表格和函数图像表示两者之间关系见表 3.3-5，温升与质量流量图如图 3.3-3 所示，温度与质量流量图如图 3.3-4 所示。

表 3.3-5　　　　　　　　　　温度、温升与质量流量关系

M/（kg/s）	0.0026	0.0046	0.01	0.014	0.021	0.024	0.028	0.03	0.042
T_2/K	385	354	324	316	311	309	307	306	304.4
Δt/℃	87	56	26	18	13	11	9	8	6.4

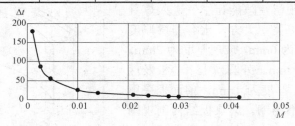

图 3.3-3　温升与质量流量图

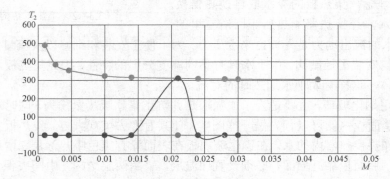

图 3.3-4　温度与质量流量图

从上面数据可以看出温度 T_2 和 Δt 是随着质量流量的增加而逐渐减小的，考虑到热水器一般的容量为 50L、集热板的工作时间和浴室换热自来水的质量流量之间的关系，我们选择集热板的参数为：

质量流量 $M = 0.042\text{kg/s}$，$T_2 = 304.4\text{K}$，温升 $\Delta t = 6.4℃$，假设集热板每天工作 40min，则

$$\phi_2 = cM_1t\Delta t_2 = 4.8\times10^3\times0.042\times40\times60\times6.4 = 3097\,(\text{kJ}) \qquad (3.3-21)$$

利用集热板进行加热热水，假设集热板的热效率为 70%，每天做 2 次饭，那么每天在集热板能节省下电能为：

$$W_2 = \frac{\phi_2}{P\eta_2} = \frac{2903\times2}{3600\times0.7} = 2.46\,(\text{kW}\cdot\text{h}) \qquad (3.3-22)$$

（4）设计结论。综合厨房集热板的集热量和浴室换热器的换热量，考虑到管道流动的散热损失，引进修正系数 $\phi = 0.7$，那么整个系统，每天能节省下来的能量为：

$$\phi = \varphi(\phi_1 + \phi_2) = 0.7\times(2951 + 3097) = 4233.6\,(\text{kJ}) \qquad (3.3-23)$$

一天能节省的电量约为：$W = \varphi(W_1 + W_2) = 0.7\times(2.34 + 2.46) = 3.36\,(\text{kW}\cdot\text{h})$

每天节省这么多电能，那么一个家庭一年要额外消耗更多电能，如果在全国范围内每个家庭每天节省这么多能量来计算这将是一个非常可观的数字。

3. 太阳能供热在中高层建筑中的规模化应用

目前，沿海地区普遍存在人多地少的窘迫现象，用于建筑的土地变得稀少而又弥足珍贵。这迫使建筑物必须向中高层发展，这对太阳能行业既是挑战又是机遇，因为这增加了太阳能热水系统的安装难度，而基于这一现状，太阳能供热在中高层建筑中的应用将是中国未来太阳能利用的一个重要方面。

（1）工程概况。深圳体育新城小区太阳能热水工程是国家的可再生清洁能源建筑应用示范项目：小区总建筑面积 40 多万 m^2，为本地居民因深圳 2011 年世界大学生运动会建设而拆迁的安置住房共 4000 户居民。包括附属医院在内，工程安装太阳能集热器面积达到 11 000 多 m^2，可满足小区 21 栋住宅楼共 2 万多人的热水需求。其投资规模、太阳能集热器安装面积、受益人数堪称国内少有。

根据不同的建筑群体和用户群等因素选用了两种目前应用较广、实用性较大的太阳能热水系统运行模式。具体情况见表 3.3-6。

表 3.3-6　　　　　　　　　　　体育新城太阳能供热工程概况

序号	1	2	3	4
楼型	A 型	B 型	C 型	D 型
住宅层数	15~16	25	29~34	13~19
总栋数	8	1	6	6
集热器总面积/m^2	2848	386	2160	2976	2940
集热器位置	屋面钢架	屋面钢架	屋面钢架	立面	屋面钢架
热水系统类型	分体承压水箱与太阳能集热器次换热的半集中式热水系统			温差控制方式循环的集中式热水系统

（2）设计技术及方案。体育新城推广应用太阳能热水系统与建筑一体化技术，真正做到了同步设计、同步施工，同步验收、同步交付使用，工程在设计时综合多方面的因素，将设计方案大致定为以下两大类：

1）A，B，C 栋户型：采用强制循环承压间接式换热系统（见图 3.3-5），为典型的集中供热、分户计量的管理运营模式。集热器安装在屋面钢架之上或立面，采用深圳市嘉普通太阳能公司高效平板集热器集中集热，分户设置承压太阳能换热水箱，工质在封闭的循环管路中循环，通过水箱中的换热盘管对水箱中的水制热。采用分体式设计，集热器设置屋面钢架上，水箱设置在各户，便于热水器与建筑一体化；供水系统由自来水压力驱动，保证用水点冷热水压力一致；间接式换热，提高了用水质量。

2）D 栋户型：采用强制循环直接系统，集热器安置在屋面钢架架空层之上，为采用温差控制方式循环的集中式热水系统，太阳能储热水箱均放置在屋面。该系统为典型的集中供热，集中供水的运营模式，运行原理如图 3.3-6 所示。

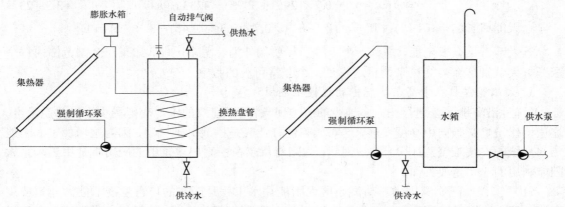

图 3.3-5　强制循环承压间接式换热系统原理图　　图 3.3-6　强制循环直接换热系统原理图

（3）技术优势。体育新城安置小区较好地解决了太阳能在中高层建筑上应用的诸多难点，并且兼顾到使用者的生活成本，探索出一条太阳能与建筑有效结合的新路，如图 3.3-7 所示。

传统的太阳能热水工程，太阳能水箱和集热器等太阳能设备一般安装在屋面，集中产热水，需要占用建筑物顶部空间，随着中国城市建筑高层化发展趋势日益显著，建筑物顶部空间越发稀有和宝贵，所以在设计时将太阳能集热器安装在钢架架空层上，如图 3.3-8 所示，达到了以下两个目的：

图 3.3-7　太阳能集热器安装方式（一）

图 3.3-8　太阳能集热器安装方式（二）

1）为屋面腾出了宝贵的空间；

2）解决了因女儿墙、屋面水池等建筑附属物而产生的遮挡问题，保证了更多的集热器安装面积。

体育新城安置小区楼层均在 12 层以上，其中 C 户型更是达到 34 层，建筑顶部面积根本无法满足太阳能集热器的安装面积。为了保证足够的太阳能集热器安装面积，考虑在立面墙和阳台安装太阳能集热器（见图 3.3 − 9）。C 户型立面共安装太阳能集热器面积达 2976m²，集热器外挂安装体现了太阳能热水系统与建筑一体化的理念，有如下优越性：

1）有效地解决了高层建筑太阳能集热器安装面积不足的问题；

2）有利于增强建筑物的隔热效果，改善室内环境。

每栋楼房都安装了太阳能热效率实时监测系统，监测整个龙岗体育新城太阳能热水系统在全年工况下的效率以及集热器在全年工况下的热效率，用于评价太阳能热水系统和集热器的性能，核对实测效率和设计效率的差别，为系统的运行管理提供数据支撑。同时设置大屏幕数据显示系统，实时显示各栋建筑太阳能热水系统的运行状况，具有很好的示范作用。

图 3.3 − 9 太阳能集热器安装方式（三）

（4）太阳能设备及其配置。工程采用液压拉伸一体式平板集热器，使用不锈钢水箱和搪瓷水箱，采用不同类型的太阳能热水系统、不同组合的太阳能阵列，便于进行不同组合、不同连接方式对太阳能系统效率的对比。水箱配置见表 3.3 − 7。

表 3.3 − 7　　　　　　　　　　　水 箱 配 置 表

序号	户型	贮水箱容积	类型	数量/个	工作压力
1	A 型	不小于 300L（承压水箱） 不小于 400L（承压水箱）	不锈钢水箱 不锈钢水箱	374 126	换热盘管试验压力 1.6MPa 内胆试验压力 1.6MPa
2	B 型	不小于 240L（承压水箱）	不锈钢水箱	100	
3	C 型	不小于 150L（承压水箱） 不小于 200L（承压水箱）	搪瓷水箱 搪瓷水箱	1280 516	
4	D 型	10t（非承压水箱） 8t（非承压水箱） 7t（非承压水箱）	不锈钢水箱 不锈钢水箱 不锈钢水箱	10 4 3	1.0MPa

（5）效益分析。从表 3.3 − 6 可知该工程太阳能安装面积达 11 000 多 m²，全年产生活热水 38 万 t，可满足小区 21 栋住宅楼共 2 万多人的热水需求，具有显著的社会效益、经济效益和环境效益。

1）系统的节能量。

直接换热太阳热水系统按下列公式计算：

$$\Delta Q_{save1} = A_C J_T (1 - \eta_c) \eta_{cd} \tag{3.3-24}$$

间接换热太阳热水系统的节能量按下列公式计算：

$$\Delta Q_{\text{save1}} = A_C J_T (1 - \eta_c) \eta_{cd} F_{hx} \qquad (3.3-25)$$

该工程 D 户型为直接换热系统，集热面积共 2940m²；A、B、C 户型为间接系统，集热面积共 8370m²，深圳太阳集热器采光表面上的年太阳辐照量为 5225MJ/m²；深圳嘉普通生产的集热器的全日集热效率 η_{cd} 取 60%，管路和水箱的热损失率 η_c 取 20%，F_{hx} 取 80%，代入数据得：

D 户型一年的节能量　　　　　$\Delta Q_{\text{save1}} = 7\ 373\ 520\text{MJ}$ 　　　(3.3-26)

A、B、C 户型一年的节能量　$\Delta Q_{\text{save2}} = 16\ 793\ 568\text{MJ}$ 　(3.3-27)

该工程一年的总得热量　　　　$\Delta Q_{\text{save}总} = 24\ 167\ 088\text{MJ}$ 　(3.3-28)

2）环保效益。太阳热水系统的环保效益体现在因节省常规能源而减少了污染物的排放，主要指标为二氧化碳的减排量。将系统节能量折算成标准煤，然后将标准煤中碳的含量折算成二氧化碳，即为该太阳热水系统二氧化碳的减排量。

标准煤热值 W 为 29 308kJ/kg；该工程一年能节省常规能源按下式计算：

$$M = \Delta Q_{\text{save}总}/W \qquad (3.3-29)$$

计算得 $M = 824\ 590.14\text{kg}$，该工程一年能节省煤 824 590.14kg。

每年减排的 CO_2：按下式计算：

$$Q_{CO2} = 2.26 \times \Delta Q_{\text{save}总}/W \qquad (3.3-30)$$

计算得 $Q_{CO2} = 186\ 357.34\text{kg}$，该工程一年能减排 $CO_2 = 1\ 863\ 573.73\text{kg}$。

（6）小结。

1）深圳市龙岗区体育新城安置小区是太阳能供热在中高层建筑中的规模化应用，其投资规模、太阳能集热器安装面积、受益人数为国内少有。

2）该工程在高层建筑中安装阳台壁挂式太阳能集热器，在立面墙垂直安装太阳能集热器，较好地解决了在中高层建筑中太阳能面积不足的问题。

3）A、B、C 户型采用分体承压水箱与太阳能集热器二次换热的太阳能运行模式，是在中高层建筑中对二次分体承压换热系统的一次尝试，并取得了较好的效果。

4）该工程较好地解决了太阳能在中高层建筑上应用的诸多难点，为太阳能供热在中高层建筑中的应用做出了应有的贡献。

4. 严寒地区太阳能热泵供暖系统设计运行实测分析

在传统能源日益匮乏价格上涨的背景下，太阳能作为一种可再生的清洁能源越来越受到人们的重视。尤其在严寒地区，冬季供暖能耗大，空气污染严重，利用太阳能供暖具有很大的经济效益和环保效益。太阳能热泵是将热泵技术与太阳能热利用技术有机结合，提高了集热器的集热效率。

本实例提出了一种适合严寒地区的太阳能热泵供暖系统，通过阀门的简单切换实现不同的运行模式，合理并充分地利用太阳能，保证热泵运行效率，并利用蓄热量或辅助热源热量进行防冻，节省了电能。该系统已在大庆某实际工程中得以应用，供热面积为 4000m²。

（1）系统工作原理。太阳能热泵供暖系统主要由太阳能集热器、蓄热水箱、水源热泵、辅助热源及散热终端等部分组成，其工作原理图如图 3.3-10 所示。该系统具有太阳能直接供热、蓄热、蓄热水箱直接供热或通过热泵供热，及利用蓄热或辅助热源热量对太阳能集热器进行防冻多种功能。

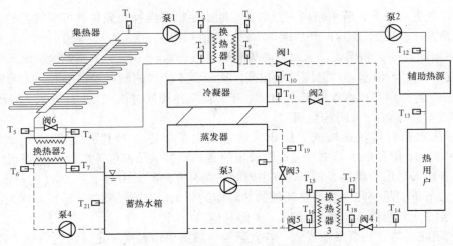

图 3.3－10 太阳能热泵供暖系统工作原理图

（2）运行模式及控制措施。为了适应太阳能辐射量不稳定的情况，系统设计了不同工况下的运行模式，以合理平衡太阳能直接供热、蓄热；系统还设计了热泵供热之间的关系，提高太阳能的利用率。在太阳能或蓄热水箱可以直接供热时，优先直接供热，不开启热泵，节省电能。并且，仅在蓄热水箱温度适合热泵运行时开启热泵，保证热泵的运行效率。为了实现多种运行模式的切换，必须采取有效的自动控制措施。本系统通过监测太阳能集热器的出口温度和蓄热水箱温度，并将其与设置的温度点进行比较，见表 3.3－8，同时考虑 3 个换热器冷热两侧进口温度差，以此来判断系统当下适合的运行模式。当太阳能不能直接供热时，对于开始蓄热的温度（见表 3.3－9），同样基于太阳能集热器的出口温度进行判断。但这个温度是随时间变化的，原因是在夜晚太阳能集热器温度会快速下降，所以要提前考虑防冻，不能过度地蓄热。

表 3.3－8 区分不同运行模式的温度点

基于太阳能集热器 出口温度设置的温度点			基于蓄热水箱 温度设置的温度点		
设定温度点名称	符号	推荐范围/℃	温度点名称设定	符号	推荐范围/℃
太阳能供热加蓄热温度	T_{2A}	≥50	蓄热直接供热开始温度	T_{21A}	≥40
太阳能供热温度	T_{2B}	42～48	热泵供热水箱下限温度	T_{21B}	≥15
防冻开始温度	T_{FD}	4～6	蓄热防冻水箱下限温度	T_{21C}	10～12

表 3.3－9 太阳能开始蓄热温度 T_x

时间	推荐范围/℃	时间	推荐范围/℃
14:00—15:00	36～38	17:00—18:00	30～32
15:00—16:00	34～36	19:00—20:00	28～30
16:00—17:00	32～34	20:00—次日 14:00	26～28

1）太阳能直接供热及蓄热模式。当太阳能集热器出口温度足够高（$T_2 > T_{2A}$），可满足

供热需求；还有剩余时，若水箱内水温较低，能满足换热器换热条件，可同时蓄热。运行方式为：开启泵 1，泵 2，泵 4；开启阀 1，关闭其他阀门。

2）太阳能直接供热模式。当太阳能只能满足供热需求（$T_{2B}<T_2<T_{2A}$），或太阳能虽然有剩余（$T_2>T_{2A}$），但水箱内温度已经很高，换热器 1 冷热两侧温差很小时，太阳能只能向热用户供热。若热用户供水温度低于 40℃，开启辅助热源同时供热。运行方式为：开启泵 1、泵 2，开启阀 1、阀 6，关闭其他阀门。

3）蓄热水箱直接供热模式。此模式通常发生在上述 2 种模式之后，太阳能不充足（$T_{FD}<T_2<T_{2B}$），但蓄热水箱中水温高于设定的蓄热直接供热温度（$T_{21}>T_{21A}$），可用蓄热水箱中热水直接向热用户供热。若不足，由辅助热源补充热量。由 T_{2B} 及 T_{21A} 的范围可看出，一般此模式下不满足换热器 2 冷热两侧换热温差的要求，因此不蓄热。运行方式为：开启泵 1、泵 2、泵 3，开启阀 4、阀 5、阀 6，关闭其他阀门。

4）太阳能蓄热及热泵供热模式。若太阳能集热器出口温度不足以直接供热（$T_2<T_{2B}$），但能满足蓄热条件（$T_2>T_x$），并且换热器 2 冷热两侧入口温差满足换热温差，太阳能集热器向蓄热水箱蓄热。若蓄热水箱温度高于设定的热泵开启下限温度（$T_{21B}<T_{21}<T_{21A}$），则通过热泵提升蓄热的品质，向热用户供热，若供热不足，由辅助热源补充热量。运行方式为：开启泵 1、泵 2、泵 3、泵 4，开启阀 2、阀 3，关闭其他阀门。

5）蓄热水箱通过热泵供热模式。太阳能不充足（$T_2<T_{2B}$），太阳能集热器出口温度与蓄热水箱中热水温差很小不满足换热条件时，或太阳能集热器出口温度不满足蓄热条件（$T_{FD}<T_2<T_X$），若蓄热水箱温度高于热泵开启下限温度（$T_{21B}<T_{21}<T_{21A}$），开启热泵，若供热不足由辅助热源补充热量。运行方式为：开启泵 1、泵 2、泵 3，开启阀 2、阀 3、阀 6，关闭其他阀门。

6）太阳能集热器防冻模式。当没有太阳能可利用时，如晚上或阴雪天气，室外温度很低，太阳能集热器有冻结的危险时（$T_2<T_{FD}$），优先利用蓄热水箱中的热量（$T_{21}>T_{21C}$）进行防冻。若蓄热水箱温度能达到直接供热或热泵供热温度，也可同时运行。当蓄热水箱温度降低（$T_{21}<T_{21C}$）甚至也有冻结的危险（$T_{21}<T_{FD}$），由辅助热源提供热量进行防冻。

（3）系统运行数据分析。大庆某单层商业建筑采用了此太阳能热泵供暖系统，供热面积为 4000m²，供暖总负荷为 160kW，集热器面积为 814m²，蓄热水箱为 40m³，热泵制热量为 50kW，辅助热源采用了改造前原有的燃气锅炉，散热终端采用风机盘管。本节对 2009—2010 年供暖季系统运行数据进行分析。

1）太阳能集热器性能分析。图 3.3-11 给出了 2009 年 12 月 13 日集热器瞬时供、回水温度随时间的变化情况。可以看出，8:00 后集热器温度开始升高，13:00 达到最大值 56℃。集热器进口平均水温为 26.1℃，出口平均水温为 34.3℃，集热器工作温度较高。图 3.3-12 给出了 2009 年 12 月 13 日太阳能集热器瞬时集热量的变化。可以看出，集热器集热量变化较大，7:00 时最小，为 12.3kW，而后集热量增大，13:00 达到最大值 134kW，全天总集热量为 1748MJ，与当天太阳能集热器上的辐射总量 3424MJ 相比，集热器日平均集热效率为 51%。

2）太阳能保证率。对于热用户来说，有 2 种供热方式：一是全天保持 40℃ 的供水温度；二是在白天营业时间保持 40℃ 的供水温度，而在夜晚完全依靠太阳能蓄热保持室内值班供暖温度。图 3.3-13 给出了两种供热方式下热用户热负荷及太阳能供热能力。由图 3.3-13（a）可以看出，12:00—15:00，太阳能集热器能够提供全部热用户所需热量；而在凌晨 2:00，太

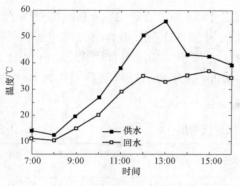

图 3.3－11　太阳能集热器供、回水温度的变化

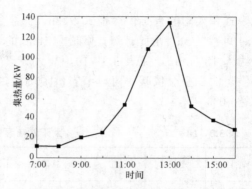

图 3.3－12　太阳能集热器瞬时集热量的变化

阳能供热能力最小，为 13.3kW，同时太阳能保证率也达到最低，为 11%。系统全天平均太阳能供热能力为 27.9kW，太阳能全天供热量为 2406MJ。热用户在 5:00—8:00 之间热负荷最大，均超过 140kW，而 14:00 时热负荷最小，为 22kW，平均热负荷为 87.8kW，全天总热负荷为 7583MJ，太阳能日平均保证率为 32%。由图 3.3－13（b）可以看出，由于夜晚室内气温较低，早上为了尽快提高室内气温，热用户热负荷迅速增大，达到 1 天中的最大值，为 169kW，而 12:00—15:00 热负荷最小，仅为 20kW 左右，全天平均热负荷为 53.8kW，全天总热负荷为 4648MJ。与图 3.3－13（a）相似，12:00—15:00 热负荷最小时太阳能集热器能够提供全部热用户所需热量，而在热负荷最大时，太阳能供热能力为 48kW，保证率为 28%。系统全天平均太阳能供热能力为 37.7kW，太阳能全天供热量为 3527MJ，太阳能日平均保证率为 70%。

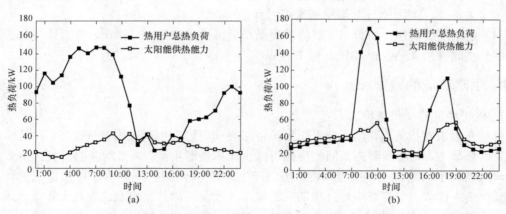

图 3.3－13　热用户总热负荷与太阳能供热能力的变化
（a）2009 年 12 月 13 日供热模式；（b）2009 年 11 月 24 日供热模式

（4）系统经济性分析。从该太阳能热泵供暖系统 2010 年 2 月 1 日—4 月 15 日共 74d 的运行参数记录来看：共运行太阳能直接供热加蓄热模式和太阳能直接供热模式 374.8h，热泵供热模式 506.8h，合计 881.6h，约占总供暖时间的 49.6%，共节约燃气锅炉运行时间约 628.2h。锅炉运行 1h 需要消耗 20m³ 天然气，实际节省天然气为 12 564m³，合人民币 30 153.6 元。热泵运行期间共耗电 5574.8kW·h，合人民币 6968.5 元，因此实际节省 23 185.1 元，CO_2 减排量为 14 916kg。通过合理推广可以得到整个供暖季的数据：共运行太阳能直接供热加蓄

热模式和太阳能直接供热模式 912h，热泵供热模式 1232.8h，合计 2144.8h；燃气锅炉的运行时间为 735h。由此计算，供暖季 180d 的运行费用为 72 331 元，折合单位供暖面积供暖费用约为 18 元/m²，见表 3.3－10，与大庆市商业和工业集中供热供暖费用 45 元/m² 相比，单位供暖面积整个供暖季可以节省供暖费用 27 元，4000m² 每年可节约供暖费用约为 10.8 万元，节省 60%。

表 3.3－10   太阳能热泵供暖系统运行费用

项目	运行时间/ h	单位时间消耗量	总消耗量	单价	运行费用/ 元	总运行费用/ 元	单位供暖面积运行费用/（元/m²）
燃气锅炉	735	20m³/h	14 700m³	2.4 元/m³	35 280		
热泵	1232.8	11kW	13 560.8kW·h	1.25 元/kW·h	16 951	72 331	18
循环水泵	—	—	16 080kW·h	1.25 元/kW·h	20 100		

5. 小结

（1）本实例所提出的太阳能热泵供暖系统具有较好的适应式，能在不同工况下实现不同的运行模式，在提高太阳能集热效率的同时保证了热泵运行效率，充分利用了集热器吸收的太阳能，具有优越的节能性。

（2）对 12 月典型日系统性能进行的分析表明：集热器工作温度较高，日平均集热效率为 51%，全天总集热量为 1748MJ，平均集热量为 20.2kW；系统全天平均太阳能供热能力为 27.9kW，平均热负荷为 87.8kW，太阳能日平均保证率为 32%。

（3）对全天供热方式和夜晚采用值班供暖供热方式进行了对比，由于后者热用户日平均热负荷大大下降，太阳能日平均保证率可达到 70%。

（4）由系统经济性分析得出，单位供暖面积供暖费用约为 18 元/m²，与当地商业和工业集中供热供暖费用 45 元/m² 相比，可节省 60%。

3.3.4 供暖环境的减排综述

1. 供暖环境的减排概况

目前在建筑减排方面，热泵技术作为一种回收利用可再生能源的有效手段，广泛应用于室内供暖环境中，利用水源热泵回收废热可减少煤电资源用量，降低能源的消耗经济效益可观。与此同时也因减少了常规能源燃料燃烧产生的 SO_2、烟尘、NO_x 和 CO 所造成的环境污染，减少废水排放，也可减少对环境的热污染等，社会环境效益可观。近几十年来，地下水源热泵系统得到了广泛的应用，无论从节能、减少污染物的排放量、进行冬季采暖和提供生活热用水、废热回收和利用、高温水源热泵技术的研究等，均取得了很大的进展，取得显著的效果。

从室内供暖环境的构成要素来分析，供暖环境的减排可从以下几个方面着手治理：一是室内围护结构和装饰，随着人们生活水平的不但提高，大量新型构筑和装修材料，日用化学品进入住宅和公共建筑内，加之建筑物的密闭化，使室内环境污染问题不容忽视，一些人出现头痛、干咳、皮肤干燥发痒、头晕恶心、注意力难以集中和对气味敏感等症状，这一被称为"致病建筑综合征"。二是室内环境设有的厨房排烟，中国的厨房生活以"烹、炒、煎、炸"为主,油烟中最主要的成分是脂肪酸、烷烃和烯烃,世界卫生组织和联合国计划开发署在 2004 年 10 月 14 日发表声明指出,厨房烟尘已经成为威胁人类健康的一大祸患,每年全球发展中国家大约有 160 万人被厨房烟尘夺取了性命。三是室内环境设有的卫生间,卫生间作为人们生活的必需设施,它的空气品质备受关注,作为湿度比较大的封闭空间导致微生物细菌滋生较快,所产生的污染物严重危及人民的身体健康,所以卫生间污染物的减排工作同样十分重要。四是供暖环境若设有工艺生产的场所,在生产过程中产生的有害物应根据不同性质和发生量采取相应的手段和措施进行治理确保减排效果。

　　为了确保供暖环境的空气品质,应结合供暖环境有害物发生源的不同情况,采取不同的技术手段和设施,通常情况下利用自然通风,辅助机械通风,注意室内风平衡、热平衡和合理的气流组织,采用经济有效的综合治理方案是十分必要的。

　　2. 供暖环境减排的技术标准及规范

　　供暖环境减少污染物的排放应遵循以下主要法律法规、标准及规范:

　　《中华人民共和国环境保护法》:这主要体现在各种标准及设计规范中,工程项目的设计、施工、运行管理都严格执行。

　　《中华人民共和国节约能源法》:内容覆盖了粗钢、烧碱、常规燃煤发电、铜冶炼企业、锌冶炼企业、铅冶炼企业、镍冶炼企业、水泥和建筑卫生陶瓷等 9 大领域。

　　《中国的能源状况与政策》白皮书,详细介绍了中国能源发展现状、能源发展战略和目标、全面推进能源节约、提高能源供给能力、促进能源产业与环境协调发展、深化能源体制改革,以及加强能源领域的国际合作等政策措施。

　　3. 供暖环境的减排技术要求

　　鉴于室内空气污染的现状,近几年世界各国相继制定了一系列有关室内环境的标准,从建筑装饰材料的使用,到室内空气中污染物含量的限制,全方位对室内环境进行严格的监控,以确保人们的身体健康。

　　我们结合供暖环境的通常情况,认真分析室内存在的污染源,为了减少供暖环境有害物的排放,应注意以下几点要求:

　　(1) 在建筑设计施工、室内装修和制备家具的全过程中,都应注意选用环保材料和产品,尽量减少在使用过程中释放多种挥发性有机物,如苯、甲苯、二甲苯、甲醛、三氯甲烷、三氯乙烯及 NH_3 等,从根本上减少污染物的排放。

　　(2) 倡导规范人们在室内生活及活动的文明行为,包括人的行走、呼吸、吸烟、烹调、卫生间、使用家用电器等,都可产生 SO_2、CO_2、NO_x、可吸入颗粒物、细菌、尼古丁等污染物。

　　(3) 经常性地结合室外天气和室内的情况,注意保持室内外通风良好,确保室内空气品质和人们的健康。

　　(4) 若设有工艺生产的室内供暖环境,在生产过程中产生的有害物应根据不同性质和发生量采取相应的技术手段和措施进行综合治理,确保减排效果。

3.3.5　供暖环境的减排途径及措施

　　1. 供暖环境减排的途径

　　(1) 增强外围护结构及材料的环保性,以减少有害污染物的来源。

（2）对室内装修装饰材料和家具的选用必须符合环保的要求，有效减少污染源。

（3）采用高效节能排油烟机以及卫生间排风设备，有效地减少油烟及异味对人体的危害。

（4）对有工艺生产场所的室内供暖环境，应根据生产过程产生的有害物性质和发生量采取相应的技术手段和措施，进行综合治理确保减排效果。

2. 供暖环境减排的措施

（1）室内厨房污染物的减排。目前，研究表明厨房油烟对人体的危害已超过香烟的危害，其主要原因在于中国饮食喜欢烹、炒、煎、炸，其所释放的油烟含有的有害物远高于香烟；其次，再加上人们节省的理念，只在做饭的时候开排油烟机，做完饭立即关上，这将导致有大量的有害物没有被油烟机所吸收，存留在室内环境中对人体造成一定量的危害。最后就是排油烟机的性能，目前大多数油烟机并没有对油烟进行分级高效的处理，将导致大量的有害物排出污染室外空气，有时还存在回灌窜味的现象。因此，针对以上三点因素分别提出相应措施：

1）建议人们减少煎炸食物的烹饪。

2）宣传室内油烟对人体的有害影响，以及其扩散机理，在炒菜之后的一段时间仍有大量的有害物释放，仍需再开一定时间的油烟机，方可减少油烟对人体的危害。

3）提高排油烟机的性能，对油烟进行分级处理，分别除去不同种类的污染物，同时需增加隔烟板防止烟气的回灌、倒灌现象，减少其对大气环境的破坏。

（2）卫生间的减排。卫生间作为建筑内环境的必要设施，其排风、浴室废水的热回收利用备受关注，可以节约用水同时减少能耗。废水排水管道通过毛发过滤器进行初步的过滤，然后利用小型废水沉淀池准备下一步的处理；在沉淀池内加入混凝剂（碱式氯化铝），沉淀水中的有机物等杂质，完成对洗浴废水的沉淀；沉淀池出水口处放置一过滤片，防止大颗粒沉淀物和颗粒进入下一级过滤设备中；经过沉淀后的水先通过装有无烟煤-石英砂（石英砂过滤器）过滤其中的微小沉淀物和颗粒，再通过装有活性炭的活性炭吸附罐去除其异味及其中微量极细沉淀物，使其基本达到输送目的地的用水要求；然后进入蓄水池中，再在蓄水池中加入漂白粉对其进行消毒后贮存备用，最后再利用水泵经供水管道将净化水供给用水地点。

（3）减少室内建筑建材污染。多数装修装饰材料如胶合板、细木工板、中密度纤维板和刨花板等人造板材、木地板以及贴壁布、壁纸、化纤地毯、泡沫塑料、油漆和涂料等，会释放出甲醛、氨、苯等危害人体健康的挥发性有毒物质。在选用装饰材料时，就要注意选用符合国家规定环保标准的材料。另外，装修设计不要盲目追求豪华，因为有些看起来豪华的装饰材料如花岗石，可能就会"暗藏杀机"。要注意尽可能地使用环保材料，消费者除了注意装饰材料的选择外，还要请装修公司注意科学地确定装修的设计方案和施工工艺。因为所谓环保材料，也不是100%的无毒材料，只是含毒素成分相对较低，如果建筑装饰材料的搭配不合理，或者大量使用了这些装饰材料，致使室内有害物质超过房屋空间承载量，仍然不是环保装修。

（4）减少电器设备污染。

1）注意室内办公和家用电器的安排，不要集中摆放。特别是一些容易产生电磁波的家用电器，如收音机、电视机、电脑、电冰箱等，不要集中摆放在卧室里。

2）注意使用办公和家用电器的时间，各种电器、办公设备、移动电话尽量避免长时间操作，避免多种办公和家用电器同时启用。手机接通瞬间释放的电磁辐射最大，使用时头部与手机天线的距离远一些，最好使用分离耳机和话筒接听。电脑最好安装铅玻璃制作的电脑防辐射屏。

3）保持人体与办公和家用电器的距离，彩电的距离应在 4~5m，日光灯距离应在 2~3m，微波炉开启之后离开至少 1m 远。

4）生活和工作在高压线、变电站、电台、电视台、雷达站、电磁波发射塔附近的人员，经常使用电子仪器、医疗设备、办公自动化设备的人员，生活在现代电气自动化环境中的工作人员，佩戴心脏起搏器的患者，特别是生活在上述电磁环境中的孕妇、儿童、老人及病患者等 5 种人员，要特别注意电磁辐射污染的环境指数，如果室内环境电磁波污染比较高，必须采取相应的防护措施或请有关部门帮助解决。

5）通常家用电器使用低电压，即 110V 或 220V 电压，电场强度较小，而磁场大小又与耗电量、厂家及距离的不同有很大的影响。

（5）减少香烟燃烧污染。在密闭的空间中使用室内空气净化器可有效地减少香烟燃烧带来的危害，通过使用室内空气净化器，可以在不影响室内温度和不受室外空气影响的情况下进行有害气体的清除。但目前，国内市场上仍没有可以实现室内空气完全净化的净化器，所以，尽可能减少香烟的燃烧。

（6）减少人体自身新陈代谢污染。室内环境与室外环境是统一的整体，当室内环境中的污染物浓度高于室外时，室内中污染物就向外扩散。室外绿化好，绿色植物对扩散到室外大气中的污染物具有吸附吸收和净化作用，促进了室内污染物外向转移、扩散，加快室内环境中污染物浓度降低。室内养花种草不仅可陶冶人的情操、美化居室的同时，还可吸收室内产生的一些污染物。研究表明，在含有甲醛的密闭房间内，放 1~2 盆吊兰或常青藤，半天内可使甲醛的含量降低约一半。所以，人们可以采取在房间中摆放植物来减少室内的污染物。

3.3.6 供暖环境的减排主要内容实例

1. 教学楼改造节省能源达到减排的实例

（1）项目概况。某教学楼位于大连市，总建筑面积 14 260m²，其中教学楼建筑面积 4175m²。建筑分类为公共建筑，耐火等级二级，按照节能 50%标准设计，建筑物体形系数 0.27。该学校教学楼三面环山，封闭性较好，教学主楼位于整个校园的西北角。西侧是山体和小型停车场，东侧是塑胶操场。进入教学楼的路面全部是沥青摊铺路面，有几个花坛位于教学楼四周，除此之外没有其余绿化措施。

（2）项目改造。

1）设计阶段。大连市最佳朝向是 210°，最差朝向是 300°。全年平均太阳曝射量最多的朝向是 230°，过冷时间内太阳曝射量最多的朝向是 210°，该朝向曝射量为 2.27kW·h/m²，过热时间内太阳曝射量最多的朝向是 250°，该朝向曝射量为 1.23kW·h/m²。最佳朝向即南偏西 30°，同时也是冬季能够获得最多太阳辐射的朝向，夏季又远离得热最多的南偏西 250°。所以，如果是一个新建工程，就要充分考虑到其平面方向，在冬季能够获得较多的太阳辐射热，夏季气温高时能够避免阳光直射。但是对于一个既存的项目来说，我们可以参考这个朝向在已有建筑的基础上充分利用太阳辐射能。例如，可以在教学楼的西南立面上设计太阳能采暖和发电设备，充分利用自然能源，减少一次能源煤的消耗对环境的污染。

2）被动式太阳能技术。利用相关数据模拟本工程采用被动式太阳能采暖设计。通过实地调研得知：由于教学楼主楼是偏东南方向，所以走廊一侧的热舒适度，尤其在过渡季节不能令人满意，绝大多数人觉得室内低于室外温度。根据软件提供的参数设定为墙体保温隔热性能一般，人若静坐，窗墙比为设计图纸中的 42%，如果在这种情况下采用被动式太阳能采暖设计的热舒适月为 3~6 月和 9~12 月。

3）自然通风。本地区有效的自然通风作用时间集中在 5~9 月份。而在长达半年的秋冬季，由于自然通风会使建筑物内外产生频繁的热交换，能耗的增加使得自然通风对建筑物热舒适性的改善作用几乎为零。因此，我们可以推断该技术在 5~9 月份对舒适度的贡献率比较大。采用直接蒸发技术在寒冷地区有着十分显著的作用，尤其在 5~9 月对建筑热舒适度有很高的贡献，6 月份和 9 月份更是达到了 65% 以上。6 月份大连日温差达到 11℃，为全年温差最高月，而 5 月份和 9 月份的日温差也达到了 10.3℃，年平均温差为 9℃。

（3）围护结构改造节能达到减排的技术，见表 3.3-11。可以采用高热容材料和夜间通风设计。重质钢筋混凝土的材料容易受到太阳辐射和室外环境温度的变化影响蓄热，但通过高热容的材料可以阻断这种不利影响。高热容材料可以在冬季储存热量，达到维持室内温度的作用，而在夏季的夜间可以利用通风措施散发掉储存的热量，白天利用夜间的蓄冷实现降温。根据 GEED 建筑节能软件的建筑隔热计算，采用被动式建筑节能技术的建筑围护结构内表面最高温度，一般应比当地室外计算温度最高值低 2~3℃。

表 3.3-11　　　　　　　　　　　围护结构改造节能以达到减排的技术

改造项目	原技术	改造具体措施	增量成本/（元/m²）
围护结构内墙	40mm 厚挤塑苯板外保温 $K=0.52$	增加 30mm 厚的挤塑聚苯板内保温，综合计算 $K=0.3$	70
围护结构屋顶	60mm 厚挤塑苯板 $K=0.47$	增加 15mm 厚的培植土种佛甲草 $K=0.24$	150
卫生间外窗	普通中空玻璃 $K=2.5$	采用百叶中空玻璃 $K=1.8$	14.64
太阳能利用	燃煤发电	太阳能光电	350~400
水资源利用	使用自来水	采用污水处理系统实现卫厕食堂用水的中水回收	25.69

（4）减排效益。改造前后相比，由于加强了围护结构的保温性能，冬季采暖能耗减少26.3%。以大连地区为例，冬季采暖煤耗为 35kg 标准煤/m²，此举可以节省 9.2kg 标准煤/m²。按照学校教学楼建筑面积 4175m² 计算，每年可以节约 3.8t 标准煤。按照每燃烧一吨标煤排放二氧化碳约 2.6t，二氧化硫约 24kg，氮氧化物约 7kg 来计算，该教学楼预计每年可减少二氧化碳排放量 9.88t，减少二氧化硫排放量 91.2kg，减少氮氧化物排放量 26.6kg，若推广到全市所有同类型建筑，其减排效果将更为客观。

2. 室外花坛地源热泵供暖工程设计与施工

长江流域以北地区的一些城市广场通常采用盆景、花卉与观赏植物来美化环境及供游人欣赏。而每当寒冬来临，一些不耐寒的花卉品种常常难以安全过冬。对于盆栽花卉通常采用移入室内或温室保暖的防寒避冻措施，如冬季开花的一品红、蟹爪兰及耐寒性较差的花叶芋、花叶万年青，当室外气温在 10℃ 以下时均应移入室内或温室；对大多数畏寒的观叶植物如棕竹及米兰、君子兰等，当室外气温在5℃以下时均应移入室内或温室。块茎类花卉、块根类花卉、鳞茎类花卉通常采用掘至异地保温；耐寒性较强的宿根类花卉通常采用就地防冻措施，如在根际地面上覆盖稻草、草席、落叶、马粪、枯草等。以上防寒避冻措施虽然简便、效果较好，但不能保证城市广场一年四季如春的绿色效果及环境卫生。在冬季要保证花卉的正常开放，除自然光照和环境湿度因素外，土壤温度及花卉附近环境温度也有很大的影响。因此，本工程在冬季通过采用地埋管地源热泵及地板辐射供暖系统，提高花卉根部土壤温度及花卉附近环境温度的方法来解决冬季花卉的防寒避冻，这节约了传统能源的消耗，又减少了有害污染物的排放，既节能又环保一举两得的事情。

（1）工程概况。十八星旗花坛（见图3.3-14）位于武汉市首义中心。

图3.3-14　花坛外景

广场绿化区，中心圆形花坛面积约2400m²，其中花坛水池水体面积680m²，实际花卉占地面积约1520m²。中心花坛为开放式花坛，要求一年四季鲜花常开，原则上每三个月根据季节需求更换一批花卉定期摆放，保障花坛一年四季如春的绿色效果，为大众提供优美的环境。位于首义中心广场北边的首义文化管理用房建筑面积约1100m²，地下1层，地上1层，根据使用要求需设置集中空调系统，空调总冷负荷为100kW，热负荷为60kW。

（2）地源热泵供暖工程热负荷计算与分析。

1）系统使用要求：本工程在冬季采用地埋管地源热泵及地板辐射供暖系统，在花卉底部地下60cm处埋设管径为20mm的PE-X管，成W形分组盘绕，盘管间距150mm。当环境温度低于5℃时，由地源热泵机组提供45℃/40℃的热水（温度可调）在地板辐射供暖管内循环流动，提高花卉下土壤的温度。通常以土壤温度比气温高3~6℃最为合适。随着热量的不断释放，使花卉下地表面温度约为10℃，最终在离地面15cm内能形成一定的气流保温层，温度为5~10℃。

2）热负荷计算与分析：地板辐射供暖系统的传热问题属于半无限大多层平壁的非稳态导热和地面的表面传热问题，工程中一般根据实际情况直接将问题简化为稳态导热和简单的表面传热问题进行计算。实际导热过程涉及PE-X管、土壤及水泥隔层等多层导热，如图3.3-15所示。管壁上细石混凝土的导热系数$\lambda_1 = 1.84$W/（m·K），密度$\rho_1 = 2344$kg/m³，比热容$c_1 = 0.75$kJ/（kg·K），厚度$\delta_1 = 80$mm；水泥涂层隔板的导热系数$\lambda_2 = 0.93$W/（m·K），密度$\rho_2 = 1800$kg/m³，比热容$c_2 = 0.84$kJ/（kg·K），厚度$\delta_2 = 20$mm；土壤层的导热系数$\lambda_3 = 1.41$W/（m·K），密度$\rho_3 = 1850$kg/m³，比热容$c_3 = 1.84$kJ/（kg·K），厚度$\delta_3 = 500$mm；

聚苯乙烯的导热系数为 0.027W/（m·K）。初步设定以下参数：花卉下土壤表面温度为 10℃；若管内提供 45℃ 热水，设管外壁土壤温度稳定为 45℃；PE-X 管向下导热损失附加系数为 1.1，四周导热损失附加系数为 1.05。简化模型为一维稳态导热，热流密度为：

$$q = \frac{\Delta t}{\dfrac{\delta_1}{\lambda_1} + \dfrac{\delta_2}{\lambda_2} + \dfrac{\delta_3}{\lambda_3}} \tag{3.3-31}$$

式中　q——热流密度，W/m^2；

　　　Δt——温差，℃。

代入数据计算得导热所需热流密度 $q = 83$W/m^2。综合考虑导热损失附加系数后，得导热热流密度为 96W/m^2。由实际面积 1520m^2，确定总负荷为 146kW。

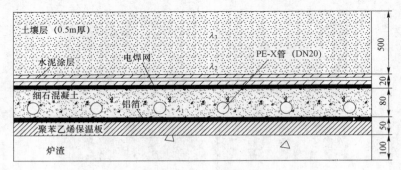

图 3.3-15　地板辐射供暖断面图

（3）空调系统地板辐射供暖系统设计。

1）冷热源设计：本工程采用地埋管地源热泵及地板辐射供暖系统，夏季为首义文化管理用房供冷，冬季为花坛区域及首义文化管理用房供暖。根据冬季花坛地板供暖系统热负荷及首义文化管理用房冷、热负荷计算结果，选用 1 台制冷量为 184kW、制热量为 203kW 的地源热泵机组，夏季提供 7℃/12℃ 冷水给首义文化管理用房空调使用，冬季提供 45℃/40℃ 热水给首义文化管理用房供暖系统及室外花坛区域地板辐射供暖系统使用。地源热泵机组设置于首义文化管理用房地下 1 层设备用房内，夏季及冬季的季节转换通过机组内置的四通换向阀实现。

2）首义文化管理用房空调系统设计：首义文化管理用房采用风机盘管+新风系统，空调水系统采用一次泵变流量系统，采用隔膜式定压罐定压。

3）花坛区域地板辐射供暖系统设计：为准确测量花卉底部土壤的温度，在花坛区域设置了 6 个温度数据采集点，每个采集点处距土壤表面 +200，+100，-100，-200，-300，-400mm 各设有一个土壤温度传感器，测量土壤温度及花卉附近地表面的温度，所有测量数据传输至首义文化管理用房控制室。系统图如图 3.3-16 所示。

（4）室外地埋管换热系统设计。

1）室外地埋管换热器设计。室外地埋管按室外花坛区域地板辐射供暖负荷及首义文化管理用房供暖负荷之和确定。室外地埋管敷设在广场西北部靠近湖北剧场侧的 60m×60m 区域内。为取得可靠的土壤热物性参数数据，在地埋管区域布置了 3 个测试孔，采用现场测试系统测试土壤热物性参数。测试孔主要参数为：孔间距 4m×4m，孔深 32m，孔径 150mm，单 U 形，管径 32mm。测试结果为：在地埋管进口温度 37℃，出口温度 32.8℃，钻孔深度 32m 时，单位井深放热量为 52W/m；在地埋管进口温度 5.3℃，出口温度 9.55℃，钻孔深度 32m 时，单位井深取热量为 40W/m。根据测试结果，地埋管换热器设计参数为：孔间距 4m×4m，孔深 32m，孔径 150mm，单 U 形，管径 32mm，管内水流速 0.7m/s，钻孔 156 口。埋管形式采用竖直埋管，管材及附件采用高密度聚乙烯 PE 管（承压 1.25MPa）。选用化学稳定性好、耐腐蚀、导热系数大、流动阻力小的塑料管及管件。

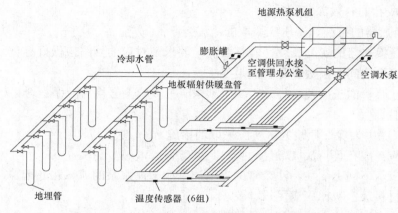

图 3.3－16 地埋管地源热泵及地板辐射供暖系统图

2）地埋管水系统形式。采用一次泵定流量系统，隔膜式定压罐定压，管道采用同程敷设方式，水平干管敷设在地面下 2.5m，均避开室外其他设备管线。

3）土壤热平衡措施。查阅《中国建筑热环境分析专用气象数据集》，武汉地区日平均温度低于 5℃的时间为 32d，日最低温度低于 5℃的时间为 75d。经计算，全年累计总热负荷（地板辐射供暖及文化管理用房供暖）为 170MW·h，夏季空调累计总冷负荷（向土壤总释热量）为 156MW·h，二者相差较小，基本达到土壤热平衡。考虑到空调实际运行情况可能与理论计算不一致，为了对空调实际运行管理进行指导，实现全年土壤热平衡，在地埋管水系统供、回水总管上设有温度、流量传感器，对全年地埋管换热器夏季释热总量、冬季取热总量进行计量，根据计量结果调节地源热泵机组夏季及冬季运行时间，使夏季释热总量与冬季取热总量相当。

4）室外地埋管区域土壤温度数据采集系统设计。为了保证全年土壤热平衡，本工程同时设有一套土壤温度数据采集系统。在室外地埋管区域选择 4 个采集点，每个点竖直方向每隔 6m 设置 1 个土壤温度传感器，共 16 个，对地埋管区域的土壤温度进行全年的采集分析，以对空调系统实际运行方案及土壤热平衡措施进行科学的指导。

5）室外地埋管换热器施工要点。

① 室外地埋管换热系统的主要施工工序：孔位放样→钻孔→U 形换热器的组装、试压→U 形换热器的下放→U 形换热器的二次试压、保压→注浆→U 形换热器冲洗→开挖环路集管沟槽→抄平沟槽、回填砂子→环路集管的制作、安装→第三次试压→回填砂子及原土并夯实→第四次试压。

② 孔位放样。首先采用经纬仪确定埋管平面，采用钢卷尺按照室外孔位图纸进行平面

定位，在各孔位做好标记及控制点。采用水准仪测出各孔位的地面高程，根据环路集管的埋深确定钻孔深度。

③ 钻孔。钻孔是室外换热系统的主要施工工序之一，为保证成孔率，减少施工成本，加快施工进度，在钻孔过程中应采取如下措施：Ⅰ. 选用性能好的钻孔设备（钻机、空气压缩机）。Ⅱ. 保证钻孔的竖直精度，应小于 1°，钻机安装应稳固可靠；开孔时应低速低压确保竖直度；孔深 5m 以内孔斜应严格控制，开孔前必须用水平尺校正钻机，固定好后方可开孔。Ⅲ. 钻孔要连续，尽量缩短钻孔时间，以防塌孔。Ⅳ. 钻孔至设计深度后，提钻前应进行洗孔，保证成孔的有效深度。

④ U 形换热器的组装、试压应采取的措施。

Ⅰ. 应测量换热器的实际长度，看是否满足要求，对应的回路应做好标记。

Ⅱ. 检查管卡的间距及数量是否满足要求。

Ⅲ. 检查注浆管的长度及管径是否满足要求。三项检查合格后应贴上合格标签，然后才能进行下道工序。

⑤ 注浆工序中为保证注浆的密实应采取的措施。

Ⅰ. 注浆应在成孔且下放 U 形换热器后立即进行，以防塌孔。

Ⅱ. 注浆应从下向上灌注，注浆管的提取速度应与注浆泵的流量相匹配。

Ⅲ. 注浆材料及水灰比应满足设计要求。

Ⅳ. 注浆应多次补注，确保到达环路集管处。

⑥ 保证 U 形换热器的有效长度应采取的措施。U 形换热器下管的有效长度应满足一定要求（下管有效长度应为设计长度的 0.95～1.05 倍）。U 形换热器的定管长度为设计长度 × 1.05 + 3.0m。钻孔深度为设计长度 × 1.05 + 1.0m。

⑦ 环路集管制作、安装过程中应采取的措施。

Ⅰ. 7 环路集管沟槽开挖前应对 U 形换热器进行清洗、试压，完成钻孔与环路施工的交接。

Ⅱ. 环路集管沟槽开挖后，槽地应抄平、垫砂，高程应满足环路集管的高程要求。

Ⅲ. 管底及管顶砂层的厚度应满足设计或技术规程的要求。

Ⅳ. 为免遭其他管道开挖、施工对环路集管或 U 形换热器的损坏，环路集管及 U 形换热器砂层上面应铺设警示带。

Ⅴ. 管材采用 PE 管材，管径大于或等于 63mm 的管道采用热熔对接连接，管径小于 63mm 的管道采用热熔承插连接。

⑧ 为避免环路集管施工过程中被破坏应采取的措施。

Ⅰ. 设计中应注意避让雨水、污水管线，在平面上与雨水、污水管线的距离宜大于 1.5m，在竖直方向上应比雨水污水管道深 1～1.5m。

Ⅱ. 施工过程中，为避免其他管道开挖、施工时损坏环路集管，环路集管应接至机房且对系统注水、打压，有专人看守，被破坏时能及时发现，及时修复。

Ⅲ. 与室外其他工序施工协调、配合好，被破坏时能及时发现，及时通知，及时修复。

⑨ 系统试压细节及步骤。

Ⅰ. PE 管运至工地后应进行水压试验、检漏。

Ⅱ．U形管连接完毕下井前应作第一次水压试验，试验压力应为工作压力的1.5倍，且不应小于1.0MPa。在试验压力下稳压1h，观察其压降，若压力可以稳定在一定范围不下降，则认为合格。此次试压的目的是测试热熔连接。

Ⅲ．U形管下井后应作第二次水压试验，试验压力应为工作压力的1.5倍，在试验压力下稳压15min，观察其压降，若压降不大于0.1MPa，则认为合格。

Ⅳ．第二次水压试验完毕后进行机械灌浆，完成导管灌浆后再稳压0.5h，若压降不大0.1MPa，则认为合格。

Ⅴ．装配环路集管与管线前应进行第三次水压试验，试验压力应为工作压力的1.5倍，在试验压力下稳压15min，观察其压降，若压降不大于0.1MPa，则认为合格。试验合格后进行装配，以此次试压为报验标准。

Ⅵ．地埋管换热系统全部安装完毕，且冲洗、排气及回填完成后，应进行第四次水压试验，在试验压力下稳压至少12h，压降不应大于3%，合格后方可回填地沟。回填全部完成后方可拆除压力检验装置，有条件的可以保留以备随时检测。

Ⅶ．水压试验宜采用手动泵缓慢升压，升压过程中应随时观察与检查，不得有渗漏；不宜以气压试验代替水压试验。

Ⅷ．管道分段试压合格后应对整条管道进行冲洗消毒。冲洗水应清洁，浊度应小于5NTU，冲洗流速应大于1.0m/s，直至冲洗水的排放水与进水的浊度一致为止。冲洗完毕，在地埋管换热系统中充注防冻和防腐液前应排净空气。

Ⅸ．冷水管主管试压可采用电动试压泵，试验压力为1.0MPa，15min后压降小于0.05MPa则为合格。

（5）室外花坛地板辐射供暖系统施工要点。

1）材料要求。

① 根据使用年限、热水温度和工作压力等因素，敷设于地面填充层内的加热管应采用非交联耐热聚乙烯（PE-RT）管。

② 加热管下部的隔热层应采用轻质、吸湿率低、有一定承载力和阻燃性的高效保温材料，设计采用C10的细石混凝土，然后在基层上用刮尺刮平并找平，厚度为200mm，夏季24h、冬季72h禁止入现场。

③ 隔热层采用聚苯乙烯泡沫塑料时厚度不应小于20mm，其物理性能应符合下列要求：Ⅰ．表观密度为18kg/m³；Ⅱ．导热系数为0.041W/(m·K)；Ⅲ．压缩强度应大于等于100kPa；Ⅳ．吸水率不应大于4%；Ⅴ．氧指数不应小于30。

④ 固定加热管应采用专用固定架。

⑤ 分水器采用铸铁、镀锌钢管或PE管集、分水器一共22组。

2）施工要求。

① 地板供暖基础部分按施工图安装，每个面层敷设允许少量的误差。

② 地板供暖安装工程施工前应具备以下条件：设计图纸及其他技术文件齐全，经批准的施工方案或施工组织设计已进行技术交底，施工力度和机具等能保证正常施工，施工现场水、电、材料储放场地等能满足施工要求。

③ 施工时室外环境温度应在5℃以上。

④ 加热管的配管和敷设：按设计图纸要求现场定出管路的基准线并配管，同一环路的

加热管应保持水平。加热管的弯曲半径，塑料管不应小于管道外径的 8 倍，复合管不应小于管道外径的 5 倍。填充层内的加热管不应有接头。应采用固定卡子将加热管直接固定在敷有复合面层的隔热板上或卡在隔热层表面的专用管架或管卡上。加热管固定点的间距，直管段不应大于 700mm，弯曲管段不应大于 350mm。加热管穿出地板处应设柔性套管或进行保温处理。加热管每回路长度不宜超过 100m。

⑤ 分（集）水器：当水平安装时，一般分水器在上，集水器在下，中心距宜为 200mm，集水器中心距地面应不小于 300mm；当竖直安装时，分、集水器中心距地面应不小于 150mm。总供、回水管和每一供、回水分支路均应配置阀门，总供水管阀门的内侧应设置不低于 60 目的过滤器。加热管与分（集）水器固定连接后，应对每一环路逐个进行冲洗，至出水清洁为止。

⑥ 隔热层：隔热层与墙体或壁面交接处应填充厚度大于等于 10mm 的保温材料，贴壁的保温材料高度约为 20cm。面积超过 30m² 或长度超过 6m 时，应设置间距小于等于 6m、宽度大于等于 6mm 的伸缩缝。加热管穿越伸缩缝处应设长度不小于 100mm 的柔性套管。混凝土填充层浇捣和养护过程中，系统应保持不小于 0.4MPa 的压力。填充层的养护周期应不小于 48h，在填充层养护期满后方可进行面层的施工。

（6）室外花坛温度测试结果与分析。在花坛区域设置了 6 个温度数据采集点，每个采集点处距土壤表面 +200mm（测点 1）、+100mm（测点 2）、−100mm（测点 3）、−200mm（测点 4）、−300mm（测点 5）、−400mm（测点 6）各设有一个土壤温度传感器，测量土壤温度及花卉附近地表面温度，12 月 30 日～次年 1 月 2 日的测试结果如图 3.3−17～图 3.3−20 所示。从测试结果可以看出，距土壤表面 200mm 处的温度均可维持在 5℃以上，可以满足花卉正常生长的温度需求。

（7）小结。冬季实践证明，通过采用地埋管地源热泵及地板辐射供暖系统提高花卉根部土壤温度及花卉附近环境温度的方法来解决冬季花卉的防寒避冻效果理想，保证了广场一年四季如春的绿色效果，同时节约了高品位的一次能源；避免了采用传统能源供暖对环境的污染排放。

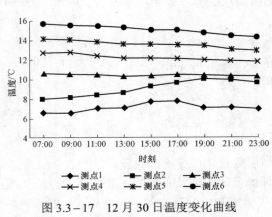

图 3.3−17 12 月 30 日温度变化曲线
（室外温度 3.8～9.7℃）

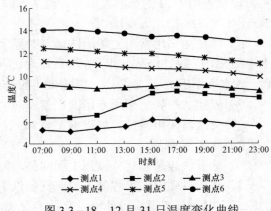

图 3.3−18 12 月 31 日温度变化曲线
（室外温度 2.3～6.8℃）

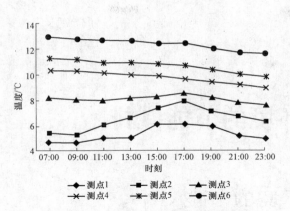

图 3.3-19　次年 1 月 1 日温度变化曲线
（室外温度 3.1～8.2℃）

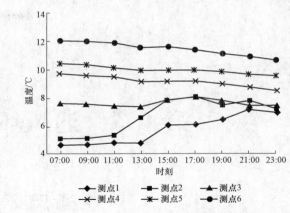

图 3.3-20　次年 1 月 2 日温度变化曲线
（室外温度 1.6～14.1℃）

第4章 通风环境的节能减排

4.1 通风环境的节能

4.1.1 通风环境的节能综述

1. 通风环境的节能概况

简单来讲，通风环境就是采用自然或机械的手段把室内污浊、有害物的空气（不处理或处理后）排出去，将室外新鲜空气（经过滤处理后）送进来，不断地进行换气的工作和生活环境。合理有效组织处理房间进、排换气的过程是需要大量能耗的，因此正在面临如何节能的问题。

通风环境通常包含：一般通风环境指民用与工业建筑的一般性用房环境；有害物通风环境指工业建筑有害物（有害气体、粉尘、余热）发生的作业场所。

（1）通风方式主要类型。

1）按房间气流的进、出来划分有排风与进风二类。排风——把室内局部地点或整个房间不符合卫生、安全、防疫、生产环境要求标准的污浊、有害物空气排至室外，常用于室内局部或整个房间的自然和机械的排气；进风——把室外新鲜空气或经过滤处理的新鲜空气送入室内，常用于室内自然和机械的采气。

2）按其工作动力划分有自然通风与机械通风二类。自然通风——依靠室外风力造成的风压和室内外空气温差所造成的热压，使空气有组织的进、出流动，常用于有自然通风条件的热车间等；机械通风——依靠风机造成的压力，使空气有组织的进、出流动，当采用自然通风不能满足要求时，采用机械通风。

3）按其作用范围划分有局部通风与全面通风二类。局部通风——在局部地点进行排风或进风，有效解决室内局部性空气品质的问题，常用于局部排风罩，高温工作地点的局部进气装置等；全面通风——在整个房间内，进行排风和进风，解决室内全面性的问题，当设置局部通风后仍不能满足卫生标准要求，或工艺条件不允许设置局部通风时，采用全面通风。

（2）如何做好通风环境的节能：关键在于结合实际选好用好通风方案的综合设计原则。

1）自然通风与机械通风方案的选用原则是当具有自然通风的条件，利用自然通风能满足卫生标准和使用要求时，优先采用自然通风。

2）局部通风与全面通风方案的选用原则是对于产生粉尘，散发有害气体的部位，应首先采用局部气流直接在有害物质产生的地点对其加以控制或捕集，避免污染物扩散到作业地带,在不能设置局部通风或设置局部通风仍不能满足室内卫生标准要求或工艺条件不允许设置局部通风时,才辅以全面通风措施。

3) 单一通风与综合通风措施的选用原则是当采用单一的通风方式不能满足室内卫生标准和使用要求时,才采用多种综合的通风方案措施。例如,铸造车间:一般采用局部排风捕集粉尘和有害气体;用全面的自然通风消除散发到整个车间的热量及部分有害气体;同时对个别的高温工作地点(如浇注落砂工部),用局部进风装置进行降温,综合解决整个车间的问题。

(3) 通风环境的节能应用情况。《中华人民共和国节约能源法》指出,节约资源是我们的基本国策。国际实施节约与开发并举、把节约放在首位的能源发展战略。

近些年来我国建筑能耗不断增加,暖通空调能耗在建筑能耗中占的比例又很大,因此做好通风环境的节能势在必行,近些年来我国在如下 4 个方面加强了工作,通风环境的节能取得了进展。

1) 在民用建筑的住宅、公共建筑,及工业建筑的一般性房间,各类库房、矿井、隧道等一般性通风环境,在保证需要的情况下,首选充分利用自然通风,控制使用机戒通风,减少了动力消耗,全国单就这一项节能就取得了可喜的结果。

2) 在全国做好公共建筑,工业建筑的大门冷热风幕,阻隔室内外空气的流动,减少冷热量损失节约能源也是相当可观的。

3) 在全国结合具体建筑子项,合理选用建筑防烟、排烟方案;正确计算排烟风量、加压送风量、排烟补风量等;选择好节能防烟排烟设备与部件产品,减少动力消耗节约能源量也是相当巨大的。

4) 在全国结合具体不同工业有害物的子项(工业生产中散发的粉尘,有害蒸汽和气体,余热和余湿等),采用车间的综合防治措施:① 首先应该改革工艺设备和工艺操作方法,从根本杜绝和减少有害物的产生;② 采用合理的通风措施,有效控制有害物,当采用局部排风时,尽量把产尘、产毒工艺设备密闭起来,以最小的风量获得最好的排尘排毒效果;③ 建立严格的检查、管理制度。这样可以大大地减少车间的通风量,减少通风设备的动力消耗,减少风平衡热平衡的能量补充,能量节省巨大。总之,我国幅员辽阔,各类建筑需要应用通风的环境子项很多很多,节能潜力巨大,就不再一一列举。

2. 通风环境的节能技术标准及规范

一般通风环境的节能主要遵循的法律法规、标准及规范如下:

《中华人民共和国节约能源法》内容覆盖了粗钢、烧碱、常规燃煤发电、铜冶炼企业、锌冶炼企业、铅冶炼企业、镍冶炼企业、水泥和建筑卫生陶瓷等 9 大领域。

《中国的能源状况与政策》白皮书,详细介绍了中国能源发展现状、能源发展战略和目标、全面推进能源节约、提高能源供给能力、促进能源产业与环境协调发展、深化能源体制改革,以及加强能源领域的国际合作等政策措施。

《民用建筑供暖通风与空气调节设计规范》(GB 50736—2012),介绍了室内空气设计参数、室外设计计算参数、供暖、通风、空气调节、冷源与热源、检测与监控、消声与隔振、绝热与防腐的主要内容。

《公共建筑节能(65%)设计标准》(DB 21/T1899—2011):公共建筑用能数量巨大,浪费严重。制定并实施公共建筑节能设计标准,有利于改善公共建筑的通风环境,提高暖通空调系统的能源利用效率，本标准提出了节能要求，并从建筑、热工以及暖通空调设计方面提出控制指标和节能措施。

近年来，国家和一些地区相继建立了绿色工业建筑评价标准和规范，主要内容如下：

《绿色工房评价标准》（YC/T 396—2011）：对研究思路、标准体系及评价方法做了介绍，并重点分析了该标准的主要特点，标准中对于建筑围护结构与建筑能耗、自然采光与照明能耗、工艺余废热利用、节约用水、室内环境、室外环境、运行管理等方面均给予了较多的关注，通过大量的调研、现场测试等工作，设置了相应的评价条款。

3. 通风环境的节能技术要求

建筑通风环境能耗主要涉及建筑热工设计、通风设备系统运行调节、功能管理等方面的能源消耗。在能源危机日趋严重的今天，如何有效降低能耗、提高能源使用效率成为必须落到实处的问题。

（1）设计方面：必须严格按照通风环境的节能技术标准规范要求，必须结合实际遵循通风方案的综合设计原则，在设计首要环节把通风环境的节能工作落到实处。

（2）设备选型方面：必须在通过正确设计计算后方能进行各种通风设备和部件的选型，各种通风设备和部件的选型必须遵循适当优质高效节能环保的原则。

（3）设备系统运行调节方面：设备系统运行使用过程中，要结合通风环境的实时需要进行手动或自控调节，注意在日常运行使用过程中设备系统的节能。

4.1.2 通风环境的节能途径及措施

1. 通风环境的节能途径

（1）优化通风环境的设计。从通风环境的节能出发，严格按照节能技术标准规范，进行围护结构的热工设计，做好负荷计算，设计好综合的通风方案，选用好节能设备。

（2）抓好通风环境日常设备的运行使用管理，注意节电节水节能。

（3）注意通风环境日常通风设施的保养维修，严防通风设备的损坏及事故。

2. 通风环境的节能措施

通风环境节能措施可从以下几个方面进行：

（1）建筑结构及装修材料。建筑装饰材料及组合不同，产生的能耗与污染也不相同，因此要选好节能环保的材料组合。目前使用的建筑材料主要有金属材料、非金属材料和合成材料，这其中有部分建筑材料会产生有害物，如含镭的地基土壤及石材和砖等建筑材料因镭衰变成放射性很强的氡。这些材料在使用过程中随着时间的推移或遇到高温会发生分解，产生许多气态的有机化合物，引起室内污染。为了减少能耗及污染物的排放，我们应选取更多节能环保的材料。

（2）室内人员及其活动状况。不同的建筑物、人的数量、在室内活动状况不同所产生的能耗和污染是不相同的，因此人们在室内活动应控制自己的行为。人们通过新陈代谢产生 CO_2、人体气味、水蒸气。吸烟是室内人员活动产生污物的重要因素之一，香烟烟雾中有上千种化合物，其中不乏致癌。这些污染物包括 CO_2、CO、NO_x 等无机气体，Fe、Cu、Cr、Zn 等金属元素，多环芳烃、杂环化合物等 VOCs。由于建筑物的密闭，室内小气候较稳定，这种密闭环境在温度适宜、湿度润湿的条件下很容易滋生尘螨、真菌等微生物，还能促使生物性有机物（如有机垃圾等）在微生物作用下产生 CO_2、NH_3、H_2S 等气体。经常采取通风换气措施，可以减少室内污染物，减轻通风系统的能耗。

（3）室外空气污染。室外空气质量因在城市中所处地理位置不同而有很大差异，一般工业区和中心区污染较重，空气质量较差。室外大气中的微生物、粉尘，汽车排放尾气，各种工业排放废气中的 NO_x、CO_2、SO_2、烟雾及可吸入颗粒物等都有可能成为室内污染的来源。汽车排放的污染物中含有多种 VOCs，如乙苯、邻二甲苯、三甲基苯、乙烷、苯等，汽车尾气是室外 VOCs 的主要来源。这些污染物通过渗透及通风换气等途径直接进入公共建筑内引起室内污染。因此当室外空气质量较差时，应选择开启空气过滤设备，减轻排放污染物负担，减轻通风系统的能耗。

（4）暖通空调系统的影响。除上述因素影响室内空气品质外，现代的公共建筑一般装有暖通空调系统，暖通空调系统设计、施工安装以及运行管理不良也是诱发"病态建筑综合征"的重要因素。因此，要提高室内空气质量，必须先提高新风过滤器效率，保证通风环境的卫生整洁。当过滤器对污染源控制和通风稀释不能满足要求时，则必须清洗或更换过滤器，减轻通风系统的能耗。

（5）管理功能方面。为了确保通风系统的安全节能运行，推动防尘、防毒工作，一定要建立严格的检查管理制度和设置专职的防尘小组。必须加强通风设备的维护和修理，避免设备和质量事故，以便取得良好的通风效果。定期测定产尘点和产毒点空气中有害物的浓度，作为检查和进一步改善防尘、防毒工作的主要依据。对生产过程中接触尘、毒的人员应定期进行身体健康检查以便发现情况采取措施。

4.1.3　通风环境的节能主要内容实例

1. 高大热车间混合通风与降温系统的节能设计

工业厂房通风能够将室内余热和不符合卫生要求的污浊气体排至室外，将符合卫生要求的新鲜空气引入室内，改善厂房内部的热环境和空气质量，为了节约高大厂房的通风能耗，无需消耗能源的自然通风在许多高大厂房得到了应用。高大厂房的跨度和进深较大，且进排风窗的面积有限，当室外气温达到一定程度时，完全依靠自然通风实现其内部的通风与降温是很困难的。有必要将自然通风与机械通风结合起来，形成混合通风。当自然通风不足以满足室内通风降温要求时，开启机械通风装置，高大厂房的地面以上 2m 范围内为人员逗留区，为了改善工作人员的工作环境，一些厂房设有降温性空调系统。许多厂房空调系统的运行能耗大，增加了不少的企业生产成本，如果采用自然通风与空调送风相结合的混合通风与降温系统，在室外气象条件允许的情况下可利用自然通风降温，降低空调能耗。混合通风与降温系统的设计和运行控制方法与建筑的构造和使用特性有很大的关系，下面将厂房混合通风与降温系统的设计原理和控制策略进行研究，进一步分析其节能潜力。

（1）设计方法与控制策略。

1）室内舒适温度。对于自然通风环境下的热舒适评价，心理适应性模型得到了广泛的接受和应用，心理适应性模型认为：自然通风环境下的室内人员对舒适度的期望随室外温度的变化而改变，并将室内的热中性温度表示为：

$$T_m = 17.8 + 0.31T_a \qquad (4.1-1)$$

式中　T_m——室内热中性温度，℃；

T_a——室外月平均温度，℃。

心理适应性模型以热中性温度为中心，以80%的人可接受的舒适温度变化范围为7℃和90%的人可接受的舒适温度变化范围为5℃来定义自然通风环境下的热舒适温度区。如果要保证高大厂房的人员逗留区温度处于90%的人可接受的舒适温度变化范围内，人员逗留区允许的最高舒适温度为：

$$T_{max} = T_m + 2.5 \qquad (4.1-2)$$

式中　T_{max}——人员逗留区允许的最高舒适温度，℃。

按照以上舒适性标准，自然通风境下人员逗留区的温度可高于空调房间的夏季设计温度，机械送风温度高于常规空调的送风温度，有利于降低空调能耗。

2）空调冷源。由于机械送风温度比常规空调的送风温度高，空气处理过程中的冷却幅度小，可根据当地的气候和资源条件采用蒸发冷却、深井水、地道风等天然冷源，节约空调能耗。即使采用人工制冷，也可以将冷水机组的出水温度设定得比较高（一般为12～15℃），提高冷水机组的制冷效率和性能系数。蒸发冷却利用喷洒在空气中的小水滴蒸发时从空气中吸热的特性，使空气得到冷却。一些厂房采用的湿帘风机降温系统及喷雾降温系统均属于蒸发冷却的方式，在气候越干燥的地区其冷却效果越好。我国南方大部分地区的深井水温度在15～19℃之间，北方的深井水温度更低，适合用于冷却机械送风。一些纺织车间和剧院利用深井水作为空调冷源。地道风技术利用了地层深处土壤温度波动范围小的特点，使空气在地道内得到冷却。

3）控制策略。由于室外风速和风向经常变化，为了保证自然通风的设计效果，在实际计算时只考虑热压的作用，一般不考虑风压。高大厂房的竖向高度有利于形成热压通风，考虑到排风温度与人员逗留区温度密切相关，可根据排风温度的高低判断是否需要启用机械送风。在屋面排风窗处安装排风温度传感器，当排风温度（T_P）达到排风控制温度（T_L）时，启用机械送风。在启用机械送风期间，当室外气温 $T_w \geq T_{max}$ 时，如果不关闭自然通风进风窗，人员逗留区局部温度会超过室内人员可接受的舒适温度上限，而且还会增加人员逗留区的冷却负荷。因此，当室外气温 $T_w \geq T_{max}$ 时应关闭自然通风进风窗，完全依靠机械送风降温。图4.1-1为系统的控制流程图。排风控制温度的取值与高大厂房的竖向温度梯度有关。室内散热量分布比较均匀，且不大于116W/m³时，排风控制温度可参照下式确定

$$T_L = T_{max} + \Delta T_H (H-2) \qquad (4.1-3)$$

式中　T_L——排风控制温度，℃；

　　　H——厂房高度，m；

　　　ΔT_H——温度梯度，℃/m。

温度梯度取决于室内散热量和厂房高度，图4.1-1所示为混合通风与降温系统的控制流程。

（2）自然通风潜力分析。

1）分析方法。在室内散热量、进排风窗的面积和高差一定的情况下，存在一个需要启动机械通风的室外转换温度 T_{ws}。可以通过计算求出相应的室外转换温度，具体的计算步骤如下：

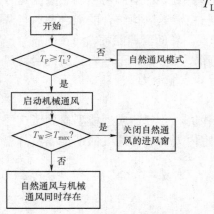

图4.1-1　混合通风与降温系统的控制流程

① 根据式（4.1-1）～式（4.1-3）确定排风控制温度（T_L），设定一个室外温度（T_W）的初始值。

② 计算排风温度等于巩时排除室内散热量所需的自然通风量。

$$G = 3600Q/c \, (T_L - T_W) \qquad (4.1-4)$$

式中　G——排除室内散热量所需自然通风量，kg/h；

Q——室内散热量，kW；

T_W——室外进风温度，℃；

c——空气的比热，1.01kJ/（kg·℃）。

③ 用下式计算出热压作用下的实际自然通风量。

$$gh(\rho_w - \rho_n) = \frac{\zeta_1 (G_Z / 3600F_1)^2}{2\rho_w} + \frac{\zeta_2 (G_Z / 3600F_2)^2}{2\rho_w} \qquad (4.1-5)$$

式中　G_Z——实际的自然通风量，kg/h；

F_1，F_2——进风窗和排风窗的面积，m^2；

ζ_1，ζ_2——进风窗和排风窗的局部阻力系数；

h——进排风窗之间的高差；

g——重力加速度，取 9.81m/s^2；

ρ_w——进风和排风的密度，kg/m^3；

ρ_n——室内平均温度所对应的空气密度，ks/m^3。

室内平均温度等于 T_{max} 与 T_L 的算术平均值。

④ 比较 G_Z 和 G，如果 G_Z 与 G 的偏差大于 0.1%，则调整室外温度 T_W，重复前述步骤，直至两者的偏差不大于 0.1%，所得到的室外温度便为所求的室外转换温度 T_{WS}。

2）设计方案。

以湖南常德市某双跨高大厂房为例进行分析：厂房内生产设备、人员及照明等散热量的设计值为 420kW，同时还会产生一些污浊气体。生产设备按三班制运行，厂房附近有深井水可以利用，经测量，深井水的夏季平均温度为 17.8℃。由于厂房内部散热量较大，且当地的年平均气温较［例 3.2-2］分析高，每年的 4～10 月期间厂房内部都需要降温。为了降低通风与空调能耗，拟采用混合通风与降温系统。进排风窗高差为 11m，进风窗和排风窗的面积分别为 $50m^2$ 和 $42m^2$，$\zeta_1 = 2.2$，$\zeta_2 = 2.8$。夏季 6～8 月的平均温度为 28.3℃，由式（4.1-2）可知 $T_{max} = 29$℃。将排风控制温度设定为 34℃。通风机房设有空气处理机组，经处理后的深井水送入间接式空气冷却器，对空气进行冷却，换热后的深井水被回灌至地下。空气处理机组有一次回风运行和全新风运行两种运行模式。当 $T_P \geqslant 34$℃，且 $T_W < 29$℃时，空气处理机组全新风运行，统为机械通风和自然通风同时存在的混合通风模式。图 4.1-2 为混合通风模式的气流组织示意图。机械送风口位于自然通风气流难以到达的厂房中部区域，离地面 2m 左右。机械送风与自然通风气流吸收室内余热后温度升高，最后与室内散发的污浊气体一起从顶部排风窗排出。

当 $T_P \geqslant 34$℃，且 $T_W \geqslant 29$℃时，系统为完全机械通风模式。关闭自然通风的进风窗，空气处理机组为一次回风运行，即室内回风进入机组与新风混合，由深井水冷却降温后送入室内。图 4.1-3 为空气处理机组的工作原理图。设有两台并联的风机，混合通风时只需启动风机 A，旁通风阀全开，回风和冷却器风阀关闭。机械通风时启动两台风机，冷却器风阀全开，并调节旁通风阀，使出风温度达到送风要求。冷却后的出风温度宜控制在 24～28℃ 的范围内。室外温度较高时，出风温度取较高值；室外温度较低时，出风温度取较低值。

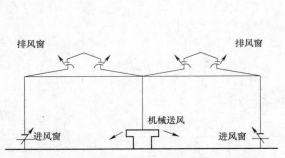

图 4.1-2　混合通风模式的气流组织示意图

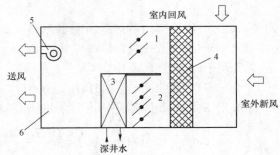

图 4.1-3　空气处理机组的工作原理

1—旁通风阀；2—冷却器风阀；3—空气冷却器；
4—空气过滤器；5—风机 A；6—风机 B

3）节能潜力分析。根据前面提出的方法，计算出室内散热量为 420kW 时，室外转换温度 $T_{WS}=25.4℃$。根据当地的典型气象年参数，可得出 4～10 月的 5136h 内，自然通风、混合通风及机械通风模式各自对应的时数（见表 4.1-1），有 55.4% 的时间可以实现自然通风，在 22% 的时间内需要实施混合通风，此时还存在一定的自然通风量，只需要启动 1 台风机便可以满足所需的通风量，在 22.6% 的时间内需要启动两台风机和深井潜水泵，完全依靠机械通风降温。此系统由于充分利用了天然冷源，与使用制冷机的空调系统相比，节约了大量的制冷机能耗。

表 4.1-1　　　　　　　　　室内散热量为 420kW 时各月的不同运行模式时数　　　　　　　　　（h）

运行模式	4 月	5 月	6 月	7 月	8 月	9 月	10 月	合计
自然通风	642	514	318	110	70	501	689	2844
混合通风	56	131	198	226	351	123	41	1126
机械通风	22	99	204	408	323	96	14	1166

厂房内的生产设备很少满负荷运行，室内散热量一般会低于设计值。表 4.1-2 为室内散热量等于设计值的 80%（336kW）时 3 种运行模式各自对应的时数。此时的室外转换温度 $T_{WS}=26.5℃$，在 4～10 月期间有 62.7% 的时间可以实现自然通风，节能潜力更大。

表 4.1-2　　　　　　　　　室内散热量为 336kW 时各月的不同运行模式时数　　　　　　　　　（h）

运行模式	4 月	5 月	6 月	7 月	8 月	9 月	10 月	合计
自然通风	664	576	387	156	194	536	705	3218
混合通风	34	69	129	180	227	88	25	725
机械通风	22	99	204	408	323	96	14	1166

其他月份的室外温度低，可以实现较大的自然通风量，可能会导致厂房的耗热量过大。

应根据室外温度的高低关闭相应数量的自然通风进风窗，使厂房的耗热量与室内散热量基本保持平衡，维持室内温度的稳定。

（3）小结。本案例提出了高大厂房混合通风与降温系统的设计方法和控制策略，通过一个设计实例分析了高大厂房混合通风与降温系统的节能潜力。该厂房在内部散热量等于设计值的情况下有 55.4%的时间可以实现自然通风，在内部散热量等于设计值的 80%的情况下 62.7%的时间可以实现自然通风。在混合通风和机械通风模式下，系统的能耗也低于常规的厂房通风及空调系统。可见，混合通风与降温系统具有较大的节能潜力，非常适合应用于内部散热量较大的高大厂房。

2. 严寒地区铀水冶厂房采暖通风节能设计

（1）问题的提出。针对某严寒地区铀水冶厂房常规采暖通风设计成在的问题及其原因，分析此类生产厂房的节能设计模式，提出厂房内采用对流与辐射联合供暖和排风热能回收再利用的采暖通风节能设计，优选出适合水冶厂房排风热回收的通风设备。

（2）铀矿水冶厂房现成状况与问题。铀矿水冶厂房，在产品生产和储存过程中会产生少量 ^{222}Rn 气体及放射性粉尘、α放射性气溶胶以及酸、碱等化学有害物质，因此在设计铀水冶厂房时，需根据厂房不同部位的放射性污染物的强度分别进行通风换气，其室内每小时通风换气次数应根据放射性场所的级别确定，使其放射性物质和化学有害物质含量控制在有关规范的规定值以下，以保证操作人员的安全。而地处严寒地区的铀水冶厂，在厂房设计时，除了厂房内总排风量必须满足稀释有害气体的需要外，还应设置集中采暖，室内采暖设计温度按中等劳动强度设计为 16℃；同时，应设置直流式新风补热系统，设有集中采暖的水冶车间的机械补风量不得超过总排风量的 80%，排风热损失根据技术经济比较可用热风或散热器补偿。

目前，我国严寒地区的铀水冶厂厂房设计均按常规采暖通风设计，即设置散热器热水采暖系统、排风系统和全新风补热系统。在冬季运行状态下，如开启通风系统，则厂房室内温度很难维持在 16℃，采暖与通风难以同时满足设计要求。另外，我国塞北产铀地区，室外采暖计温度通常在 −15～−30℃，采暖期长达 5～6 个月，如不采取节能措施，水冶厂房采暖通风耗热量将十分惊人。因此，对此类水冶厂房的采暖通风设计模式进行分析，提出水冶厂房节能设计以期解决此类水冶厂房采暖与通风效果同时满足要求的问题。

（3）某铀水冶厂房常规采暖通风设计及运行中的问题。

1）室内外设计参数。某铀水冶厂房长为 60m，宽为 18m，高为 10.6m，换气容积为 11 448m³。结构形式为轻钢门式结构，因处严寒地区，外墙和屋面采用 80mm 厚聚苯板保温彩钢板墙体，传热系数为 0.6W/（m²·℃）；外窗采用单层塑钢窗框双层玻璃窗，传热系数 3.16W/（m²·℃）。室外计算参数：冬季采暖温度为−20℃，冬季通风温度为−14℃，夏季通风温度为 28℃。

室内计算参数：冬季采暖温度为 16℃，夏季通风温度为 28℃。厂房室内每小时通风换气次数为 6 次。

2）设计计算与设备选择。

厂房室内，空气质量平衡方程为：

$$v_{jp}\rho_n = v_{jj}\rho_{jj} + v_{zj}\rho_{wn} \tag{4.1-6}$$

热量平衡方程式为：

$$\Phi_h + c_p v_{jp} \rho_n t_n = \Phi_f + c_p v_{jj} \rho_{jj} t_{jj} + c_p v_{zj} \rho_{wn} t_{wn} \qquad (4.1-7)$$

补充机械排风带走的热量计算公式为：

$$\Phi_b = c_p v_{jp} \rho_n (t_n - t_{wn}) \qquad (4.1-8)$$

当地大气压、空气温度下的空气密度计算公式为：

$$\rho = 353 K_B / (273 + t) \qquad (4.1-9)$$

式中　v_{jp}、v_{jj}、v_{zj} ——厂房内的机械排风体积流量、机械进风体积流量、自然进风体积流量，m^3/s；

Φ_h ——厂房围护结构的总耗热流量，kW；

Φ_f ——厂房内采暖散热器的总放热流量，kW；

Φ_b ——厂房内补充机械排风带走的热量所需的总放热流进入厂房内的材料吸热量和厂房内生产设备、产品工艺流程中的放热流量，kW；

t ——空气温度，℃；

t_n ——室内采暖计算温度，取 16℃；

t_{wn} ——室外采暖计算温度，取 -20℃；

t_{jj} ——机械进风温度（空气加热器出口温度），由计算求得；

ρ ——当地大气压、空气温度（t）下的空气密度，kg/m^3；

ρ_n ——室内采暖计算温度下的空气密度，取 $1.222kg/m^3$；

ρ_{wn} ——室外采暖计算温度下的空气密度，取 $1.396kg/m^3$；

ρ_{jj} ——机械进风温度下的空气密度，须先解出 t_{jj} 才能求得；

c_p ——空气比定压热容，$c_p = 1.01kJ/(kg \cdot K) = 1.01kJ/(kg \cdot ℃)$；

K_B ——环境压力修正系数，$K_B =$ 当地大气压/标准大气压 ≈ 1。

特别指出：对于局部排风和稀释有害气体的全面排风，室外空气计算温度应采用冬季室外采暖计算温度，而不能采用冬季室外通风计算温度。$v_{jj} \leqslant 80\% \times v_{jp}$；因水冶厂房不允许使用循环风（$v_{xh}$）加热，故略去了循环风加热量。由于空气密度随着温度变化而变化，进出厂房的空气平衡应为质量流量（kg/s）平衡而非体积流量（m^3/s）平衡。

采暖设备选用内腔无粘砂铸铁散热器，型号为椭四柱 760 型。采暖系统为机械循环双管上供上回并联异程式采暖系统。排风风机选用钢制喷涂防腐型斜流风机，补风机选用全新风空调机组，送、排风风管采用具有耐酸碱、防腐蚀功能的环氧树脂玻璃钢通风管道。

3）运行中出现的问题及原因分析。该厂房投入运行后，出现了厂房维持室内温度 16℃ 与排风降低污染两者难以同时满足的情况，经分析主要原因有：① 厂房位于严寒地区，厂房建筑高度达到 11m，属于高大空间的采暖建筑物，由于室内温度梯度的存在，较轻的热空气浮在厂房上部，位于厂房下部的人员活动区反而空气温度较低，这是对流型散热器采暖的特点所决定的。② 水冶厂房内高大的吸附塔体阻挡了散热器的热空气对流。③ 该地区冬季采暖室外计算温度达到 -20℃，冬季严寒的室外空气直接进入空气处理器，很容易冻坏加热室外新风的热水盘管，造成厂房室内温度偏低。④ 散热器数量未考虑因房间负压引起的房间冷风渗透量增加带来的采暖耗热量增加，造成通风设备停运初期至室内外压差恢复平衡的时间段内厂房室内温度偏低。

（4）铀水冶厂房采暖通风节能设计。为了解决严寒地区水冶厂房暖通设计中出现的高大厂房采暖与通风难以同时满足要求的问题，提出厂房内采用对流与辐射联合供暖和排风热能回收再利用等技术的采暖通风节能设计。

1）对流与辐射联合设计方法和优点。通过对散热器采暖与地板辐射采暖传热方式的对比分析发现：由于热空气比冷空气密度小，散热器以对流传热方式加热室内空气，导致室内采暖空间上部温度高而下部温度低，高大建筑物内的人员活动区是在下部低温区，上部温度高，对人体来说属于无效供热，造成能源浪费；而地板采暖是以低温热水首先加热地板，然后以地板为辐射体向室内空间传热，人员经常活动的室内下部温度高，而处于无人区的房间顶部温度低，减少了人体高度以上空间的无效热供给，符合水冶厂房高大空间的供暖设计需求。

① 联合供暖设计方法：为了解决高大厂房散热器供暖出现上热下冷现象，依据《民用建筑供暖通风与空气调节设计规范》（GB 50736）中"高大空间供暖不宜单独采用对流型散热器"和《公共建筑节能设计标准》（GB 50189）中"公共建筑内的高大空间宜采用厂房周边散热器供暖加房间中部用辐射采暖方式"的规定，特提出高大空间水冶厂 1/3 地面低温热水地板辐射的联合供暖设计方法。

② 联合供暖的主要优点：

Ⅰ. 充分利用建筑外窗下的散热器升腾的热气流对室外渗透进来的冷空气的加热和阻挡作用。Ⅱ. 充分利用地板辐射采暖热惯性大、沿厂房高度方向温度梯度小、厂房从中获得供热量中辐射成分占比高的特点。由于水冶厂房巨大的排风量，可以说两种供暖系统中几乎所有的空气对流得热量都被排空了，也就剩下 40%左右的辐射得热量，由厂房内的设备、墙体、地面等吸收而留存下来。

③ 采暖通风负荷的计算与分配：对于掺合了对流与辐射两种供暖技术的水冶厂房，采暖热负荷如何计算?采暖室内设计温度是否要降低 2℃计算?地板采暖热负荷及采暖热负荷高度附加是否要计算?以及新风机组因为耗能巨大基本都采用间歇运行的方式，针对这些问题，提根据水冶厂房实际运行经验提出如下观点：Ⅰ. 根据对水冶厂房采暖通风负荷的分析，为简化设计，可以让散热器、地板辐射采暖盘管、新风机组三者各司其职，即散热器主要承担厂房室内采暖设计热负荷，地板辐射采暖盘管主要承担厂房由于送排风不平衡造成室内负压而大量渗透进入室内的冷空气而带来的冷风渗透热负荷，新风机组承担因厂房补风而带来的空调新风热负荷。Ⅱ. 采暖室内设计温度仍取 16℃，未铺设地板辐射采暖管的地板面积仍需要计算采暖热负荷，采暖负荷高度附加也要计算，由此计算而得的采暖热负荷仍由散热器负担。依据《采暖通风与空气调节设计规范》（GB 50019）规定，对于建筑高度达 10m 以上、安有双层玻璃窗的水冶厂房，加热由门窗缝隙渗入室内的冷空气的耗热量占围护结构总耗热量 30%，为了减少暖气片的安装量，解决由于散热器数量过多而窗台下安装不了的情况，也可将这部分本属于散热器采暖热负荷移交给地板辐射采暖盘管承担。

2）设计地板辐射采暖时应注意的事项。

① 地板辐射采暖系统的热媒水温与散热器采暖热媒水温不一致。针对设计的地板采暖供水温度为 55℃、回水温度为 45℃、供回水温差为 10℃，而厂区锅炉房的设计采暖供水温度为 85℃、回水温度为 70℃、供回水温差为 15℃的情况，可在水冶厂房内设置地板采暖专用的混水装置。该装置可根据具体情况将室外热网提供的较高水温的热水供水与室内地板采

暖的回水混合成适宜水温的地板采暖的供水。

② 采暖地面的荷载远大于常规采暖地面，必须对地板结构做适当处理以适应通过大载质量汽车的需要。

可以仿照国外汽车停车场、飞机场、城市交通干线融雪系统的道路路面做法：若地面层上承压 2t/m² 以上荷载，在地板供暖层上部设置钢筋网，高出地暖加热盘管上皮 30mm，钢筋直径为 8mm，网格间距为 150mm，结构层厚度应在 100mm 以上，豆石混凝土强度不应低于 C20，豆石粒径不宜大于 8mm，同时在豆石混凝土中加入防止龟裂的添加剂，以增强豆石混凝土层抗压强度及防止地面受热龟裂、老化。地表面可使用染色混凝土将布置有地暖管的地面标示出来，并设置明显的禁止行为标语牌，在施工完成的采暖地面上严禁钻孔、开洞、射钉、猛烈撞击等危及采暖管安全的作业。

（5）采用排风热能回收再利用技术。

1）常见的排风热能回收装置。空气能量回收装置有很多种，如转轮式、板式、板翅式等，在室内空气中无有毒害气体产生的民用公共建筑中得到广泛应用；但由于这些装置大都是接触式蓄能型，新风与污风的空气流通道紧密地交织在一起，使得被污染的空气通道很难清洁，且漏风率较高，有交叉污染，会积存冷凝水，导致霉菌滋生，因此这些装置不适合用于水冶厂房。

2）推荐的排风热能回收设备及其特点。推荐的热能回收装置是带热管式换热器的热回收式空气直流型节能空调机组。所谓热管，就是向抽真空的管子内部充入某种工质（热力学中传递能量的媒介物质称为工质），靠蒸发和冷凝来传递热量的装置。将热管元件按一定行列间距排列，成束装在框架的壳体内用中间隔板将热管的加热段和散热段分隔开，即构成了热管换热器，其中的隔板采用有效密封装置，分隔严密，互不渗透，热管元件便于组装、拆卸、清洗和更换。由于污风和新风分别处在 2 个较大的空腔内，便于用水冲洗被污染的空气流道。热管换热器具有不需要动力装置、坚固耐用、换热效率高、对空气品质要求低、适用范围广、无运动部件、基本不用维修等特点，非常适合水冶厂房排出的气体含有放射性有毒物质，需送（新风）、排风严格分离的特点。安装热管换热器可以达到 2 个目的：一是把室外冷空气先提高到 0℃ 以上再通过空气加热器盘管，可彻底解决冻坏热水盘管的问题；二是室内外的空气通过热交换，每 10℃ 温差可以使进入室内的新风空气温度提高 6～7℃，大大降低了处理新风所消耗的能量。新型直流式热管热回收节能型空调机组主要由新风过滤段、新风预热盘管段、风机段、热管式能量回收段、加湿段、空气加热段和排风机段组成。热管贯穿于彼此密封隔绝的排风室和进风室增加冲洗热管的喷水喷头以定时冲洗放射性污染之中，各工作段内，均设有检修工作门，排风室应物。为了增加室内湿度，可以在送风侧增加超声波加湿段。

3）订制排风热能回收设备时应注意的事项。目前市场上暂时还没有完全适合水冶厂房使用的带热管式换热器的热回收式空气直流型节能空调机组产品，可将下列要求提供给设备生产厂家进行定制。

① 市场上在售产品多为送风量一排风量，空气热回收效率通常是在排风、新风风量相同的条件下来定义和实测的。而水冶厂房的送风量小于或等于 80% 排风量，送风管和排风管截面积不相等，因此需要计算热回收量。按照水冶厂房冬季设计工况对公式中量符号进行了如下解读。

$$\Phi_t = c_p \rho_p v_p (t_{xr} - t_{pr}) \eta_t = c_p \rho_x v_x (t_{xr} - t_{xc}) \qquad (4.1-10)$$

式中　Φ_t——热管回收热流量，为显热回收量，kW；

　　　ρ_p——排风入口空气密度，即室内采暖计算温度下的空气密度，kg/m³；

　　　ρ_x——新风入口空气密度，即室外采暖计算温度下的空气密度，kg/m³；

　　　v_p——排风体积流量，m³/s；

　　　v_x——新风体积流量，m³/s；

　　　t_{xr}——新风入口温度，即室外采暖计算温度，℃；

　　　t_{pr}——排风入口温度，即室内采暖计算温度，℃；

　　　t_{xc}——新风出口温度，即经热管回收排风中的能量后的新风温度，℃；

　　　η_t——排风热回收装置显热效率，%。

② 送、排风热管腔室应严格密封，排风腔室应设置淋水喷头，可定期用水冲洗放射性污染物。送风段可增加空气加湿设备。

③ 热管放置角度仅按冬季热回收方式使用考虑。

④ 可在新风入口设置空气预热盘管，该盘管阀门为常开，不受热管换热器后空气加热盘管自动控制装置的控制，以防止空气加热盘管的冻结。

⑤ 可在排风室出口设置温度探头，设定排风出口空气温度≥0℃，当排风出口空气温度＜0℃时，连锁控制送风机变频器调小新风量，防止因送（新）风量过大而使排风热管结霜。

⑥ 为防止厂房内受到污染的排风通过热管换热器向新风渗透，提请设备生产厂家注意，热管换热器的排风腔应为负压，新风腔应为正压，即对热管换热器来说，排风机为抽出式，新风机为压入式。

（6）小结。

铀水冶厂房生产中会产生放射性污染物，需要大量排风来降低室内空气中污染物的浓度，以保证室内工作人员的身体健康。在严寒地区，确保室内温度与排除室内污染空气是一对矛盾。提出的严寒地区铀水冶厂房采暖通风节能设计，即厂房内采用周边散热器供暖加工作通道地板辐射采暖以及采用带热管式换热器的热回收式空气直流型节能空调机组，可同时满足确保室内温度和排除室内污染空气的要求。与传统的水冶厂房采暖通风设计相比较，新设计一次性投资加大，但考虑到煤炭的不可再生、锅炉烟气排放造成的大气污染、因节煤产生的经济效益和社会效益是有推广价值的。

4.2　通风环境的减排

4.2.1　通风环境减排综述

1. 通风环境的减排概况

我国目前正处在工业化、城镇化高速发展的阶段，能源、资源、环境约束已成为制约我国发展的关键因素。从工业发展过程的能源消耗增长趋势已渐缓解，国家提出了建设"资源节约型、环境友好型"社会的发展战略，绿色发展成为时代发展的主题。

人们在环境空气中生活、生产、工作，作为空气质量保障条件，我国于1982年开始执行《大气环境质量标准》（GB 3095—1982）。随着环境形势的发展，于1996年修订为《环境空气质量标准》（GB 3095—2012）。标准中规定了环境空气质量功能区划分、标准分级、污染物项目、取值时间及浓度限值，采样分析方法及数据统计的有效性规定。

按照环境空气质量功能标准对不同地区进行分类：一类区为自然保护区、风景名胜区和其他需要特殊保护的地区；二类区为城镇规划中确定的居住区、商业交通居民混合区、文化区，一般工业区和农村地区；三类区为特定工业区。这三类区所执行的环境空气质量标准分为三级：一类区执行一级标准；二类区执行二级标准；三类区执行三级标准。各类地区环境空气中污染物的浓度限值给出了明确规定。

从 1997 年 6 月开始，我国的城市陆续开展空气质量日报、周报工作，采用空气污染指数（API）量化环境空气污染的程度来评定城市环境空气质量。

采用空气污染指数（API）报告环境空气污染程度，其范围由 0 到 500 其中 50、100、200 分别对应于一、二、三类地区的平均浓度限值，500 则对应于对人体健康产生明显危害的污染水平。空气质量级别分为五级，分别为空气质量优秀、良好、轻度污染、中度污染、重度污染。

随着我国经济的快速发展，有害物通风环境力求减少排放乃至国家绿色发展意义重大。有害物通风的节能减排就是在有害物治理通风过程的同时，达到节约能源、降低能源消耗、减少污染物的排放。《中华人民共和国节约能源法》所称节能减排，是指加强用能管理，采取技术上可行、经济上合理以及环境和社会可以承受的措施，从能源生产到消费的各个环节，降低消耗、减少损失和污染物排放、制止浪费，有效、合理地利用能源。

2. 通风环境的减排技术标准规范

一般通风环境减少污染物排放应遵循以下主要法律法规、标准和规范：

《中华人民共和国环境保护法》：这主要体现在各种标准和设计规范中，工程项目的设计、施工、运行管理都要严格执行。

近年来，国家和一些地区相继建立了绿色工业建筑评价标准和规范，主要内容如下：

《绿色工业建筑评价标准》（GB/T 50878—2013）：该标准突出工业建筑的特点和绿色发展要求，是国际上首部专门针对工业建筑的绿色评价标准，填补了国内外针对工业建筑的绿色建筑评价标准空白。具有科学性、先进性和可操作性，总体上达到了国际领先水平。

《室内空气质量标准》：对主要污染物质来源、危害、制定依据和检测方法进行了比较详细的讲解。

3. 通风环境的减排技术要求

控制减少有害物排放不仅在保护环境方面起到作用，又降低了能耗节约资源，实现了对有害物控制与通风系统的节能。因此对通风环境提出了以下方面的减排技术要求：

（1）在一般建筑通风环境的情况，查出有害物发生源，例如：现代的建筑物普遍采用新型装饰材料，室内装修所产生的污染物加剧了室内的空气污染，那就从源头上治理选用节能环保的建筑装饰材料。

（2）存在有害物（有害气体，粉尘等）的建筑通风环境的情况，从工艺源头做起，在有条件时改革工艺，减少有害物的发生，没有条件时根据有害物的物性成分，采取综合有效的方法和措施加以治理。

（3）重视对通风环境的日常维护和环境保持。由于建筑物的密闭，室内空气不易流通，这种密闭环境在温度适宜、湿度润湿的条件下很容易滋生尘螨、真菌等微生物，还能促使生物性有机物（如有机垃圾等）在微生物作用下产生 CO_2、NH_3、H_2S 等气体。加之人员长时间的停留，人在室内活动也会产生不同的污染物。因此在室内应该做到不吸烟，勤开窗通风，促进室内空气流动。同时应该定期对空调通风系统进行清洁管理，维护干净整洁的活动环境。

4.2.2　通风环境减排途径及措施

1. 通风环境的减排途径

结合环境实际，做好有害物通风环境的综合应对设计。室内空气是个很复杂的问题，它与环境状况、建筑构成、卫生条件、以及暖通空调技术等密切相关。因此，我们需要结合环境实际，做好有害物通风环境的综合应对设计。首先从技术的角度探讨一下改善室内空气质量途径：

（1）对挥发性有机化合物的净化。虽然室内 VOCs 数量不算多，但是对人体的危害却很大。目前净化挥发性有机物的方法有吸附法、光催化净化法，还有新兴的纳米材料净化技术、微波催化氧化技术、膜基吸收净化技术、生物过滤技术等，其中尤以吸附法、光催化法、纳米光催化法最为常用。

吸附法是利用有吸附能力的多孔物质来吸附有害成分；光催化技术是利用在紫外线照射下生成的空穴具有的氧化分解能力，在室温下将空气中有机污染物氧化为 CO_2 和 H_2O 等无机物；纳米 TiO_2 的降解机理是在光照条件下将有机物转化为 CO_2，H_2O 和有机酸。

（2）对可吸入固体颗粒及有害气体的净化。针对室内空气颗粒物，主要采用机械过滤、静电除尘技术、低温等离子体技术、纳米光催化等技术处理。低温等离子体技术去除无机污染物的原理是：由于等离子体体系中含有大量具有较高能量的活性基团，它们能够破坏大多数气态有机物中的化学键，使之断裂，从而达到降解的目的；同时低温等离子体体系中的活性基团极易氧化具有还原性的无机物包括还原性较强的硫化氢等。体系中能量高的活性离子则打开键能较小的物质使其生成一些单原子、分子，最终转化为无害物。纳米光催化剂 TiO_2 在紫外线作用下可以将多种无机物分解或氧化。

（3）对微生物的净化。净化微生物主要应用臭氧氧化和纳米光催化技术。

臭氧具有很强的氧化性，与很多有机物、细菌病毒等微生物发生氧化还原反应，破坏细菌、病毒内部的细胞器和核糖核酸，使细菌的物质代谢生长和繁殖过程遭到破坏，从而达到净化空气的目的。臭氧灭菌消毒可以彻底、永久地消灭物体内部所有微生物。

2. 通风环境的减排措施

（1）结合有害物通风环境的实际情况，从审查工艺改革设计作起，尽量减少有害物的产生、减少对室内外环境的排放污染。为了建筑节能，现代的建筑物普遍提高了其密封性和隔热性能，新风量过小，自然降低了空气的稀释能力；同时，由于室内装修所产生的污染物增多，更加剧了室内的空气污染。如有的设计将新风送入建筑物的吊顶内与回风混合，使室内新风受到污染；新风机组的过滤器积尘得不到及时清洗或更换等等。因此在暖通空调的设计中，设计人员应该恰当考虑通风空调系统中新风进口或新风口的位置，给予充足的新风量供应。此外，新风系统以及新风送风方式应合理设计，从审查工艺改革设计作起，保证室内新风质量良好，尽量减少有害物的产生、减少对室内外环境的排放污染。

（2）根据环境有害物发生的部位、成因与物性，采取综合有效的方法和措施，对有害物进行有效控制与捕集,减少对室内外环境的污染。当污染源控制和通风稀释不能满足要求时,则必须去除污染物。常用的空气净化技术有机械过滤、静电除尘、吸附、冷凝和膜分离技术等。近年来国外许多公司在研制开发更有效地去除室内低浓度污染物的新设备。在暖通空调系统中常用的设备是干式粒状空气过滤器。设计良好的空气过滤器系统应能去除微生物粒子、可吸入颗粒、气态污染物和气态污染物质,对不同成因的有害物,分析其基本物性,有针对性地采取综合方法和措施,才能达到快速有效去除的目的。

(3)重视有害物通风环境的日常使用管理,注意环境卫生整洁,减少交叉污染。根据GB 50736《民用建筑供暖通风与空气调节设计规范》的规定:"采用机械通风时,重要房间或重要场所的通风系统应具备防以空气传播为途径的疾病通过通风系统交叉传染的功能。"对于有空调系统的公共建筑,不洁的新风是室内空气质量恶化的重要因素。由于我国大气含尘浓度比国外大数倍,加之粗效过滤器的效率太低,随着时间的累计会慢慢地在过滤器上附着些大颗粒的灰尘,再次通入新风会造成强烈的交叉污染。因此,为提高室内空气质量,必须先提高新风过滤器效率,保证通风环境的卫生整洁。

4.2.3　通风环境的减排主要内容实例

1. 锌湿法冶炼与节能减排的通风方式

吸取国外湿法冶炼工艺,实现了锌浸出渣无害化,减轻了环境压力,具有较好的环境效益和社会效益。锌湿法冶炼浸出、净液及电解生产过程中有大量的酸雾、水蒸气等产生,车间工作环境恶劣,污染仍很严重。同时分析探讨反应槽废气处理及锌电解车间的通风方式,提出改善工作环境、节能减排的途径和措施。

(1)常压富氧直接浸工艺特点与国内外湿法冶炼车间环境的差异。硫化锌精矿常压富氧直接浸出是目前世界上锌冶炼的新工艺、新技术,它与传统炼锌工艺相比,少了精矿焙烧和制酸系统,且锌总回收率高,操作环境优越,是进行环境综合治理、淘汰落后工艺、改善环境、节能减排、循环经济、提高经济效益的好途径。采用硫化锌精矿常压富氧直接浸出工艺技术搭配处理浸出渣,其特点是锌精矿可不经过焙烧,利用氧气在一定的压力和温度下直接酸浸获得硫酸锌溶液和元素硫,不但节省投资、简化流程、提高锌、铟等回收率,更主要的是治理了环境又降低了能耗,使建设项目有很好的经济效益,同时有良好的生产操作环境,也为保护当地环境提供保证。

目前国内大多数湿法车间采用自然通风方法,污染最严重的属电解车间。为了解决通风问题,许多湿法车间只能在厂房顶部开天窗,侧墙开外窗进行通风。南方的厂房一般不设外墙,大量酸雾排至大气,使厂区附近的生态环境变得十分恶劣,污染严重。国内电解车间一直是污染很严重的车间,酸雾呛鼻,由于厂房跨距大,进风面积有限,受室外无组织气流干扰,天窗自然排风通风效果不好。虽然近年来学习国外经验,利用工艺冷却塔风机进行车间排风,车间的通风情况有了一些改善,但必须增加冷却塔风机转速,以提高风压。冷却塔风机具有大风量、小风压的特点,风扇强度受结构特点制约,转速提高有限风机的压力只能提高 $100\sim200Pa$,加之没有机械送风系统,完全靠门窗洞口自然进风,厂房及风道阻力较大,冷却塔风机不能克服车间及风道较大阻力,因此,通风效果不尽如人意。

国外冶炼厂的浸出、净液和电解车间均采用封闭式厂房,厂房有外窗,但均未开启,厂房采用机械通风方式,其中有机械送风系统和机械排风系统,对厂房进行全面通风或反应槽局部通风，通风方式完全不同于国内。人员在中控室通过电脑屏幕远距离操作，通过观察窗完全可以看到车间内部。国外非常重视工作环境，虽然车间操作人员很少，但是通风系统做得很好，以人为本不惜代价。浸出车间和净液车间设有系统式岗位送风，把新风送到人员工作地点。利用热压自然排出浸出槽产的酸雾，或用机械排风把有害废气排到室外，废气经过净化吸收后达标排放。电解车间采用全面通风，将机械送风和机械排风结合，感到车间环境很好。

(2) 节能减排的通风方式。湿法车间通风的主要问题是解决各种反应槽排风及车间环境问题，下面就 DL 浸出槽的废气净化处理方式及锌电解车间的通风方式进行分析。

1) 洗涤装置。在高酸、低酸 DL 浸出槽内，用废电解液并通入氧气、蒸汽将硫化锌精矿浸出，DL 浸出槽内高温（95～100℃）和常压，不断产生含酸水蒸气，废气排气温度高达95℃。由于废气中含有大量水蒸气、微量酸及金属颗粒，因此需经洗涤装置吸收处理后排放，洗涤的含酸废水回收到工艺中，无废水排出。

废气洗涤装置由洗涤器如图 4.2-1所示，由风机、中间槽、循环水泵、换热器组成。采用水喷淋吸收废气中的酸性介质，细液滴与从下向上逆向的酸性气流充分传热传质反应吸收，洗涤器与除雾器合二为一，当被吸收的气体上升时有一组除雾器将气、液体分离，洗涤液充分回收，尾气由上部风机排出。为了提高洗涤塔的吸收效率，采用热交换器将高温液体降温，洗涤器高效吸收尾气，几乎达到大气污染为零。株冶的 DL 浸出槽和除钴镍、除镉反应槽系统采用了该技术，现已投入使用。

2) 置换通风。置换通风是一种新的通风方式，它起源于北欧，1978 年德国柏林的一家铸造车间首先使用了置换通风装置。这种送风方式与传统的混合通

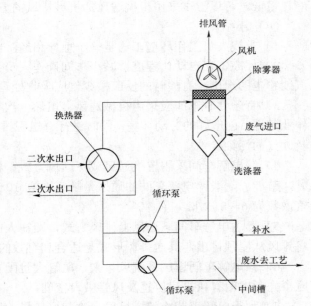

图 4.2-1　废气洗涤装置原理图

风方式相比较，可使室内工作区得到较高的空气品质、并具有较高的通风效率和较高的热舒适性。现在置换通风广泛应用于工业建筑和民用建筑，北欧的一些国家 50%的工业通风系统、25%的办公通风系统采用。我国的一些工程也开始采用置换通风系统，并取得了令人满意的效果。置换通风下送上回的特点决定了空气在水平方向会分层，并产生温度梯度，在底部送新鲜的冷空气，那么最热的空气层在车间上部，最冷的空气层在下部。电解车间置换空气在水平方向汇入电解槽上升气流，下部区域是相对清洁的空气，上部区域存在更多的污染。置换通风系统通过自然对流达到空气调节的目的。它的空气分层特点，将余热和污染物锁定于人的头顶之上，使得人的停留区保持良好的空气品质。采用置换式气流，可以避免污染物在室内的循环有利于污染物的迅速排除。置换通风的排污能力优于混合式通风。置换通风末端装置，即空气分布器，主要考虑将新鲜空气以

非常平稳而均匀的状态送入室内，其落地安装是使用得最广泛的一种形式。置换通风末端装置通常有圆柱形、半圆柱形、1/4圆柱形、扁等。空气分布器面罩上的开孔布置均匀，这样就保证了送风的均匀性。由于置换通风的出口风速低，送风温差小的特点使置换通风系统的送风量大，它的末端装置体积相对来说也较大。科科拉电解车间采用的空气分布器属于1/4圆柱形与平壁形mm（长×高×深）。结合的形式，尺寸很大，约2000mm×2200min×600空气分布器应用很广泛。

（3）关于能耗。科科拉和奥达两个厂都在寒冷地区，电解厂房冬季送风需要补热，按科科拉电解厂房送风量240 000m³/h计算，大约需要5～6t/h的蒸汽。采暖季按150d计，冬季采暖费用约200万元左右（按国内每吨蒸汽180元计）。由于能耗很大，国内寒冷或严寒地区的湿法车间一般都不设计机械送风系统，冬季只能利用天窗或屋顶风机排风，但是没有送风，车间的排风也不能有效地排出去，因此，冬季车间的酸雾更大，有些厂房的外墙、外窗及屋顶出现结露现象，腐蚀严重，环境很差。南方的冶炼厂有较好的气候条件，冬季取暖能耗很低，可以尝试采用机械送风加机械排风的方法，解决车间环境问题。

（4）小结。

1）重视人员工作环境，这是一个理念和经济问题，尤其在重有色冶炼行业。

2）提高工艺自动化程度，减少车间操作人员；工艺设备尽量密闭，减少有害气体、蒸汽或粉尘的逸出；有酸碱的反应槽废气应吸收处理后排放。

3）有条件时车间应采用机械通风，虽然一次投资及运行费大一些，但可大大改善车间作业条件，创造好的劳动环境；同时进行有组织排放，达到排放标准，减少酸雾对周围环境及大气的污染。

4）锌电解车间采用置换通风或下送风方式，将新风送至活动区，送风量小，送风效果好，节能。一般锌电解车间的通风量换气次数10～15次/h，科科拉电解车间置换送风的换气次数为6～8次/h。

5）奥达电解车间下送风上排风方式，即在人的走道下向上送风，同时利用冷却塔风机将排风从屋顶排出，其送排风形式是适合和有效的通风方式之一。

6）锌电解车间送风系统风量大，风管大且配置复杂，需与各专业配合，尤其工艺专业应事先考虑留有风机房位置及风管敷设空间。

7）利用电解工艺冷却塔排风，冷却塔风机的风压应能满足要求，应进一步研究冷却塔风机结构形式，增加风机叶片强度，同时校核冷却塔风机的热工性能。

2. 某研发中心实验室空调通风环境对有害物控制减排案例分析

随着科学技术水平的发展，科学实验对实验环境的控制要求越来越高，例如：有些实验要求极其苛刻的室内环境以保证实验精度，有些实验则会产生有毒有害气体。实验室只有具备合理的空间规划、先进的仪器设备、安全可靠的机电系统（尤其是空调通风系统）配套，才能给科研人员提供安全、高效和舒适的工作环境，满足实验要求。

一般常见的实验室根据其用途可分为生物实验室、动物实验室、物理实验室、化学实验室四类。不同实验室对环境控制有不同的要求，因此为不同实验室设计空调通风系统时必须对其使用过程可能出现的各种风险进行评估并采取相应措施，确保空调通风系统能够维持满足使用要求的实验环境并保护实验人员与周边环境的安全。目前，我国还没有完善和可供执行的实验室空调通风系统设计规范，一般设计人员可参考ASHRAE手册应用篇关于实验室的章节以及德国的 VDI 通风规范等资料。化学实验室主要是为有机化学及无机化学合成和分析的科研服务，由于其实验过程的高污染性，产生和挥发的有害物质较多，相互交叉影响的可能性增大。为防止化学实验产生的有毒有害气体危害实验人员和周边环境，需要专门设计局部排风装置（如排风柜）并保证室内微负压。本节对某研发中心的化学实验室的空调通风系统进行案例分析，总结在设计与调试及运行维护管理中应注意的事项。

（1）项目简介。

1）工程概况。本案例为某跨国化工公司中国研发中心大楼的实验室空调通风系统。该项目位于上海浦东张江高科技园区，总建筑面积 16 601m²，总空调面积 12 500m²，共四层。研发中心大楼分为 A、B、C 三个区域。A 区为行政办公区域、大堂及报告厅，C 区为餐厅与厨房及健身等，B 区为实验室区域（约 8200m²），其中包含少量实验室办公及会议（2000m²）。本节着重探讨 B 区实验室空调通风系统的相关问题。整个研发中心大楼空调设计总冷负荷 6282kW，总热负荷 3825kW。空调系统冷源采用置于大楼屋顶的 5 台风冷冷水机组（单台制冷量：1300kW），夏季提供 5.6/12.2℃ 的冷冻水；热源采用 3 台燃油热水锅炉（单台制热量：1400kW），冬季提供 82/71℃ 的空调热水。空调水系统采用一次泵系统，冷源侧定流量、负荷侧变流量。

2）空调通风系统。B 区实验室主要是化学实验室，需要考虑有毒有害气体的排放。图 4.2－2 为实验室空调通风系统流程示意图（受图幅所限，仅画出一台空调机组及二层部分实验室作为典型代表）。除个别产生特殊有害污染物需要特殊处理的实验室外，整个研发中心的所有实验区域（包括实验室、实验区内的办公、会议）采用一个大的集中空调通风系统，空调及通风系统均采用变风量（VAV）方式，全新风运行，风管采用中压风管系统。共设置四台双风机空调机组，机组均置于屋顶，单台空调机组设计送、排风量为 136 000m³/h，空调机组内设静止显热交换器以降低能耗。新风经预过滤、显热交换、F6 中效过滤、表冷段热湿处理及 F9 高中效过滤后送入水平连接管（消声静压箱），由送风立管送至各楼层各区域的空调变风量末端装置，通过散流器/送风百叶送入室内，实验室所有 VAV 送风末端装置均带有热水加热盘管。实验室共装备了 59 台排风柜、一定数量的局部排风罩以及万向排气罩（LEV）等局部通风设备。所有实验室排风（包括房间排风、排气罩排风及通风柜排风）均安装了排风 VAV 末端，用于调节实验室排风风量以适应不同使用工况并控制室内负压，避免有害气体外泄。实验室区域内的一般办公与会议则采用普通吊顶排风方式。各房间排风由立管汇至水平连接管（消声静压箱）后由四台空调机组的排风机送入排风静压箱。排风静压箱顶部安装四台高速射流风机负责将含有有害气体的空气向上喷射，高速气流卷吸大量室外空气对污染物进行稀释使其浓度迅速降低。四台高速射流风机采用台数控制结合变频控制，以适应不同排风量工况并保证排风速度（大约 15m/s）。

3）实验室空调通风控制系统。实验室空调通风系统既要保障实验室内温湿度要求和一定的负压，又要具备将实验产生的有害气体迅速排除的能力，而且通风柜的使用时间与使用台数随时发生变化。因此，完善的空调通风系统的运行需要良好的自动控制系统配合。图 4.2－3 为该项目典型实验室空调通风系统及其控制系统原理图。每间实验室分别为独立的单元进行温度、通风及压力控制，采用 DDC 控制系统。具体控制原理与方法如下：

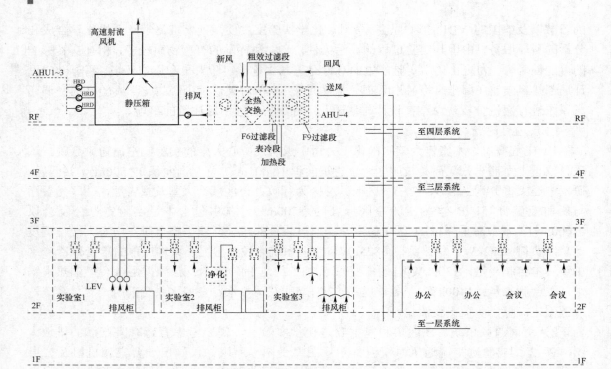

图 4.2-2　实验室空调通风系统流程示意图（部分）

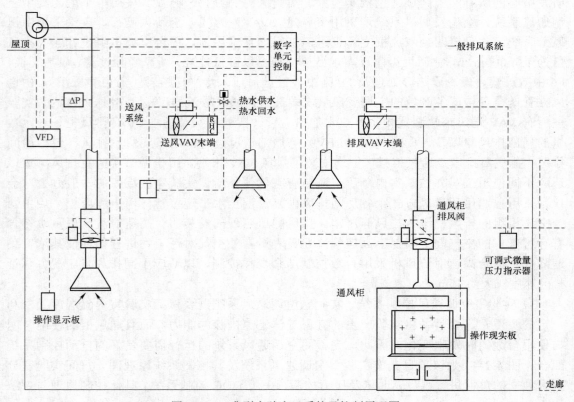

图 4.2-3　典型实验室风系统及控制原理图

① 送风 VAV 与再热盘管。DDC 根据室内的温度控制器设定值调节 VAV 风阀开度，但必须保证最小换气次数要求。再热盘管的控制由室内温度设定值进行控制，当温度低于设定值时，打开电动两通阀进行加热。通风柜启用后，当室内与走廊的负压值大于 10Pa 时，VAV 风阀根据 DDC 指令加大送风，以满足设计要求。

② 室内排风 VAV。对部分要求较高的实验室，DDC 根据室内负压对其进行调节，保证室内与走廊的负压值至少为 5Pa。当负压不足时，DDC 指令 VAV 风阀开度加大，增加排风量。对于一般要求的实验室，DDC 控制排风量与送风量的差值为 $50m^3/h$，以维持实验室微负压。

③ 通风柜排风 VAV。DDC 根据排风柜的柜门高度信号计算排风量要求（根据断面风速及使用面积确定）从而控制通风柜排风 VAV 开度，保证排风柜面风速等于 0.5m/s，当 VAV 风阀全开但仍然不满足 0.5m/s 排风柜面风速要求时发出声音报警信号（通风柜操作显示板上带有蜂鸣器）。

整个空调通风系统的控制则与传统的变风量（VAV）系统的控制无异，采用定静压控制方法调节送/排风机的运行频率，从而控制总送/排风量。高速射流风机根据排风静压箱内的压力值进行台数控制及变频控制，在保证排风静压箱为负压（-100Pa）的同时满足高空排放要求。

（2）工程项目借鉴。本案例是欧美大型研发中心空调通风系统比较典型的做法，针对该研发中心实验室空调通风系统存在的问题进行分析，对我国实验室的空调通风系统设计与应用可有所借鉴与参考。

1）系统选择。实验室空调送风系统可采用定风量或变风量系统，应根据实验室的需要并结合排风系统的型式和排风设施的型式考虑选择，同时还应关注系统运行的能耗问题。设计时应从多方面进行评估，包括：实验工艺的操作方式、实验室内有害物质的危险程度、实验室的安全要求、室内温湿度稳定性的要求及节能的需要。同时还应根据初投资与运行费用的比较与评估进行方案比选。实验室排风系统的型式也包括定风量系统、变风量系统以及高一低双风量系统。排风系统可以设为独立排风系统或者集中排风系统，应考虑功能的需要、维护的便利及运行的安全可靠性进行选择，一般对于大型新建实验室，集中排风系统具有下述优点因而应用较广。

① 排风管、排风机以及烟囱数量较少故初投资较低。

② 大量排风从烟囱集中高速排出造成的卷吸效应能使排风与室外大气充分混合稀释，降低排风污染风险。

③ 设备较少且集中，维护方便、运行费用较低。

④ 减少建筑内的竖井面积。

⑤ 排风量大，有毒污染物在排风气流中的稀释较为充分。

⑥ 可考虑同时使用系数因而有效降低设备容量。

⑦ 方便备用排风机以及排风机应急电源的安装。

⑧ 当实验室要求变化需增加系统排风量时方便额外安装增设的排风机。

⑨ 可有效利用变风量控制、热回收等措施达到节能目的。

⑩ 排风烟囱的位置选择易于与建筑配合，满足建筑美观要求，但采用集中排风系统时应特别注意这种系统的不足之处。

集中排风系统不适用于室内有高度危险物质或放射性物质的排风柜等排风设施，此外，既有建筑的改造项目运用较少，主要原因在于难以设置大的风管竖井。与集中排风系统不同，独立排风系统是对每个排风设备或每间实验室单独设立排风系统，包括独立的排风管、独立排风机以及独立的排风烟囱，适用于对排风有特殊过滤或处理要求、对排风机及风管有防腐蚀要求、特发事故应急系统等。独立排风系统平衡调节简单，但占用建筑空间较多。此外，当排风机关闭时，由于实验室一般维持为负压，室外空气易从室外通过排风管道倒流进入实验室。本案例中的通风柜断面风速问题实际上就是由于集中排风系统的部分排风管道不理想、排风量不平衡或者是相对复杂的控制系统未正常工作引起的。对于实验区域内的办公、会议等与实验室共用系统并不合理，本案例空调系统为保证安全采用直流式全新风系统，新风负荷很大。虽然考虑节能采用了显热交换器（为安全考虑不能采用全热换），但考虑到热交换效率的限制以及实验区域内的办公与会议室面积并不小（2000m^2）这两个因素，应将实验区域内的办公、会议的空调系统与实验室空调通风系统分开，可大大降低新风负荷从而达到节能目的。

2）系统调试。一个即使设计及安装优良的系统如果没有经过调试是无法认定达到设计与使用要求的，许多工程技术人员及用户并未充分意识到调试的重要性，对于实验室相对复杂的空调通风及其控制系统，调试更是不可或缺。许多系统的失败都与调试（包括空调通风系统以及相应控制系统的调试）不到位有关，本案例中 VAV 末端装置的风量显示与实测值大相径庭、部分通风柜面风速无法达到要求都与控制设备及系统未妥当调试整定直接相关。调试工作内容既包括常规风系统平衡与调试、空调机组调试、冷热水系统调试、冷热源的调试，更应包括所有控制系统的调试：通风柜断面风速报警、通风柜 VAV 排风量实测实验室安全报警、实验室送风 VAV 风量测量与控制、实验室压力控制系统、温度控制系统、整个空系统的送风量/排风量控制等。例如：对于一般 VAV 系统的总风量是根据相应风道上安装的压力传感器来控制风机变频器的频率，该压力传感器的设置位置与设定值应同时考虑系统节能与舒适及安全两个因素。如果为节能考虑，则该压力设定值越小越好，可使送/排风机大多数时间处于低频工况运行从而到达节能的目的，但另一方面，可能造成部分区域风量不足，室内温湿度或排风柜断面风速无法达到设计要求；如果从舒适与安全考虑，则该压力设定值越大越好，可保证所有区域的送/排风量达到使用要求，但空调机组始终处于高频运行，而部分 VAV 末端装置的静压偏高，需要 VAV 末端装置的风阀关小来节流从而对节能不利。因此定静压控制的调试很重要的一部分工作就是找到舒适安全与节能的平衡点，即压力传感器的最优设定值及在风管的适当位置。本案例中分别有两根送风总管与排风总管（图 4.2-2 因图幅关系仅表示了一根），各送/排风支管各不相同，压力传感器应如何设置（设置位置及具体设定值大小）需要经过仔细调试方可确定。此外，控制系统的调试与性能验证还应包括传感器标定、控制器整定、系统的反应时间、精度、稳定性、可重复性等众多内容，遗憾的是许多该做的工作在工程实践中被有意或无意的忽略，造成空调通风系统无法满足正常的使用要求。

3）其他。功能、安全与维护是考虑选择实验室空调通风系统的主要因素。同时，实验室因风量大、过滤要求高因而风机压头高、温湿度控制要求严、全新风、24 小时连续运行等因素造成能耗很高，因此节能也需要考虑。节能是个系统工程，需要建筑、电气、暖通等专业的共同努力。并且是在绝对保证安全的前提条件下考虑节能，国外对实验室安全尤其重视。本案例的跨国公司环境健康与安全部门（Environment Health & Safety）会不定期对每间实验室、通风设备进行检查验证，保证实验室的换气次数（一般实验室的换气次数要求为 6～10 次/h，本案例实验室的设计换气次数为 12～15 次/h）、通风柜的断面风速满足要求，否则该实验室不能使用。部分无法达到断面风速要求的通风柜在改造以满足使用要求之前，需要安装限位器，限制其柜门的最大开启高度，确保实验室人员的安全与健康。送风气流组织的设计应特别注意送风口的形式、布置位置及送风速度，避免送风气流影响排风柜及排风罩的操作工作面，保证各排风设备的排风面风速满足使用要求。目前很多实验室的送风只考虑布置的均匀性，而忽视了送风的风速过大会影响通风柜的安全使用。有时需要特别设计以满足实验室大风量送风要求的同时避免对排风设备的气流干扰造成有害气体在室内扩散。国外实验室空调送风除了采用散流器外还经常采用孔板送风方式。风机、风管、传感器的选择应综合考虑实验室可能产生的污染物类型、物理化学性质、温度、排风量的变化、管道风速与压力、消防、以及室外空气温度与相对湿度等多种因素，从而避免腐蚀、溶解、熔化、凝结等问题。风管应注意密封，尽可能减少正压排风管。正压排风管可能导致污染物泄露从而扩散到整个建筑。排风机出口软接要求质量高且保证经常进行检查维护。还有一种观点是实验室排风机仅进口做软接头、出口不做软，但应特别注意采取相关措施应对噪声及振动问题。

此外，良好的运行维护及使用管理对于实验室的空调通风系统的正常运行也必不可少。排风系统设计时应注意可靠性高、易维护。工程上许多问题源自设备与系统缺乏良好的维护保养，而这多因设备缺乏相应的维修空间、无法操作造成的。运行维护管理人员应了解系统原理、运行操作规范；实验室工作人员也应了解通风柜、排风系统的安全操作规程。需要对运行维护及使用管理人员进行专业培训，保证设备与系统的正确使用，这点却经常被忽略。

最后，需要指出，实验室通风系统通常要求 24 小时连续运行，一般分工作模式与夜间模式，夜间模式控制排风量为工作模式的 1/2～1/4。案例的高速射流风机夜间也需要工作，但设计时未充分考虑其夜间工作对邻近建筑的噪声影响，后期进行降噪改造则耗财费力。

（3）小结。

实验室空调通风系统与一般舒适性空调系统不同，设计时应针对实验室的具体使用特点进行安全风险评估，充分满足实验室空调通风系统的功能、安全与运行维护要求兼顾节能。方案比较优选应全面综合考虑各种影响因素，充分了解各种不同系统各自的优缺点及适用场合。系统调试尤其是控制设备的整定与控制系统的调试对保障空调通风系统正常运行至关重要，起到对环境有害物控制，节能减排的作用。

第5章 空气调节环境的节能减排

5.1 空气调节环境的节能

5.1.1 空调环境的节能概述

1. 空调环境的节能发展概况

随着改革开放和国民经济的发展、人民生活水平的提高，建筑能耗在总能耗中所占的比例越来越大，在经济发达工业国家（美国、日本）已达到 40%，甚至有的国家达到 45%（瑞典）。而在建筑能耗里，空调耗能又是大户，空调能耗占建筑能耗的 50%~60%，对于商业建筑和综合大楼更是高达 60% 以上，且在逐年上升。我国经济的持续快速增长以及城镇化进程的不断推进，使人民生活水平不断提高，对空调产品的需求不断增长。我国城镇市场中空调渗透率自 20 世纪 90 年代起加速提升，截至 2015 年底，城镇每百户保有量为 114.60 台，在大家电品类中仅次于彩电，并基于自身"一户多机"属性，空调城镇保有量已较冰洗具备一定领先优势；而农村市场方面，2015 年底我国农村家庭空调、冰箱、洗衣机及彩电每百户保有量分别为 38.80 台、82.60 台、78.80 台及 116.90 台，空调保有量不仅远低于城镇市场，甚至不及农村地区冰箱及洗衣机渗透率水平的一半，后续提升空间更为可观。此外，随着国家一系列节能法规的贯彻实施，以及"家电下乡""以旧换新""节能产品惠民工程"等政策的激励作用，进一步带动了空调市场需求的增长。据重庆和上海的统计，中央空调用电量已分别占全市总用电量的 23% 和 31.1%，给各城市的供配电带来了沉重的压力。随着人均建筑面积的不断增大，空气调节技术的广泛应用，用于空调系统的能耗将进一步增大，这势必会使能源供求矛盾进一步激化。目前我国的总能源有效利用率只达到 30%，相当于发达国家 20 世纪 50 年代的平均水平，因此提高空调设备的能源利用率对国民经济有重要影响。

与国际先进水平相比，2010 年我国新颁布的房间空调器能效标准三级相当于美国现行入门标准（季节能效比 SEER 为 13Btu/W·h），新能效标准房间空调器能效水平与美国现行能效指标在同一水平。而变频房间空调器现行能效标准与日本入门指标基本相当。商用空调方面，轻型商用空调能效水平略低于美国，但节能空调产品水平基本与美国相当；总体来讲多联机能效水平仅次于日本，且存有一定差距，在全球处于中上水平。为提高国内空调能效水平，节能技术也在不断发展。如房间空调器变频技术、中央空调系统变频技术、新型新风处理和排风热回收装置和新型空调技术等。

目前，我国已成为全球制冷空调设备第一生产国和第二消费国。我国制冷、空调设备制造业近年来保持较快增长。本行业 2014 年市场规模为 2662 亿元，年均复合增长率达到

19.77%，其中 2014 年同比增长 14.74%。车用空调在行业内占比为 14%，2015 年市场规模约为 425 亿元。客车空调行业近年来增长较为稳定，2015 年适用于大中型客车的客车空调市场规模约为 45 亿元。全国 1000 多家制冷空调企业中规模企业仅约 100 家，虽然产业规模在全球比重超过 75%，但只在数量上占主导地位，核心技术上并不具竞争力。

2. 空调环境的节能标准及规范

空调环境的节能遵循主要标准及规范如下：

《民用建筑供暖通风与空气调节设计规范》（GB 50736—2012）：本规范是空调设计的重要依据，室内外设计参数的选取，空调荷的计算、空调系统、气流组织、空气处理等都应按照此规范执行。本规范适用于新建、改建和扩建的民用建筑的空气调节设计，强调在确定空气调节设计方案时，应根据建筑物的用途与功能、使用要求、冷热负荷特点、环境条件以及能源状况等，结合国家有关安全、节能、环保、卫生等政策、方针，通过经济技术比较确定。在设计中应优先采用新技术、新工艺、新设备、新材料。

《公共建筑节能设计标准》（GB 50189—2015）：公共建筑能耗大，制定并实施公共建筑节能设计标准，有利于改善公共建筑的环境，提高暖通空调系统的能源利用效率，把控从建筑热工及暖通空调各设计环节方面的指标和节能措施。

《辐射供暖供冷技术规程》（JGJ 142—2012）：本规程适用于以高温冷水为冷媒的辐射供冷工程的设计、施工及验收。主要由吸收式制冷机组供冷和地面辐射供暖工程中的设计、材料选择、施工、调试验收等几方面内容组成。

《全国民用建筑工程设计技术措施　节能专篇　暖通空调·动力》：涵盖了民用建筑中采暖、通风、空调及动力设计的节能内容。较详细和全面地规定了建筑工程设计中暖通空调、动力专业的节能技术细则。

《夏热冬冷地区居住建筑节能设计标准》（JGJ 134—2010）：本标准适用于夏热冬冷地区新建、改建和扩建居住建筑的建筑节能设计。夏热冬冷地区居住建筑的建筑热工和暖通空调设计必须采取节能措施，在保证室内热环境的前提下，将采暖和空调能耗控制在规定的范围内。本规范详细阐明了室内热环境和建筑节能设计指标、建筑物的节能综合指标、空调节能设计的具体内容。

《建筑节能工程施工质量验收规范》（GB 50411—2007）：本规范适用于新建、改建和扩建的民用建筑工程中墙体、幕墙、门窗、屋面、地面、采暖、通风与空调、空调与采暖系统的冷热源及管网、配电与照明、监测与控制等建筑节能工程施工质量的验收。

《蓄冷空调工程技术规程》（JGJ 158—2018）：为使蓄冷空调工程的设计、施工、调试、验收及运行管理做到技术先进、经济适用、安全可靠，确保工程质量，制定本规程。

3. 空调环境的节能技术要求

（1）空调环境围护结构建筑热工要求。

1）空调房间围护结构经济传热系数 K 值，应根据建筑物用途、空调类别，通过技术经济比较确定，比较时应考虑室内外温差，恒温精度，保温材料价格与导热系数，空调制冷系统投资与运行维护费用等因素。

2）工艺性空调建筑围护结构最大传热系数应符合暖通空调设计规范有关条文表中数值规定。

3）工艺性空调区的外墙，外墙朝向及其所在楼层应符合暖通空调设计规范有关条文表

4）工艺性空调房间，当室温允许波动范围小于或等于±0.5℃时，其围护结构最小热惰性指标应符合暖通空调设计规范有关表中的要求。

5）舒适性空调建筑围护结构传热系数应满足《公共建筑节能设计标准》（GB 50189—2015）及不同气候居住建筑节能设计标准的相关规定。

6）空调建筑围护结构每个朝向窗墙面积比，要结合建筑子项类别要求、所处的地区、室内采光设计标准以及外窗开窗面积与建筑能耗等因素，按相关标准要求确定。

（2）空调系统的负荷计算统计要求。

1）按不稳定传热计算空调建筑用房夏季各项冷、湿负荷量。空调冷负荷计算应包含以下内容：① 围护结构传热形成的冷负荷；② 窗户日射得热形成的冷负荷；③ 室内热源散热形成的冷负荷；④ 附加冷负荷。空调系统负荷主要包括：室内负荷、新风负荷、再热负荷、风管传热负荷、水管传热负荷、风机和水泵的温升负荷及其他各种冷热量损失。

2）按稳定传热考虑空调建筑用房冬季热、湿负荷量。空调区的冬季热负荷可按稳定传热计算，室外计算温度应采用冬季空调计算温度，计算时应扣除室内工艺设备等稳定散热量。空调系统的冬季热负荷应按所服务各空调区热负荷累计值确定，可不计入各项附加热负荷。

（3）空调热湿处理方案及选取空气处理设备要求。

根据空调建筑物的类别、规模及地区气象条件，以保障效果、经济、节能为出发点，选择空气处理方案和设备，要熟悉常用空气处理设备（包括风机盘管、组合式空调机组、整体式空调机组）的特点及适用场所。

（4）空调房间送风量确定与气流组织及送回风口布置要求。

1）本着经济节能的原则合理确定送风量。一般工艺性空调按工艺要求室内允许温度波动值来确定送风温差，然后按送风温差来求出送风量，再用送风量计算换气次数来进行校核；舒适性空调应尽可能采用较大的送风温差，以减少送风量。通常采用的方法是：在焓湿图上作 ε 线，与 $\phi=90\%\sim95\%$ 的相对湿度线相交于 L 点，L 点即为空气处理设备的机器露点，相应的焓值为 h_1，送风量为：$G=Q/(h_n-h_1)$ 或 $G=W/(d_n-d_1)$。一般情况送风温差不超过15℃。

2）根据空调建筑物的类别、形体特点，合理地组织室内空气的流动，使室内工作区空气的温度，相对湿度，速度和洁净度能更好地满足工艺要求及人们的舒适性要求。气流组织不仅直接影响到房间的空调效果，也影响到空调系统的能耗量。

3）影响气流组织的因素主要有送风口位置及形式，回风口位置，房间几何形状及室内的各种扰动等，其中送风口的空气射流及其送风参数对气流组织的影响最为重要。空调中遇到的射流，均属于紊流非等温受限（或自由）射流。气流组织的基本形式有：上送风下回风、上送风上回风、中部送风、下送风等、应结合空调建筑物工程具体情况选用。

（5）空调冷源选择的基本要求。

1）空调冷源首先考虑选用天然冷源。在无条件采用天然冷源时，可采用人工冷源。

2）冷水机组选型应根据建筑物空调规模、用途、冷负荷、所在地区的气象条件、能源结构、政策、价格及环保规定等情况，按下列原则通过综合论证确定：

① 冷水机组选型应作方案比较，宜包括电动压缩式冷水机组和溴化锂吸收式冷水机组

的比较。

② 如果有余热可以利用，应考虑采用热水型或蒸汽型溴化锂吸收式冷水机组供冷。

③ 具有多种能源地区的大型建筑，可采用复合式能源供冷；当有合适的蒸汽源热源时，宜用汽轮机驱动离心式冷水机组，其排汽作为蒸汽型溴化锂吸收式冷水机组的热源，使离心式冷水机组与溴化锂吸收式冷水机组联合运行，提高能源的利用率。

④ 对于电力紧张或电价高，但有燃气供应的情况，应考虑采用燃气直燃型溴化锂吸收式冷水机组。

⑤ 夏热冬冷地区、干旱缺水地区中小型建筑，可考虑采用风冷式或地下埋管式地源冷水机组供冷。

⑥ 有天然水等资源可以利用时，可考虑采用天然水作冷水机组的冷却水。

⑦ 全年需要进行空调，且各房间或区域负荷特性相差较大，需长时间向建筑物同时供冷和供热时，经技术和经济比较后，可考虑采用水环热泵空调系统供冷、供热。

⑧ 在执行分时电价，峰谷电价差较大的地区，空调系统采用低谷电价时段蓄冷能取得明显的综合经济效益时，应考虑蓄冷空调系统供冷。

3）需设空调的商业或公共建筑群，有条件适宜采用热、电、冷联产系统或设置集中供冷站。

（6）选择合理空调系统应考虑的因素及遵循的原则要求。

1）在工程设计时，选定合理的空调系统应考虑下列因素：应考虑建筑物的用途、规模、使用特点、热湿负荷变化情况、参数及温湿度调节和控制的要求，所在地区气象条件，能源状况以及空调机房的面积和位置，初投资和运行维修费用等多方面因素。

2）选择空调系统时，应遵循下列基本原则要求：

① 对于使用时间不同的房间，空气洁净度要求不同的房间，温湿度基数不同的房间，空气中含有易燃易爆物质的空间，负荷特性相差较大，以及同时分别需要供热和供冷的房间和区域，宜分别设置空调系统。

② 空间较大，人员较多的房间，以及房间温湿度允许波动范围小，噪声和洁净度要求较高的工艺性空调区，宜采用全空气定风量空调系统。在一般情况下，全空气空调系统应采用单风管式。

③ 当各房间热湿负荷变化情况相似，采用集中控制，各房间温湿度波动不超过允许范围时，可集中设置共用的全空气定风量空调系统；若采用集中控制，某些房间不能达到室温参数要求，而采用变风量或风机盘管等空调系统能满足要求时，不宜采用末端再热的全空气定风量空气系统。

④ 当房间允许采用较大送风温差或室内散湿量较大时，应采用具有一次回风的全空气定风量空调系统。当要求采用较小送风温差，且室内散湿量较小，相对湿度允许波动范围较大时，可采用二次回风系统。

⑤ 当负荷变化较大，多个房间合用一个空调系统，且各房间需要分别调节室内室温，尤其是需全年供冷的内区空调房间，在经济、技术条件允许时，宜采用全空气变风量空调系统。当房间允许温湿度波动范围小，或噪声要求严格时，不宜采用变风量空调系统。采用变风量空调系统，风机宜采用变速调节；应采取保证最小新风量要求的措施；当采用变风量末端装置时，应采用扩散性能好的风口。

⑥ 空调房间较多，各房间要求单独调节，且建筑层高较低的建筑物，宜采用风机盘管加新风系统，经处理的新风宜直接送入室内。

⑦ 中小型空调系统，有条件时可采用变制冷剂流量分体式空调系统。该系统不宜用于振动较大，产生大量油污蒸汽及电磁波等场所。

需要全年运行时，宜采用热泵式机组；同一空调系统中，当同时有需要分别供冷和供热的房间时，宜采用热回收式机组。

⑧ 对全年进行空气调节，且各房间或区域负荷特性相差较大，尤其是内部发热量较大需同时分别供热和供冷的建筑物，经技术经济比较后，可采用水环热泵空调系统。

⑨ 当采用冰蓄冷空调冷源或有低温冷媒可利用时，宜采用低温送风空调系统。

⑩ 舒适性空调和条件允许的工艺性空调，可用新风作冷源时，全空气空调系统应最大限度使用新风。

5.1.2 空调环境的节能途径及措施

1. 空调环境的节能主要途径

（1）根据空调环境围护结构建筑热工要求，增强外围护结构的保温隔热性能，减少传热系数与透过材料辐射传热相关的遮阳系数，降低空调负荷。对于北方地区以供热为主的空调建筑，相对来说，考虑的主要因素是围护结构的保温问题，对其传热系数要求比较严格；而对于以供冷为主的夏热冬暖地区的空调建筑，围护结构的隔热是主要考虑因素，对于外窗的遮阳系数有较为严格的要求；对于寒冷地区和夏热冬冷地区，由于既有夏季供冷，又有冬季供热，因此保温和隔热都是需要考虑的。

（2）结合空调建筑子项，严格按照空调设计标准及规范，进行空调负荷计算和统计；合理地选择能源方案和设备；合理地选择空气处理方案和设备；合理地选择气流组织方案，进行送风口、回风口的选择和布置；合理地选择实施空调系统等，并注意以上各个环节的节能。

（3）空调环境系统应设有监控系统设施，在运行使用管理中应结合空调环境一年四季、一天中的空调负荷变化进行智控和手动调节，实现空调的运行使用节能。

（4）积极推广使用可再生的清洁能源，如太阳能空调冷热水系统、地源热泵空调冷热水系统等，达到减少传统能源的消耗。

2. 空调环境的节能主要措施

空调系统节能的重要性：空调建筑的全年能耗主要由空调供冷与供热能耗（即空调能耗）、照明能耗、其他生活能耗等几个部分组成，其中空调供冷与供热能耗占有相当大的比例。根据全国公共建筑的能耗调查表明，空调能耗占整个建筑能耗的50%～60%。在空调能耗中，围护结构传热带来的能耗占20%～50%，空调新风处理所需能耗占30%～40%，其他如输送方面的能耗占10%～20%。由上述分析不难看出空调系统节能的重要性。空调环境节能措施主要通过如下几个方面：

（1）在新建的项目中，从设计源头作起，认真把握好节能技术第一关。

1）从方案设计到每一个环节设计都认真按现行"采暖通风与空气调节设计规范"和"相关的节能设计标准"的条文、指标、要求，把握好节能设计关口。

2）因地制宜，结合具体情况，积极采用暖通空调节能应用的新技术。

（2）在天然气充足的城市，推广采用冷热电三联（CCHP）供技术。

1）推广采用天然气冷热电三联供技术的前提。天然气处于刚开发利用阶段，天然气燃烧率比煤和石油都高，热值大，其 CO_2 和 NO_x 等污染物排放标准比煤和石油要低得多，是一种相对的清洁能源。在天然气充足的城市才能推行采用冷热电三联（CCHP）供技术。

2）冷热电三联（CCHP）供技术的内涵及优越性。这是一种建立在能的梯级利用概念基础上，把制冷、供热（采暖和卫生用水）、发电等设备构成一体化的联产能源转换系统，采用动力装置先由燃气发电，再由发电后的余热向建筑物供热或作为空调制冷的动力获得冷量。其目的是为了提高能源利用率，减少需求侧能耗，减少碳、氮和硫化合物等有害气体排放。典型 CCHP 系统一般包括：动力系统和发电机（供电）、余热回收装置（供热）、制冷系统（供冷）等，针对不同用户需求，系统方案的可选择范围很大。与之有关的动力设备包括：微型燃气轮机、内燃机、小型燃气轮机、燃料电池等。CCHP 机组形式灵活，适用范围广，由于其具有高能源利用率和高环保性，是国际能源技术的前沿性成果。

3）分布式冷热电联产（CCHP）的分类与应用。分布式冷热电联产不仅可以缓解电力供需紧张的状况，也是提高一次能源利用率的根本途径及加强电力供应安全性的措施之一，目前分布式冷热电联产包括如下两种：

① 区域性冷热电联产（DCHP）。在全世界范围内已有许多工程项目在运行，例如：日本芝浦地区共同能源系统、美国德克萨斯州休斯顿稻田大学、巴基斯坦纺织厂等项目，从项目的运行情况表明，热能利用率高达 82%以上，甚至可达 90%。区域冷热电联产技术的发展，可以提高 CCHP 系统的热效率和经济性，便于运行管理。

② 楼宇冷热电联产（BCHP）。这种方式通过让大型建筑自行发电，解决了大部分用电负荷，提高了用电的可靠性，同时还降低了输配电网的输配电负荷，并减少了长途电网输电的损失，而且还可利用发电后的余热向建筑物内供热、供冷，一举三得。世界许多国家将其定为保持 21 世纪竞争力优势的重要技术。我国的 CCHP 研究起步较晚，目前集中在上海、广州、北京地区，应用得早的是上海黄浦中心医院，此外浦东机场、北京市燃气集团监控中心等项目陆续建成并投入使用。

（3）在日夜间电力负荷差大的地区，推行采用蓄冷空调技术。

1）蓄冷空调的作用：世界和我国的一些地区都存在电力负荷峰谷差，很多国家和地区的电力部门相应采取了分时电价办法来削峰填谷。而蓄冷空调利用夜间电力富余时候制冰和低温水蓄冷，在用电高峰期融冰和取低温水制冷，不但避开了用电高峰期可能引起的运行事故，还可以提高电能的利用率，避免重复建设，节省运行费用。

2）蓄冷空调的意义：蓄冷系统就是在不需要冷量或冷量少的时间（如夜间），利用制冷设备在蓄冷介质中的热量转移，进行蓄冷，并将此冷量用在空调或工艺用冷的高峰期。蓄冷空调的实质是：将制冷机组用电高峰时的运行时间转移到用电低谷时期运行，从而达到了削峰填谷的目的，并利用峰谷电差价实现其较高的经济性。

3）蓄冷空调的技术路线：蓄冷空调系统的技术路线有如下两条：

① 全负荷蓄冷。就是将用电高峰期的冷负荷，全部转移至电力低谷期，全天冷负荷均由蓄冷量供给，用电高峰期不开机。全负荷蓄冷系统所需的蓄冷介质的体积很大，机房建筑和设施占地面积很大，设备投资高，一般用在一些特殊场所，如体育场、剧场等需要在瞬间放出大量冷量和供冷负荷变化的地方。

② 部分负荷蓄冷。就是只蓄存全天所需冷量的一部分，用电高峰时期由制冷机组和蓄冷装置联合供冷，这种方法制冷机组和蓄冷装置的容量小，技术经济合理，这是目前最实用，应用最多的一种方法。

4）蓄冷空调的介质：通常采用水、冰和共晶盐。目前最常用的介质是水蓄冷和冰蓄冷。

5）蓄冷空调技术的研究与应用。

① 低温送风冰蓄冷系统。提供 4～10℃ 的低温送风，大大降低了空调能耗和运行成本，有限提高了 COP 值，一次投资成本大大下降，因而在将来很有竞争力。

② 冰蓄冷区域型空调供冷站。冰蓄冷空调供冷站是目前冰蓄冷系统发展的一个趋势。这种供冷站不需要使用 CFC 冷媒，对环境友好，占地面积小，使用方便，运行维护管理费低廉，能降低空调建设费用，有很强竞争力，在发达国家已很普遍。

③ 改进蓄冷技术和设备，提高蓄热设备的体积利用率和蓄热效率，降低成本。

（4）空调系统常用节能技术主要有以下几个方面。

1）结合工程实际，合理计算确定新风量及新风比，合理减少控制新风能耗。

2）高大空间的分层空调技术。分层空调技术的核心是通过技术手段，形成上下两个参数存在相对明显区别的空气层，其中底部的空气参数满足设计要求。当空间较高时，空间上部一定高度位置设置水平射流，上部排风，依靠水平射流层阻挡空气上下流通，如图 5.1－1 所示，减少了空调供冷，供热的能耗区域，实现了节能。

3）变风量空调技术。空调系统根据使用的要求，按需供应每个房间或末端的空调冷量或热量，防止各区域参数的失控（过冷过热）。

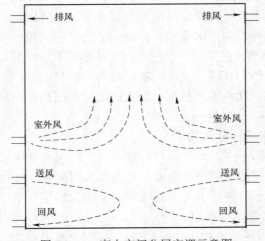

图 5.1－1　高大空间分层空调示意图

4）焓值控制技术。它的基本原理是在空调的过渡季节充分利用较低参数的室外新风，以减少全年冷源设备的运行时间，达到节能的目的。

5）热回收技术。空气热回收设备从构造形式上主要有板翅式、转轮式和热管式回收设备，从热回收性质分为全热回收和显热回收两种。他们共同的原理是利用建筑物或其他系统的排风与新风进行热交换，在夏季回收空调冷量，冬季回收空调热量。

6）冷却塔供冷技术。对于一些在冬季也需要提供空调冷水的建筑，可以考虑利用冷却塔直接提供空调冷水，这样可以减少冷水机组的运行时间，取得好的节能效果。在具体应用中，应注意以下问题：① 冷却塔的防冻要求；② 合理确定供水参数和选择冷却塔。应对冷却塔按冬季供冷工况进行复核计算。

7）降低输送能耗：选择较高的风机、水泵的运行效率（对定速设备，主要关注设计工况点的效率；对于变速设备，还应关注整个工作范围的效率），这是节能的重要因素。除此以外，还应考虑两点：① 对风系统控制合理的作用半径和合理的管道系统风速，以尽可能降低要求的风压，从而控制输送能耗。② 对于系统，重点放在如何提高供、回水的温差上，目的是减少输送水量，节省能耗。

5.1.3　空调环境的节能主要内容实例

1. 沈阳某机加工车间与办公楼空调系统多种节能技术设计实例

（1）工程设计概况（设计条件）。该厂房位于沈阳市，总建筑面积为 18 528m²，其中机加工车间 8064m²，办公楼共 3 层，面积 2400m²。机加工车间建筑高度为 9.4m，办公楼建筑高度为 14.4m。冷热源室内设计参数详见表 5.1－1。

表 5.1－1　　　　　　　　　　　室 内 设 计 参 数

	夏　季		冬　季		新风量/[m³（人·h）]	A 声级噪声/dB
	温度/℃	相对湿度（%）	温度/℃	相对湿度（%）		
办公室	26	50	20	40	30	<45
大堂	27	50	18	40	10	<50
会议室	26	60	20	40	30	<45
车间	30	50	15	40	—	<55

（2）工程设计方案。常规中央空调夏季制冷多采用单冷冷水机组加冷却塔，冬季采暖使用锅炉，2 套系统，初投资大，设备利用率较低，能源的综合使用率低。随着煤、石油、天然气价格的日益上涨和节能减排工作的深入开展，传统空调系统已逐渐被复合型的、能源综合利用率高的系统所代替。

本工程以某汽车零部件企业新建工业厂房项目设计参数为基础，采用综合运用水蓄冷技术、地源热泵技术、熔化炉烟气余热回收技术、压铸机冷却水余热回收技术、无风管远程送风分层空调技术的节能空调系统，与传统空调系统进行比较分析，得出切实可行的能源综合利用方案，为其他类似工程提供参考。

本中央空调系统夏季利用水冷螺杆机组、地源热泵、水蓄冷技术为车间、办公楼供冷；冬季利用地源热泵、压铸机冷却水余热回收和熔化炉烟气余热回收作为热源给车间与办公楼采暖，从而取代了冷水机组加锅炉的传统空调系统。空调系统年节约运行费用 20.1 万元，转移节约高山条件电力 152 000kW·h。

（3）冷热负荷与冷热源配置。

1）冷热负荷。空调负荷采用指标估算法，车间设计冷负荷为 1452kW，办公楼设计冷负荷为 360kW，车间与办公楼冬季设计热负荷为 838kW。

2）冷热源配置。机加工车间与办公楼实行集中供冷和供热。冷源选用制冷量为 653.8kW 的水冷螺杆式冷水机组 1 台，制冷量为 680.4kW 的地源热泵机组 1 台，600m³ 水蓄冷罐 1 台，最大供冷能力 1988kW。设计工况下空调冷水供回水温度为 80℃/140℃，设计工况下总制冷需求量为 1812kW。空调热源选用上述地源热泵机组，制热量为 706.8kW，烟气可回收的热量为 160kW 压铸机冷却水余热回收可以提供的热量为 185kW 设计空调热水供回水温度为 45℃/40℃。

（4）水蓄冷罐设计。

1）水蓄冷技术简介。水蓄冷技术就是利用峰谷电价差，在低谷电价时段将冷量存储在水中，在白天用电高峰时段使用储存的低温冷冻水提供空调用冷。当空调使用时间与非空调使用时间和电网高峰和低谷同步时，就可以将电网高峰时间的空调用电量转移至电网低谷时使用，达到节约电费的目的。

2）负荷计算及电量分析计算。由于室外气象参数、日照、人员、内部设备等的动态变化性，空调负荷每时每刻都在变化。而空调系统的负荷分布规律是蓄能系统设计的依据，也是分析蓄能系统实用性和经济性的关键，因此掌握典型设计日的逐时负荷是蓄能系统设计的第一步，也是最重要的一步。典型设计日的逐时负荷应根据典型日逐时气象数据、建筑围护结构、人流、内部设备以及运行制度，采用动态负荷计算法计算。

典型日逐时负荷图是每日 24 小时的逐时冷负荷分布图。常规空调系统是依据典型日逐时负荷图峰值选定冷水机组和空调设备；而空调蓄冷系统则需要根据典型设计日的总冷负荷和运行策略（即全负荷蓄冷还是部分负荷蓄冷，以及每天的控制策略）设计。因此，设计空调蓄冷时，应能比较准确地提供典型设计日的日负荷分布图。

本项目最大设计负荷为 1812kW，典型日逐时负荷如图 5.1－2 所示，从图 5.1－2 可以看出，夜间空调负荷较小，全天负荷存在较大的变化，适合采用水蓄冷系统。

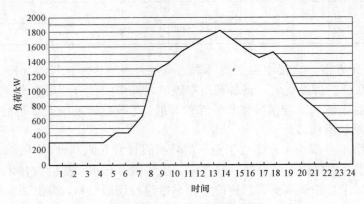

图 5.1－2　逐时冷负荷曲线图

目前水蓄冷运行策略有全负荷蓄冷和部分负荷蓄冷，此项目设计周期内车间及办公楼全部空调冷负荷约为 23 137kW·h，综合考虑蓄冷适用情况、减小蓄冷系统初投资和最大限度地减少系统运行费用，此系统决定采用部分负荷蓄冷。采用额定制冷量为 653.8kW 蓄冷时制冷量为 600kW 的水冷螺杆式冷水机组在谷电时间工作 8h，就可达到系统蓄冷要求。

3）水蓄冷罐设计计算。蓄冷水槽体积可按下式计算：

$$V = (Q_{st} \times 3600)/(\Delta t \rho c_p F_{OM} \alpha_v) \qquad (5.1－1)$$

式中　ρ ——蓄冷水的密度，取 1000kg/m³；

$\quad c_p$ ——冷水的比热容，取 4.187kJ/（kg·K）；

$\quad Q_{st}$ ——蓄冷量，kW·h；

$\quad \Delta t$ ——释冷回水温度与蓄冷进水温度间的温度差，本系统设定蓄冷终了温度为 4℃，放冷终了温度为 12℃，即温差取 8℃；

$\quad F_{OM}$ ——蓄冷水槽的完善度，考虑混合和斜温层等因数的影响，一般取 85%～90%；

$\quad \alpha_v$ ——蓄冷水槽的体积利用率，考虑配水器的布置和蓄冷水槽内其他不可用空间等的影响，一般取 95%；

V ——水蓄冷槽的体积，m^3。

根据上述公式可计算出罐体有效容积 $600m^3$。

（5）地埋管系统设计。

1）地源热泵工作原理。地源热泵是一种利用地下浅层地热资源（也称地能，包括地下水、土壤或地表水等）的既可供热又可制冷的高效节能空调系统。地源热泵系统具有设备少，系统简单，投资省，能效高，运行费用低，设备运行稳定，制冷制热效果好，能源合理利用，无任何污染，能够一机多用，应用范围广，技术成熟可靠等优点。

本系统采用土壤源热泵。

2）地埋管换热系统设计。地埋管热响应实验得出孔深的换热量为 50W/m，根据地源热泵制热时从土壤中吸收的热量，确定单孔单 U 形地埋管换热器的参数如下：数量为 120 口，换热孔深为 100m，垂直地埋管换热系统设计井间距5m，孔口直径在 150mm 左右，孔内按一定的工艺埋设 U 形 32mm 直径的 HDPE 材质换热管。总占地面积约 $2000m^2$。地埋管系统的布置如图5.1－3 所示。

由于地源热泵选型时只需考虑冬季室内负荷，其装机容量远小于夏季冷负荷所需配套的地埋管数量。

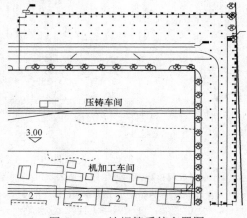

图 5.1－3 地埋管系统布置图

方案在地埋管系统的环路方式上采用了同程式并联环路方式，系统环路如图 5.1－4所示。

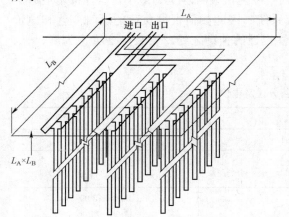

图 5.1－4 垂直式热交换器示意图

3）系统流程设计。目前工厂有大量压铸机，其运行时产生的废热需通过冷却水带走，现在通过增加板式换热器与压铸机冷却水换热，为地埋管中的循环水进行补充加热，达到节省能源的目的，冬季压铸机冷却水热回收后，原冷却塔就可以少开或者不开，节省了能源费用。

压铸车间中还有 1 台熔化炉，运行过程中通过烟囱带走大量的高温烟气，本系统通过在烟管上加装高效换热装置，可以进行烟气余热回收，与地源热泵结合一起为车间与办公楼供暖，节约了电费。

图 5.1－5 为节能空调系统工作原理图。

本系统为多热源系统，通过对各路系统进行水力计算，使得各水路系统尽可能阻力相等，防止水力失衡。本系统通过电动阀门的切换可以实现单冷水冷螺杆机组蓄冷、蓄冷罐放冷、主机供冷、蓄冷罐与主机联合供冷等功能，通过手动阀门的切换可以实现夏冬季地源热泵机组制冷和制热功能的转变。夏季利用水冷螺杆机组、地源热泵、水蓄冷为车间与办公楼供冷，冬季利用地源热泵、压铸机冷却水余热回收和熔化炉烟气余热回收作为热源给车间与办公楼采暖。

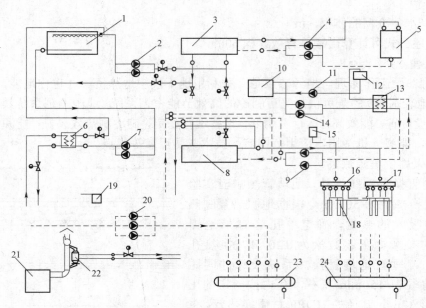

图 5.1－5　节能空调系统工作原理图

1—蓄冷水罐；2—蓄冷水泵；3—制冷机组；4—冷却水泵；5—冷却塔；6—水蓄冷放冷板式换热器；7—放冷水泵；
8—地源热泵机组；9—地源水泵；10—压铸机；11—压铸机冷却水泵；12—压铸机冷却水塔；13—压铸机冷却水热
同收板式换热器；14—压铸机热同收二次水泵；15—膨胀水箱；16—地埋管集水器；17—地埋管分水器；18—地埋管；
19—闭式定压装置；20—空调水泵；21—熔化炉；22—熔化炉烟气余热同收器；23—分水器；24—集水器

4）运行策略设计。由于部分负荷蓄冷方式可以削减空调制冷系统高峰耗电量，而且初投资比较低，所以目前多采用之。在确定部分负荷蓄冷系统的装置容量时，思路应为："充分发挥制冷主机的作用，使其昼夜运行，以达到制冷主机装机容量为最小，运行费用最省"。由于本项目采用以分时电价为基础的蓄能空调系统，因此如何根据负荷的逐时变化和电价差，选择合适的运行策略是蓄能系统运行经济性设计的关键之处。表 5.1－2 为电力峰、平、谷时间段及相应的电价。

表 5.1－2　　　　　　　　　　　　　电力峰、平、谷分段及电价

电价时段	电价/（元/kW·h）	时间
谷电时段	0.291	0:00—8:00
平点时段	0.633	12:00—17:00 21:00—24:00
峰电时段	1.055	8:00—12:00 17:00—21:00

图 5.1－6～图 5.1－8 分别为 100%、70%、40%设计日负荷时运行策略图，由图可以看出：

① 峰电时段单冷制冷机组不运行或者少运行，系统需冷量由蓄冷罐和地源热泵提供。

② 平电时段地源热泵优先运行。

③ 谷电时段单制冷机满负荷运行蓄冷，需制冷部分由地源热泵提供。

这样就可以达到运行费用最省的目的，以上策略全部可以通过自动控制系统实现。

由以上分析，通过"谷电"蓄冷，"峰电"放冷，可以移峰填谷，缓解尖峰用电负荷，降低运行费用。并且在夏季运行期间，适当多开地源热泵机组，以蓄存热量供冬季取用，保持土壤热平衡。

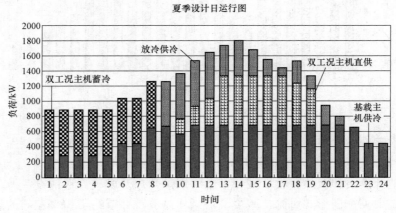

图 5.1-6   100%设计日负荷平衡图

（6）经济效益分析。

1）传统空调系统运行费用。传统空调设计采用单冷冷水机组供冷，燃气锅炉进行采暖，年运行费用约为 53.3 万元。

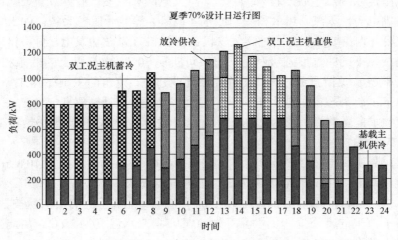

图 5.1-7   70%设计日负荷平衡图

2）节能空调系统运行费用。节能空调采用地源热泵、水蓄冷、余热回收等众多节能技术相结合，年运行费用约为 33.2 万元，节约了 38%左右的运行费用，大大节省了企业能源支出。

（7）小结。集如此多节能技术于一体的空调系统实属少见，系统非常复杂，但该系统的节能性是显而易见的：

1）采用土壤源作为冷热源，系统运行高效，运行成本较低，节能环保；

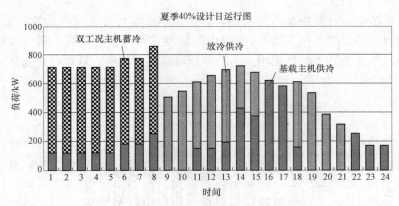

图 5.1-8　40%设计日负荷平衡图

2）采用水蓄冷技术，利用夜间谷电蓄冷，减少运行费用，提高设备使用效率，降低了冷机的配置容量，减免了电力增容费用；

3）采用地源热泵和余热回收，减免了燃气锅炉开户及燃气管道铺设费；

4）与传统中央空调形式对比，减少了污染和排放，并节约了 38% 左右的运行费用。

2. 天然气冷热电联供系统在某大型商场建筑中的应用分析

随着能源危机的日益严重以及世界各国对环保问题的日益关注，节能与环保已经成为当今世界能源技术发展的主题。分布式冷热电联供能源系统作为一种有效的节能技术，在世界范围内受到了广泛的重视。

分布式能源是以冷热电联产技术为基础，与大电网和天然气管网相连接，向一定区域内的用户同时提供电力、蒸汽、热水和空调冷水（或风）等能源服务系统。DES/CCHP 节能高效，目前以天然气为主要燃料，通过燃气轮机或内燃机首先做功发电，再将排出的高温烟气通过各种方式按照不同的温度逐级利用，最终可实现 70%～90% 以上的能源利用率。

（1）工程概况及负荷预测。该商场为高档商业建筑，建筑面积 19 596.47m²，地下 1 层，地上 6 层。地下 1 层为超市，地上 1～5 层为商场，6 层为商场办公区。

冷热负荷需求：夏季冷负荷为 2100kW，面积冷指标 130W/m²；冬季热负荷为 1900kW，面积热指标 88W/m²。

电量需求：照明用电按 20W/m² 计算，共需要 390kW；设备用电按 10W/m² 计算，共需要 196kW；另外增加 70kW 的电量富裕量；总电量需求 656kW。

生活热水供应：该商场每层设置有 8 个洗手池，每个洗手池的用水量按 30kg/h 标准计算，同时增加了 10% 的富裕量。供水温度为 60℃，自来水温度为 10℃。由此可以计算出生活用水的热量需求为 107.8kW。

（2）联供系统。

1）设计原则。系统设计要兼顾研究和使用两个方面，以适用于各种运行模式和运行工况，并应尽量提高系统的能源利用率。

2）设计运行模式。在不超出所设计联供系统设备容量的前提下，联供系统的驱动设备根据建筑所需的电量运行，发出的电能等于建筑所需的电量。当回收的热量高于建筑所需热量时，多余的热能通过冷却塔或者排气直接释放到大气中；当回收的热量低于建筑所需热量时，不足的部分由补燃进行补充。三联供系统在制冷和采暖季节运行，过渡季节不运行，由电网供电。发电机组和空调机组均可独立运行，满足冷热电负荷需要。

3）系统原理。冷热电联供系统的原理如图 5.1-9 所示：天然气进入内燃机燃烧室燃烧，使内燃机输出机械功带动发电机组发电，内燃机排放的高温烟气及缸套热水直接进入烟气热水（补燃型）溴化锂冷热水机组，驱动机组制冷（制热），对外提供空调冷（热）水。

图 5.1-9　联供系统原理图

4）系统能效分析。系统运行工况下的能量流程图系统运行工况的能量流程如图 5.1-10 所示：

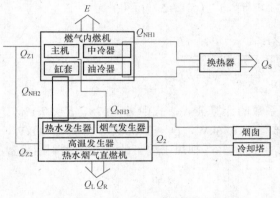

图 5.1-10　系统运行工况下的能量流程图

图 5.1-10 中 E 为发电量，Q_{Z1} 为输入燃气内燃机的一次能源的热量；Q_{Z2} 为输入直燃机的一次能源的热量；Q_1 内燃机热损失；Q_{NR1} 中冷器和油冷器的热回收量；Q_{NR2} 缸套的热回收量；Q_{NR3} 烟气的热回收量；Q_S 系统生活热水供应量；Q_2 直燃机热损失；Q_L、Q_R 分别为直燃机向用户提供的制冷量、制热量。

① 一次能源利用系数 $PER_{L(R)}$。

$$PER_{L(R)} = \frac{E + Q_{L(R)} + Q_S}{Q_{Z1} + Q_{Z2}} \qquad (5.1-2)$$

② 内燃机的发电效率 η_e。

$$\eta_e = \frac{E}{Q_{Z1}} \qquad (5.1-3)$$

③ 内燃机的电热比 α。

$$\alpha = \frac{E}{Q_{NR}} \qquad (5.1-4)$$

式中　Q_{NR}——被内燃机有效利用的热量，$Q_{NR} = Q_{NR1} + Q_{NR2} + Q_{NR3}$。

④ 中冷器和油冷器的热量回收率 β。

$$\beta = \frac{Q_{NR1}}{Q_{NR}} \qquad (5.1-5)$$

⑤ 直燃机组的制冷系数 $COP_{L(R)}$（制热系数 COPR）。

$$COP_{L(R)} = \frac{Q_{L(R)}}{Q_{Z2} + Q_{NR2} + Q_{NR3}} \qquad (5.1-6)$$

⑥ 换热器的热回收效率 η_S。

$$\eta_S = \frac{Q_S}{Q_{NR1}} \qquad (5.1-7)$$

由式（5.1-3）可得：

$$Q_{Z1} = \frac{E}{\eta_e} \qquad (5.1-8)$$

由式（5.1-4）、式（5.1-5）、式（5.1-7）可得：

$$Q_S = \eta_S \frac{E}{\alpha} \beta \qquad (5.1-9)$$

由式（5.1-4）～式（5.1-7）可得：

$$Q_{Z2} = \frac{Q_{L(R)}}{COP_{L(R)}} - \frac{E}{\alpha}(1-\beta) \qquad (5.1-10)$$

将式（5.1-8）、式（5.1-10）、式（5.1-11）带入式（5.1-2）可得：

$$PER_{L(R)} = \frac{E + Q_{L(R)} + \dfrac{E}{\alpha}\beta\eta_S}{\dfrac{E}{\eta_e} + \dfrac{Q_{L(R)}}{COP_{L(R)}} - \dfrac{E}{\alpha}(1-\beta)} \qquad (5.1-11)$$

式（5.1-11）即为该系统的一次能源利用系数的计算公式，式中 $\alpha=0.78$，$\beta=17.1\%$，$\eta_s=75\%$，$\eta_e=33\%$，$COP_L=1.34$，$COP_R=0.925$，$E=656kW$，$Q_L=2100kW$，$Q_R=1900kW$，可计算出制冷工况下的一次能源利用系数 $PER_L=100.2\%$，制热工况下的一次能源利用系数 $PER_R=79.64\%$。

（3）分供系统。

1）系统原理。分供系统的原理如图 5.1-11 所示：用户电负荷及系统设备用电由城市电网负责供给；夏季由电制冷机组制冷，将冷冻水输送至建筑终端设备；冬季热负荷和全年生活用热水，由天然气驱动的燃气锅炉提供热量，并采用热交换器调节所供应热水的温度。

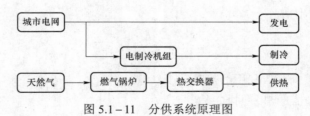

图 5.1-11　分供系统原理图

2）系统能效分析。

① 制冷工况下的一次能源利用系数 PER'_L。

$$PER'_L = \frac{E + Q_L}{\dfrac{E}{\eta'_e} + \dfrac{Q_L}{\eta'_e COP}} \qquad (5.1-12)$$

② 制热工况下的一次能源利用系数 PER'_R。

$$PER'_R = \frac{E + Q_R}{\dfrac{E}{\eta'_e} + \dfrac{Q_R}{\eta'_b}} \qquad (5.1-13)$$

式中　η'_e——发电系统的发电效率；

　　　η_b——锅炉效率；

　　COP——电动制冷机性能系数。

将 $E = 656\text{kW}$，$Q_L = 2100\text{kW}$，$Q_R = 1900\text{kW}$，$\eta'_e = 0.33$，$\eta_b = 0.85$，$\text{COP} = 3.4$，带入式（5.1－11）、式（5.1－12）中，可计算出制冷工况下的一次能源利用系数 $\text{PER}'_L = 71\%$，制热工况下的一次能源利用系数 $\text{PER}'_R = 60\%$。

（4）计算结果分析。从一次能源利用系数可以看出，在发电机出力和系统输出能量相同的情况下，系统余热利用情况和设备运行效率是影响系统节能性的两个主要因素。系统的余热利用率和主要设备运行效率越高，系统的一次能源利用率就越高。另外，联供系统在制冷和制热两种工况下的一次能源利用系数比传统的分供系统要高出 29% 和 20%，可见冷热电联供系统可以有效提高能源的综合利用率。

（5）小结。冷热电联供可以实现能源的梯级利用、提高能源的综合利用率，是缓解世界能源危机和改善环境的一种有效途径，因此受到了世界各国的广泛重视，也成为能源技术领域研究中的一个热点。本案例对分布式冷热电联供系统在国内外的研究动态进行了描述，并从能源利用方面对该系统的性能进行了分析和比较。可以预见，分布式冷热电联供系统将会得到巨大的发展。

5.2　空气调节环境的减排

5.2.1　空调环境的减排综述

1. 空调环境的减排发展概况

空调的耗电量大，是众所周知的。在我国电力的绝大部分是由煤炭来供应的，煤炭燃烧的废气中含有大量对环境有害的成分，加之我国对于废气不能进行很好的处理，势必造成对环境的严重污染。同时，燃油空调中一次能源的使用也会产生一定的污染。

与世界相比，我国一次能源消耗结构有如下特点：

一是结构性失衡明显。以 2010 年为例，煤炭占到了总能耗的 68%，而其他能耗全部加起来还不到它的一半，从而形成了对煤炭的高度依赖。而在世界能耗结构中，石油、天然气和煤三者所占比重相当；

二是我国能耗结构变化十分缓慢，可以说近几十年来基本上没有实质性的变化。表5.2－1 显示，我国能耗结构中煤炭消费比例下降不到 3 个百分点，石油下降不到 4 个百分点。而在世界能耗结构中，石油下降了 10 多个百分点，仅以微弱优势领先于煤和天然气；

表 5.2－1　　　　　　　　　　　　我国一次能源消费结构

年份	石油	天然气	煤炭	水电、风电、核电等
1978	22.7	3.2	70.7	3.4
2010	19	4.4	68	8.6
2016	18.3	6.4	62	13.3

三是清洁能源（包括天然气、核电、水电和其他可再生能源）比重过低，目前只有 13%。而在世界能耗结构中，这三者加起来接近 37%，占到了全部能耗的 1/3 强。

通过上述数据，我们不难看出，目前我国能源消耗仍以化石能源为主（占 91.4%），空调系统作为能源消耗的大户，应尽可能地寻找可再生能源，充分利用现有的废热、余热，积极进行回收，从而从总体上降低化石能源，特别是煤炭的消耗，从而降低温室气体、NO_x、PM2.5 等污染物的排放，达到减排的目的。

2. 空调环境的减排标准及规范

《大气污染物综合排放标准》（GB 16297—2002）该标准对各类污染物的最高允许排放浓度、排放速率等进行了规定。

《中华人民共和国环境保护法》：这主要体现在各种标准及设计规范中，工程项目的设计、施工、运行管理都严格执行。

《中国的能源状况与政策》白皮书，详细介绍了中国能源发展现状、能源发展战略和目标、全面推进能源节约、提高能源供给能力、促进能源产业与环境协调发展、深化能源体制改革，以及加强能源领域的国际合作等政策措施。

《制冷设备、空气分离设备安装工程施工及验收规范》（GB 50274—2010）：该标准规定了制冷设备的技术要求，以保证设备的安装质量及安全运行，减小了制冷剂渗出的几率。

《多联式空调（热泵）机组能效限定值及能源效率等级》（GB 21454—2008）规定了多联式空调（热泵）机组的制冷综合性能系数[IPLV（C）]限定值、节能评价值、能源效率等级的判定方法、试验方法及检测规则。

3. 空调环境的减排技术要求

目前我国环境保护成在以下三方面的严重问题：① 大气污染严重，全国 62% 的城市 SO_2 日平均浓度均超过国家三级标准，全国酸雨区面积已占国土面积的 30%，因酸雨和 SO_2 污染造成的损失 1100 多亿元/年；② 水污染、水环境问题突出，给人民的生命安全财产带来极大的危害；③ 生态破坏相当严重，水土流失达 179.4 万 km^2，占国土面积 27.3%。因此，对空调环境的减排技术要求：

（1）应着重减少化石能源的使用，积极推广使用可再生的清洁能源，减少污染源。

（2）结合空调环境情况，防止减少来自围护结构建筑装饰材料有害物的挥发对人体的侵害。

（3）结合空调环境的情况，积极控制、综合处理来自工艺生产过程通过空气和污水排放的有害物。

（4）结合空调环境的情况，注意控制处理来自人和生物的生成代谢通过空气和污水排放的有害物；来自空调环境物件的动态和静态过程释放的有害物；来自空调系统本身长期运行所产生的有害物等。

5.2.2　空调环境的减排途径及措施

1. 空调环境的减排途径

（1）应着力控制减少化石能源的使用，积极推广使用可再生的清洁能源，减少有害物污染源。

（2）结合空调环境的情况，防止控制减少来自各方面有害物的污染源，对产生有害物毒性大量多的污染源应集中进行有效净化处理后，方能进行排放。

2. 空调环境的减排措施

（1）尽可能减少传统能源（煤、石油、天然气）的消耗，积极开发使用可再生的新能源。

太阳能、风能、水能、生物能、地源等都是无污染的能源，提高可再生清洁能源在暖通空调系统利用中的比例，同时要注意提高可再生能源系统的效率。

所谓自然冷能指的是常温环境中自然存在的低温差低温热能，地球上到处存在着温差能，如昼夜温差能，冬夏季节温差能，大气与土地间的温差能，房屋的内外温差能，物体阳面与阴面的温差能等，温差能的存在就意味着可利用能的存在。由于大自然维持环境温度的能力为无限大，而温差又无处不在，该能量的数量也就为无限大，其大量存在于空气、土壤、江河湖泊及水库中，是一种巨量的、潜在的低品位能源。

在我国，自然冷能与目前的新能源风能、太阳能具有同样的经济价值。这是因为我国大部分地区处于大陆性气候区，昼夜气温变化与季节气温变化都很大，比起低平原海洋气候区，自然冷能利用的潜力要大得多，并且利用成本相对较低，利用过程又不会产生环境污染，达到了减排的目的。

（2）地源热泵空调系统。该系统利用土壤、地下水、江河湖水作为冷热源，它是一种高效空调技术方式。土壤的温度适宜、稳定，具有良好的蓄热性能，并且获取方便，是一种适宜的热源，具有广阔的运用前景。地源热泵全年的运行稳定，既不需要其他设备的辅助，也不需要冷却设备就可以实现冬季供热、夏季供冷。并且，该技术属于全封闭方式，不需要使用任何水资源，也不会对地下水资源造成任何污染，是一种理想的暖通空调技术。

（3）蒸发冷却技术。该技术是一种绿色仿生空调技术，分为直接蒸发冷却技术和间接蒸发冷却技术。该技术采用水作为制冷剂，使得空调运行的时候不会对周围环境造成污染，此外，蒸发冷却系统制冷效果显著，并且在制冷的过程中不消耗压缩功，是一种节能环保型的绿色空调技术。

（4）利用环保型制冷剂。制冷空调行业采取了许多措施和行动，寻找绿色环保的制冷剂，以替代 CFC 与 HCFC 类工质。从目前情况分，替代工质有许多种，大致归纳如图 5.2 - 1 所示。

为了适应保护环境降低温室效应的要求，多年来科学家们通过不懈努力，研究出大量过渡性或长期的臭气消耗物质的替代物，并研究出相应的应用技术及设备，在空调行业得到广泛的应用。

图 5.2 - 1　制冷剂替代物树性示意图

潜在替代工质分为自然工质和人工合成工质。从目前的研究和应用情况看，全球制冷剂替代主要存在两个流派，以德国和瑞典等欧盟国家为代表的一派主张采用 R744（CO_2）、碳氢化合物作制冷剂，认为采用生态系统中现有的天然物质作为制冷剂，可以从根本上避免环境问题，其中呼声最高的是 R717、R744、R290 和 R600a 四种，尤其是在可燃性和毒性有严格限制的场合，CO_2 是最理想的；而以美国和日本为代表的另一派主张采用人工合成制冷剂。目前常用的替代制冷剂见表 5.2 - 2。

表 5.2－2　　　　　　　　　　　常 用 的 替 代 制 冷 剂

制冷用途	原制冷剂	制冷剂替代物
家用和楼宇空调系统	R22	HFCs 混合制冷剂 R407C、R410A、R417A
大型离心式冷水机组	R11	R123
	R12 或 R500	R134a
	R22	HFCs 混合制冷剂 R407C
低温冷冻冷藏机组和冷库	R12	R134a
	R502 或 R22	含 HCFCs、HFCs 混合制冷剂
	NH3	NH3
冰箱冷柜、汽车空调	R12	R134a
		HCs 及其混合物制冷剂
		HCFCs、HFCs 混合制冷剂

5.2.3　空调环境的减排主要内容实例

1. 医院病房手术部净化空调设计中病菌污染物减排的实例与总结

医院病房手术室净化空调的应用在暖通空调环境中占有很重要的一部分,医院病房手术室的污染物指病菌携带体,主要包括人员,物品,空气。人员及物品是洁净手术部两大因素,人员包括:患者、医师、护士、工作人员实习及参观人员等。物品包括:器械、敷料、药品及其他相关医用物品。依据洁净手术部平面布置原则,人、物的流向可分为:手术前患者流向;手术后患者流向;手术前医务人员流向;手术后前医务人员流向;使用前无菌器材及敷料流向;使用后器材及污物流向。

目前国内洁净手术部平面类型多属于洁、污双通道外廊回收型,从防止感染的观点出发,使用后被污染器材、物品的处理被认为是最大的污染源,必须从外用清洁走廊送出;而术前无菌器材、物品、工作人员、病人则由中央洁净走廊进出。这种外周回收型是一种国内外目前使用最多的平面设计类型,在一次性医疗器材、用品大量使用而带来废弃物日益增加的今天,外周回收型越来越被人们所推荐和接受。

医院病房手术部净化空调设计病菌污染物减排,必须做好如下工作:

(1) 必须按洁净手术部平面布置原则要求做好工艺平面布置(以 205 医院洁净手术部工程为例)。

1) 205 手术部概况。本工程为 205 医院手术部空调净化工程,洁净手术部设置在大楼七层,共有洁净手术室六间。其中 I 级手术室一间,II 级手术室一间,III 级手术室三间,IV 级手术室一间,其余还有万级、十万级洁净走廊,十万级辅房,三十万级辅房等。空调制冷机房设在九层屋顶,经八层往七层手术部各手术室及辅房各部分按设计需要送回风和七层的排风。确保各部分室内温度、湿度,压差值,洁净度的参数要求。

2) 205 医院洁净手术部的工艺平面布置图,如图 5.2－2 所示。从工艺平面布置图中可见:六间洁净手术室和洁净各部分辅房与内走廊都被外走廊包围,符合洁、污双通道外廊回

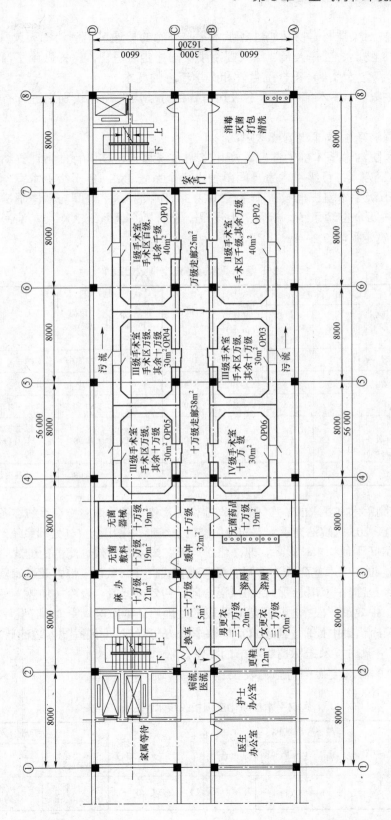

图 5.2－2 205 医院洁净手术部的工艺平面布置图

收型，使用后被污染器材、物品通过各手术室与外廊的传递窗运到消毒灭菌打包清洗间；而术前无菌器材、物品、工作人员、病人则由中央洁净走廊进出。这样做到了污流与医流和病流分开，减少了交叉感染，符合卫生学和医学流程的要求。

（2）必须按洁净手术部各手术室级别与各部分辅房的净化级别来进行有关技术特性量的设计计算。

1）按医院洁净手术部建筑技术规范。

2）205医院洁净手术部的情况。净化空调系统划分与技术特性量计算结合本工程的实际情况采用如下方案：百级手术室一间单独设一个系统JK－1；千级手术室一间单独设一个系统JK－2；万级手术室三间设一个系统JK－3；Ⅳ级手术室一间与洁净辅房和走廊设一个系统JK－4，共四个空调系统。新风集中设置一个新风空调系统XK－5。洁净区净化空调系统技术特性量确定见表5.2－3。

表5.2－3   205医院手术部净化空调数据表

| 系统编号 | 洁净级别 | 最小静压差/Pa | | 循环送风量/（m³/h） | 新风量/（m³/h） | 排风量/（m³/h） | 冷负荷/kW | 服务区域 |
		程度	对相邻低级别洁室					
JK－1	百级	++	+8	11 280	1000	400	23.50	Ⅰ级手术室（百级间）
JK－2	千级	++	+8	4540	800	400	17.10	Ⅱ级手术室（千级间）
JK－3	万级	+	+5	5830	2400	300	30.50	Ⅲ级手术室（万级间）
JK－4	万级 十万级 三十万级	+	+5	9120	2100	1630	50.90	Ⅳ级手术室（一间），万级走廊，十万级走廊，十万级级房（四间），三十万级辅房
XK－5					6550		34.00	供给各空调机组新风

（3）为达到手术室要求的洁净环境，防止交叉污染，各手术室空调系统在条件允许时尽量独立，互不干扰。205医院洁净手术部的净化空调系统形式采用全空气处理系统。净化空调机组送出的风经各房间棚顶的末端设备，即净化送风天花或末端高效过滤器，过滤后送入室内；时同室内空气通过设在手术室两长边下侧的可调侧壁式百叶回风口（带中效过滤器）回风到组合式空调机组。经过净化空调机组的新回风混合段，初效过滤段，表冷（加热）段，加湿段，风机段，杀菌段，中效过滤段，出风段等功能段的处理后，再次送入室内。净化空调的新风系统统一设置，新风净化集中处理。各手术室单独排风，排风经过中效过滤器过滤后，再排至室外。

（4）净化空调的技术指标控制环节的要求。

1）手术室的温湿度保证措施见表5.2－4。

表5.2－4   医院手术部净化空调相关技术特性量依据表

| 房间名称（等级） | 最小静压差/Pa | | 自净时间/min | 温度/℃ | 相对湿度（%） | 有关风量技术特性量 | | |
	程度	对相邻低级别洁室				送风量/（m³/h）	新风量/（m³/h）	排风量/（m³/h）
特别洁净手术室（Ⅰ级手术室）	++	+8	≤15	22～25	40～60	按工作截面0.25～0.3m/s	最小新风量6次/h	最小排风量2次/h

续表

房间名称（等级）	最小静压差/Pa		自净时间/min	温度/℃	相对湿度（%）	有关风量技术特性量		
	程度	对相邻低级别洁室				送风量/(m³/h)	新风量/(m³/h)	排风量/(m³/h)
标准洁净手术室（Ⅱ级手术室）	++	+8	≤25	22～25	40～60	按换气次数30～36次/h计取	6	
一般洁净手术室（Ⅲ级手术室）	+	+5	≤30	22～25	35～60	18～22	4	
准洁净手术室（Ⅳ级手术室）	+	+5	≤40	22～25	35～60	12～25	4	
体外循环灌注专用准备室	+	+5	—	21～27	≤60	17～20	3	
灭菌敷料、器械、一次性物品室、精密仪器存放室、护士站、准备室	+	+5	—	21～27	≤60	10～13	3	
预麻醉室	－－	－8	—	22～25	30～60	10～13	4	
刷手间、洁净走廊	0－+	＞0	—	21～27	≤65	10～13	3	
更衣室	0－+	—	—	21～27	30～60	8～10	3	
恢复室	0	0	—	22～25	30～60	8～10	4	
洁净走廊	0－+	0－+5	—	21～27	≤65	8～10	3	

注：1. "0－+5" 表示该范围内除 "0" 外任一数字均可。

    2. 最小新风量还应符合其他相关规范的规定，产科手术室为全新风。

夏季空气处理过程为：新风与室内回风混合后，经空调机组的表冷段进行冷却降温，以达到要求的送风状态。冬季空气处理过程为：新风与室内回风混合后，经空调机组的加热段进行加热，然后经过加湿器加湿，以达到要求的送风状态。手术室内温湿度可通过设置在每台空气处理机冷热媒管路上的电动阀和执行器调节阀门的开度，精确控制表冷段（加热段）的冷却量（加热量），以及加湿量，以达到要求的送风温湿度。

2）手术室的正压保证措施。为了防止室外污染物侵入，只有保持无菌区域的正压才是最好的选择。手术部各房间洁净级别不同，维持整个手术部有序的压力梯度，才能保证各房间之间正压气流的定向流动。每间手术室对应的净化空调系统均有循环送风、回风、新风和排风系统，维持房间合理的正压差值是通过对密闭房间控制新风量与排风量之差来实现的。同时在排风管上应设置止回阀和中效过滤器，防止室内空气污染室外和室外空气倒灌入室内。

3）手术室的空气洁净度保证措施。送入手术室的循环送风，首先新风部分在新风机组中经过了初效和中效二级过滤，回风部分在手术室风口后经过了中效过滤，在组合净化空调机组混合段中，二部分混合后又经过中效和亚高效过滤，最后在送风管路末端又经过高效过滤器，送入手术室的空气洁净度是可以得到保证的。

4）手术室细菌浓变保证措施。空调设备部件及管路系统要保证气密性好，内表面应光洁不易积尘和滋生细菌；采用表面冷却器时，通过盘管气流速变 $v \leqslant 2\text{m/s}$；冷凝水排出口应能防倒吸并能顺利排出冷凝水，凝结水管不与下水道相连；在加湿过程中不应出现水滴，水质卫生；系统材料应抗腐蚀，防止微生物二次污染。通过自动控制系统，在空调系统停止运行后，将表冷器及过滤器吹干，以免滋生细菌。在组合式空调机组中增设杀菌功能措施。

（5）空调冷热源设置。结合本工程的实际情况，空调冷源在九层空调制冷机房独立设置，采用风冷冷水机组一台，$Q_冷 = 156kW$。由冷水系统分水器分别给四台空调机组和一台新风空调机组的表冷器提供冷源水，与空调机组的空气换热，空气降温，冷源水升温后回到系统集水器中。再由系统循水泵抽集水器中的冷源水压入冷水机组蒸发器换热管中，经制冷，冷源水降温后再压入冷冻水系统分水器中，这样循环制冷。空调热源水由甲方医院提供，热水供水管与空调机房水系统的分水器预留管头相连接，热水回水管与机房水系统循水泵压出管段预管头相连，压入甲方医院设置的热源换热器，热源水升温后压入空调机房水系统分水器，后到空调机组换热器，空气升温，水降温后回到集水器，再经循环水泵压入甲方医院热源换热器，这样循环制热。

2. 印染作业环境的余热回收利用

（1）印染余热回收利用现状与技术。

1）印染余热资源。

① 液体余热。印染企业生产过程中产生的高温废水包括印染车间冷凝水和染缸染色废水等，这些废水中含有的热量都有利用价值。车间冷凝水温度接近 100℃，染缸原始出水温度 60℃左右，部分洗布水温度 70℃左右。染色废水水量大、污染重，大多直接排放。大量高温废水直排到污水池中，一方面导致污水池的水温升高，另一方面严重影响污水的处理效果，造成能源浪费。

② 气体余热。印染生产过程中，锅炉烟气、高温定形机油烟废气中都含有很高的热能。印染过程中所使用的能源以饱和蒸汽为主，蒸汽锅炉燃烧产生的烟气温度高达 220℃以上；印染生产工序中高温定形机产生的油烟废气温度在 120℃以上。这些高温废气的直接排放容易造成大气环境的热污染及热能浪费。据不完全统计，全国印染行业年耗水量达 95.48 亿 t，能源以蒸汽为主，50%为饱和蒸汽，高温排液量大，热能利用率只有 35%左右。高达 65%的热能以各种形式的余热排放到自然界中，并没有得到合理的回收与利用，印染行业余热总的回收率处于较低水平。

2）印染余热回收技术。我国印染行业余热回收利用技术虽然起步较晚，但经过近几年的快速发展，已取得了长足进步。目前在废水、废气余热回收方面都有相应技术应用到实践中。废水余热回收利用技术主要有：利用热泵技术回收染色废水余热、利用板式换热器进行热能转换、利用筒染连续套染回收利用废水余热，以及利用新型多级串联热交换器回收废水中的余热。印染行业产生的高温废气主要是锅炉烟气和定形机油烟废气。针对不同废气余热有不同的回收技术，如回转式换热器、焊接板（管）式换热器、热管换热器、热媒式换热器、热管式省煤器等。定形机油烟废气的处置集中了余热和废油回收，主要技术有冷却－高压静电一体化技术与传统水喷淋技术。

（2）工程背景。佛山市某印染厂是一家专业从事纺织布料染整的加工型企业，该印染厂由于生产需要，每天都会排放大量的冷凝水和冷却水。这些冷凝水和冷却水直接排放，既浪费了水资源，又浪费了热量，还会对环境造成一定程度的破坏。同时该印染厂内还有一台

25t/h 循环流化床锅炉和一台 1500kW 抽凝式发电机组，锅炉的蒸汽和发电机组电力供给厂区包括印染厂在内的近 10 家企业使用。调查发现，蒸汽锅炉的连续排污水和汽轮机冷却油，同样存在余热资源浪费情况，散失了大量热能。针对上述情况，采用新型多级串联热交换器回收废水中的余热，设计符合该厂自身要求的余热回收利用方案，取得了较好的节能效果。

（3）余热资源量计算。

1）余热介质。根据测试，该印染厂所有可用余热温度区间及介质流量见表 5.2-5。余热资源量计算可根据 GB/T 1028—2000《工业余热术语、分类、等级及余热资源量计算方法》标准，其余热资源量计算见式（5.2-1）：

表 5.2-5　　　　　　　　　　　　可用余热温度区间和介质流量统计

编号	介质	温度区间/℃	流量/（t/h）
1	车间冷却水	55～65	25
2	车间冷凝水	90～100	6
3	蒸汽锅炉排污水	200	1
4	汽轮机冷却油	45	20

$$Q_y = \sum_i^n m_i \left[Q_{d_i}^y + (h_{1i} - h_{2i}) \right] \tau_i \qquad （5.2-1）$$

式中　Q_y——年余热资源量，kJ/a；

　　　m_i——第 i 种余热载体流量，kg/h 或 m³/h；

　　　$Q_{d_i}^y$——第 i 种余热载体中可燃成分完全释放的热量，kJ/kg 或 kJ/m³；

　　　h_{1i}——第 i 种余热载体排出状态下的比焓，kJ/kg 或 kJ/m³；

　　　h_{2i}——第 i 种余热载体在下限温度时的比焓，kJ/kg 或 kJ/m³；

　　　τ_i——排出第 i 种余热载体的设备年运行小时数，h/a。

计算过程中，冷却水、冷凝水、排污水的焓值均取相应温度下水的焓值，温度下限均取环境温度 25℃。汽轮机冷却油余热资源热量按比热公式 $Q = c\Delta Tq$ 计算，导热油比热容取 0.667kJ/（kg·℃）。按年运行 6000h 计算，分别得出各种余热载体的余热资源量如表 5.2-6 所示。

表 5.2-6　　　　　　　　　　　　余　热　介　质　余　热　量

余热介质	车间冷却水	车间冷凝水	蒸汽锅炉排污水	汽轮机冷却油
余热量/kJ	2.1943×10^{10}	1.055×10^{10}	6.323×10^7	2.668×10^5

得到理论余热资源总量 $Q_{总} = 3.255\,645 \times 10^{10}$kJ，可见该印染厂及其锅炉系统余热资源浪费严重，大部分没有充分利用，存在巨大的余热利用空间。

2）吸热介质。余热回收一方面取决于余热量，另一方面取决于可使用量，即回收能量的可利用程度。厂区内可以作为吸热的工作介质及其温度和流量统计见表 5.2-7。锅炉是印染厂的蒸汽来源，锅炉通过燃烧燃料加热锅炉水产生蒸汽，蒸汽通过印染工艺过程变成凝结水，锅炉水的给水温度直接影响锅炉的燃料消耗量。因为锅炉补水直通除氧罐，再经过锅炉蒸汽常压加热到100℃。所以，蒸汽锅炉补水作为吸热介质，可以省去锅炉加热蒸汽。综合以往经验及实际可行性等因素，利用车间余热加热锅炉补水，提高补水温度。同样按照余热资源量公式计算，取锅炉补水上限温度为100℃，可得锅炉补水年吸收热量约为3.204×10^{10}kJ。

表5.2-7 吸热介质温度和介质流量统计

编号	介 质	温度/℃	流 量
1	蒸汽锅炉补水	25（去除氧罐）	17t/h
2	导热油锅炉助燃空气	125（有空预器）	4800m³/h
3	蒸汽锅炉助燃空气	150（有空预器）	20 000m³/h
4	总燃煤	25	3t/h

（4）余热回收利用方案设计。

1）车间余热换热站设计。车间冷凝水的回收是所有余热回收的首要工程，它不仅可以进行热能回收，而且还可以进行工质回收。如果冷凝水质纯净，还有间接的节能效益，直接减少排污，减少水处理负荷。考虑到纺织行业对冷凝疏水背压的严格要求和冷凝疏水受污染的可能性，系统设计成常压：冷凝疏水通过总管收集到一个管式换热器（锅炉补水闪蒸换热器），先和锅炉补水进行换热，目的是消除闪蒸蒸汽，同时释放汽化潜热。冷凝水收集后再输送到除氧罐。生产中如果冷凝水受污染，则换热后的冷凝水直接排放，不予回收。根据以上分析，完成了车间余热换热站的设计，对染布车间冷凝水、染布车间染色废热水进行余热回收，包括管线、换热器、过滤器、闪蒸罐、热水泵及控制系统，如图5.2-3所示。其中，过滤罐是针对染整废热水余热回收而专门设计制造，具有过滤杂质和保护板式换热器的作用。

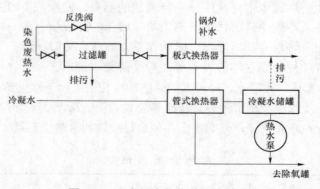

图5.2-3　车间余热换热站流程图

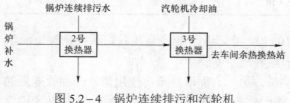

图5.2-4　锅炉连续排污和汽轮机
冷却油余热回收流程图

2）锅炉排污水及汽轮机冷却油的余热利用。为了充分利用锅炉排污水及汽轮机冷却油的余热，设计安装了锅炉连续排污余热回收换热器［图5.2-4中2号换热器］和汽轮机冷却油余热回收换热器［图5.2-4中3号换热器］。从温度和阻力两方面因素考虑，

2、3 号换热器均选为管式换热器。两款换热器的余热回收流程如图 5.2-4 所示。其中，虽然汽轮机冷却油余热量相比冷却水和冷凝水少很多，但出于汽轮发电机的安全考虑，安装汽轮机冷却油换热器吸收余热的同时，还起到冷却保护作用。

3）余热回收利用率。整个余热回收利用方案实施后，所有设备均能长期稳定运行，回收方案对生产及锅炉运行未产生不良影响，所有换热器的阻力都稳定在预测范围内。锅炉补水经过排污水、冷却油换热站，以及车间余热换热站两级换热，最终送往除氧罐的锅炉补充水。考虑到余热资源在换热后达不到下限温度，以及各个换热器换热效率等因素，温度从 25℃ 上升到 85℃，实际回收余热量 2.561×10^{10}kJ，余热回收利用率为 80%。随着锅炉补水温度的升高，锅炉的燃煤消耗量降低。余热回收利用方案实施前锅炉的燃煤消耗量为 6955kg/h，实施后降低到 6775kg/h，按年运行时间 6000h 计算，年节省燃煤 1080t。此外，回收未受污染的车间冷凝水可直接作为锅炉给水来源，年节省自来水约 30 000t。按煤价每吨 460 元，自来水价每吨 3.2 元计算，该余热回收措施年总经济效益为 59.28 万元。

（5）小结。

该余热回收利用方案不仅回收了印染企业在生产运行过程中产生的余热资源，而且大大减少废水、废气等污染物的直接排放，节约能源，保护环境。根据该方案的投资情况，系统运行半年即可收回投资成本，经济效益十分可观。该余热回收方案的应用为其他印染企业开展余热回收利用提供参考依据。

第 6 章　空调冷源与冷库环境的节能减排

6.1　空调冷源环境的节能

6.1.1　空调冷源环境的节能综述

1. 空调冷源环境的节能发展概况

众所周知：所谓空调冷源环境就是提供空调冷源量，安置空调制冷设备及设施的场所。对于空调冷源用户分散，空调制冷量不大的情况，空调冷源宜分散设置，即人们常说的空调制冷机房。对于空调冷源用户较多且相对集中，空调制冷量大的情况下，空调冷源宜集中设置，称为空调冷源站，给诸空调冷源用户提供空调冷源量。

近些年来，随着我国经济的发展和社会进步，空调的使用越来越普及，数量越来越多，能耗量越来越大，污染物的排放量也在增多。国家对节能环保事业十分重视，相关部委对整个空调产业提出了具体的政策法规要求。多年来我们国家制定推行了采暖通风与空气调节设计标准、规范及措施，节能的标准、规范及措施等，在节能降耗方面取得了一定的成效。但全国各地区各单位发展得还很不平，还有相当一部分传统的保守思想在作怪，执行设计标准、规范打折扣，生怕夏季室温降不下来，冬季室温升不上去，影响房间的舒适性，因此在设计计算负荷时留有余地，在空调冷源环境选择空调制冷主机时普遍选型偏大，大马拉小车的现象常见，随之带来的附属设备：冷却水泵、冷却水塔、冷冻水泵等选型设施也偏大，系统常以"大流量小温差"运行，造成能源与材料的浪费不容忽视。多年来我国不少地区和单位在运行使用中管理不到位，不注意结合空调用户负荷的季节与日差变化进行设备部件调节实现节能；还有的不注意空调冷源环境设备部件管道的维护保养，检查维修，常出现渗漏与损坏，又造成能源的浪费；甚至还有的造成设备与安全事故也时有发生。

空调能耗在建筑能耗中占相当大的比例，而空调能耗由冷源能耗、输送系统能耗和末端设备能耗三部分组成，其中冷源能耗所占比例最大，因此实现空调冷源环境的节能迫在眉睫，是影响着整个建筑能耗的重点。选择空调冷热源必须要从节能和环保出发，我国目前一方面注意对传统的能源设备提高能效，敦促厂家生产更高能效的产品，促进技术进步，鼓励用户使用更高能效的产品，更好地实现节能；在天然气充足的城市推行采用冷热电三联供节能技术；在日夜间电力负荷差大的地区，推行采用蓄冷空调节能技术；在有条件的地方大力推行新能源—太阳能、地源能、复合能源、热泵节能技术等。

2. 空调冷源环境的节能技术标准及规范

为了使我国的节能降耗工作达到所规定标准，国家标准委批准发布了 16 项节能标准，其中103重要节能标准中就包括了居住供暖、中央空调等节能改造项目的节能测量与验证标准、公共机构能源审计标准等，可有效评估节能量。

我们国家对空调冷源进行规定的技术标准包括：

《民用建筑供暖通风与空气调节设计规范》（GB 50736—2012）：该标准作为民用建筑设计最常用的标准，对包括热泵、机组等建筑的冷源进行了最基本的规定。

《公共建筑节能设计标准》（GB 50189—2015）：该标准对冷水机组的制冷性能系数限制考虑了国家的节能政策、我国产品当时的发展水平以及鼓励国产机组尽快提高技术水准；同时，从科学合理的角度出发，考虑到不同压缩方式的技术特点，对其制冷性能系数分别做了不同要求。

《冷水机组能效限定值及能效等级》（GB 19577—2015）：该标准规定了我国冷水机组能源效率的限定值以及能源效率等级，为我国市场上的冷水机组的能效划定了规范，对提高我国冷水机组的能效起到了促进作用。

《蒸气压缩循环冷水（热泵）机组　第1部分：工业或商业用及类似用途的冷水（热泵）机组》（GB/T 18430.1—2007）：该标准规定了使用侧及冷源侧的进出水口温度、干湿球温度，同时提供了水泵各项性能参数的测试方法。

除了以上国家标准，还有许多地方标准对空调冷源进行了规定：北京市2010年实施了地标的《公共建筑节能设计标准》，该标准对冷水机组的能效相对国家标准（GB 50189—2005）有所提高；深圳市和重庆市等相应也对本城市的公共建筑规定了地方标准，对冷水机组的能效上的要求都很高。

此外，近几年国家提出的"节能产品惠民工程"也极大地鼓励和推动了我国中央空调产品能效的提高。2012年10月，《节能产品惠民工程高效节能单元式空气调节机和冷水机组推广实施细则》颁布并实施，该细则明确了新增加的节能产品推广期限。最新纳入年节能惠民工程补贴名单之列的冷水机组、高效节能单元式空气调节机等产品的补贴期限将自2012年11月1日开始到2013年10月31日。冷水机组、多联机和单元式空调的能效补贴政策将进一步激励中央空调产品能效水平的提高，刺激各企业进行技术创新，鼓励用户更多地选用高能效产品，淘汰低效产品。

3. 空调冷源环境的节能技术要求

空调系统在公共建筑中是能耗大户，而空调冷源机组的能耗又占整个空调供暖系统的大部分。当前各种冷源机组、设备品种繁多，电制冷机组、溴化锂吸收式机组、冷热电联供及蓄冷蓄热设备等各具特色。但采用这些机组和设备时都受到能源、环境、工程状况、使用时间及要求等诸多因素的影响和制约，为此必须在工程方案设计阶段就要重视冷源的合理配置，客观全面地对冷源方案进行分析比较后合理确定。

（1）在选择冷源时，应尽可能地选择天然冷源，其中在技术经济合理的情况下，冷、热源宜利用浅层地能、太阳能、风能等可再生清洁能源。

当采用可再生清洁能源受到气候、环境等原因限制无法保证时，应设置辅助冷、热源。

（2）在无条件采用天然冷源时，再选择使用人工冷源。选择人工冷源时，应根据建筑物空气调节的规模、用途、冷负荷、所在地区的气象条件、能源结构政策等对冷水机组进行选择。

在进行选型前，需要对应用方案进行比较，在聚集有多种能源的地区，可采用复合式能源供冷；夏热冬冷地区、干旱及小型建筑可采用地源热泵冷水机组进行供冷；有可利用的天然地表水或浅层地下水可 100%回灌时，可采用水源热泵系统；在各房间负荷特性相差较大、需长时间供冷供热时，可采用水环热泵机组等。

（3）对于电动压缩式冷水机组，在选择时需要考虑满负荷的 COP 值，且在额定制冷工况和规定条件下，制冷性能系数不能低于表 6.1-1 所列数值。

表 6.1-1   冷水机组制冷性能系数

类型		额定制冷量/kW	性能系数/（W/W）
水冷	活塞式/N 旋式	<528 528～1163 >1163	3.8 4.0 4.2
	螺杆式	<528 528～1163 >1163	4.10 4.30 4.60
	离心式	<528 528～1163 >1163	4.40 4.70 5.10

在选择冷、热源时，需要考虑国家能源法规、地方政策及能源构成、经济性（初期投资和运行费用）、环保要求、鼓励推广的新技术（例如优先采用天然冷源如太阳能、地热能、条件许可时考虑采用冷却塔供冷、回收利用空调冷源中的冷凝废热等）等多方面因素。

6.1.2   空调冷源环境的节能途径及措施

1. 空调冷源环境的节能途径

（1）积极推行采用可再生的清洁能源，减少使用化石能源的消耗，达到节能减少污染物的排放，保护环境实现可持续发展的目的。

（2）发展区域供能（冷、热），实现综合用能、合理用能：区域供能是目前能源技术水平下现代化城市基础设施的一部分。它可以将各种建筑空调冷源的节能技术加以集成，在较大范围内实现冷热源的综合调度，使能源得到合理有效的使用。

（3）在天然气充足的城市，推广采用冷热电三联（CCHP）供技术。这是一种建立在能源的梯级利用概念基础上，把制冷、供热（采暖和卫生用水）、发电等设备构成一体化的联产能源转换系统。CCHP 机组形式灵活，适用范围广，由于它具有高能源利用率和高环保性，是国际能源技术的前沿性成果。

2. 空调冷源环境的节能措施

（1）严格按照空调标准规范进行空调负荷计算，机组及附属设备选型。空调系统的设计包括：分析选用空调系统方案、空调负荷计算、空调设备部件选型、管网水力计算等。在这些环节中，空调负荷计算是设计过程的基础环节，直接关系到了空调系统的设备的选型，关系到空调系统的初投资、关系到空调系统的能耗和运行费用及使用效果等。

（2）控制中央空调运行时的冷却水及冷冻水温度。制冷系数只与被冷却物的温度及冷却剂温度有关，因此可以采用降低冷却水温度及提高冷冻水温度的方法进行节能。

1）降低冷却水温度。冷却水温度越低，冷机的制冷系数就越高。冷却水的供水温度每上升 1℃，冷机的 COP 下降近 4%。降低冷却水温度就需要加强冷却塔的运行管理。首先，对于停止运行的冷却塔，其进出水管的阀门应该关闭。否则，因为来自停开的冷却塔的水温度较高，混合后的冷却水水温就会提高，冷机的制冷系数就减低了。其次，冷却塔使用一段时间后，应及时检修，否则冷却塔的效率会下降，不能充分地为冷却水降温。

2）提高冷冻水温度：由于冷冻水温度越高，冷机的制冷效率就越高。冷冻水供水温度提高 1℃，冷机的制冷系数可提高 3%，所以在日常运行中不要盲目降低冷冻水温度。首先，不要设置过低的冷机冷冻水设定温度。其次，一定要关闭停止运行的冷机的水阀，防止部分冷冻水走旁通管路，否则，经过运行中的冷机的水量就会减少，导致冷冻水的温度被冷机降到过低的水平。

（3）重视空调冷源设施的经常性维护保养。空调冷源设施的经常性维护保养必不可少，冷源设施的损坏或泄漏会大大造成能耗浪费。《通风空调系统清洗服务标准》（JG/T 400—2012）对通风空调的清洗要求、清洗作业实施步骤及服务质量验收进行了具体详细的阐述。

（4）积极推广应用新能源及新技术。

1）采用蓄冷技术，实现用电负荷的移峰填谷。用于建筑空调的蓄热技术主要有冰蓄、水蓄热和相变材料蓄热。采用蓄热技术可以大大降低高峰用电量，充分利用夜间低谷电，平衡电网，也可以减小设备容量，降低用电增容费。而蓄冰技术正可以大大地节省高污染和高价的电力，从而在节能的基础上减排。

2）发展区域供冷，实现综合用能、合理用能。区域供冷是目前能源技术水平下现代化城市基础设施的一部分。它可以将各种建筑空调冷源的节能技术加以集成，在较大范围内实现冷热源的综合调度，使能源得到合理有效的使用。近年来区域供冷技术被作为节能、先进的空调解决方案在我国的中部和南部推广。

3）采用热泵技术。热泵分为空气源热泵与地源热泵两部分。空气源热泵直接利用空气作为冷热源，从室外空气中提取热量为建筑供热，是住宅和其他小规模民用建筑功能的最佳方式。但其运行条件受气候影响很大，室外温为 0℃ 左右时，蒸发器会产生结霜问题。地源热泵则是一种利用地下浅层地热资源的既可供热又可制冷的高效节能环保型空调系统。

对于缺水、干旱地区，采用地表水或地下水存在一定的困难，因此中、小型建筑宜采用空气源或土壤源热泵系统为主（对于大型工程，由于规模等方面的原因，系统的应用可能会受到一些限制）；夏热冬冷地区，空气源热泵的全年能效比较好，因此推荐使用；而当采用土壤源热泵系统时，中、小型建筑空调冷、热负荷的比例比较容易实现土壤全年的热平衡，因此也推荐使用。对于水资源严重短缺的地区，不但地表水或地下水的使用受到限制，集中空调系统的冷却水全年运行过程中水量消耗较大的缺点也会凸现出来，因此，这些地区不应采用消耗水资源的空调系统形式和设备，如冷却塔、蒸发冷却等。

6.1.3　空调冷源环境的节能主要内容实例

1. 区域供冷案例——某广场区域供冷技术

区域供冷系统作为各类节能示范项目在全世界范围进行推广，是因为区域供冷项目有如下优点：

（1）集中冷源效率比分散冷源（风冷机、分体机）的效率高，因此可以达到减少运行能耗的目的。

（2）集中冷热站占地少，在安装时减少了管道等设备的投入量，从而降低冷源设备的初投资。

（3）冷源易于集中优化控制和维护管理。

（4）便于利用天然冷源或蓄冷技术。

（5）易于降低污染排放量。

因此在设计空调系统时，常建议采用区域供冷系统进行大面积性供冷。某广场采用了该技术，实行区域供冷系统，达到了节能的目的。

该项目所在地是一个高度密集的商用建筑区，如图 6.1－1 所示，总建筑面积近 60 万 m^2，供冷供热建筑面积 43.5 万 m^2，占地面积 61 300m^2，容积率（总建筑面积/土地总面积）达 9.7。集中冷热站位于区域右侧超高层建筑的地下，为右侧 3 座超高层建筑、1 座高层建筑、圆形会议中心以及低层综合商业建筑提供冷热量。由于存在大面积的内区，整个建筑群以冷负荷为主且全年有冷负荷，峰值冷负荷是峰值热负荷的 3 倍左右。

图 6.1－1　某区域供冷所在区域平面图

该项目的冷源有二：① 容积为 19 060m^3的水蓄能槽；② 两组离心式冷水机组，两组带有热回收的电制冷机组，两组具有冬季制热功能的热泵机组，制热工况下冷却塔可转化为加热塔。由于冬季和过渡季节同时存在冷热负荷，因此有 2/3 的机组带有与冷却塔相连的第三个换热器的热泵机组或热回收冷水机组，其可以提供热水，蒸发器提供冷水，当冷热负荷不匹配时，多余的冷热量会通过第三个换热器经由冷却塔排出。冬季冷却塔的传热介质由水更换为盐溶液以保证不冻结，同时盐溶液还能有效地吸收室外空气的潜热用于供热。为了减少冷热负荷不同时性导致的不匹配并利用夜间廉价电，采用了蓄冷/热水槽来蓄存能量。表 6.1－2 为某广场区域供冷项目基本信息。

表 6.1 – 2　　　　　　　　　　　某广场区域供冷项目基本信息

能源类型	电　力
系统开始运行时间	2001 年 4 月
服务面积	43.5 万 m², 其中 84% 为写字楼, 7% 为会议中心, 9% 为其他商业设施
系统最大供冷能量/kW	21 490（约为普通分散供冷系统装机总容量的 60%）
系统最大供热能力/kW	11 000
冷源	容积为 19 060m³ 的水蓄能槽; 两组离心式冷水机组, 两组带热回收的电制冷机组
系统供回水温差	夜间加权平均供回水温差 7.5℃, 白天加权平均供回水温差 9.9℃

　　由于该项目冷负荷密集度非常高, 在制冷站选址时设计者就刻意追求冷水输配系统距离最小化, 采用蓄能措施后冷热负荷较稳定, 输配系统的控制成功实现了大温差、小流量, 减少了输配系统的能耗。此外, 方案采用了热回收等技术, 使得该系统可以通过热泵系统回收热量, 提高了系统的整体能源利用效率。目前, 该电网扣除电网损耗后, 该系统的平均综合发电效率是 38%, 年均电力能效约为 3.13。因此, 区域供冷技术用在大范围的建筑群中, 有着良好的节能效果。

　　2. 集成运用多种能源技术的空调冷热源系统——上海世博会

　　当前社会冷源系统多种多样, 尤其是对于热泵系统而言, 每一种冷源系统都有其各自的优缺点及适用性, 因此, 在有条件时, 集合不同种类的节能型冷源, 分别取其所长, 互辅互补, 虽然加大了整个系统的初投资, 但是在运行时节能效果较好, 能源利用率较高, 因此得到设计者的广泛青睐。下面的案例来自上海市世博中心, 采用的便是多种能源技术的集成技术, 如图 6.1 – 2 所示。

　　世博中心位于上海浦东滨江绿地南侧, 紧邻黄浦江。基地东西长约 440m, 南北长约 140m, 总用地面积 66 500m², 总建筑面积约 142 000m²。地上 7 层, 约 99 990m², 地下 1 层, 约 42 000m², 建筑高度 40m。

(a)　　　　　　　　　　　　　　　　　(b)

图 6.1 – 2　上海世博会系统示意图

（a）世博中心效果图；（b）冰蓄冷系统示意图

　　世博中心以会展功能为主, 空调峰值负荷较高但持续时间短, 非常适合采用空调蓄能系统; 该项目紧邻黄浦江, 具备引入江水的条件, 便于应用江水源热泵技术; 该项目还有生活热水等用热需求，需锅炉供热，而锅炉也恰能弥补江水源热泵在供热品质上的不足。基于以上情况，从系统运行的可靠性、稳定性和经济性，能源利用效率，环保效应，对能源短缺价格上涨的敏感性等多方面来分析，最终确定空调冷源由冰蓄冷系统、江水源热泵机组组成，空调热源由江水源热泵机组和燃气锅炉组成。

此外，该空调冷热源系统还整合了利用现有的江水源热泵机组和消防水池而构成的节能性更优的水蓄冷系统，以及冬季江水源热泵机组供热时利用江水对少量空调内区实现自然供冷的功能，成为集成多种冷热源利用技术并具备多种功能的复合系统。

该项目夏季集中空调总冷负荷为 13 023kW（3704rt），冷负荷指标为 91.7W/m²；冬季集中空调总热负荷为 8860kW，热负荷指标为 62.4W/m²。空调冷热源系统夏季提供 6℃/13℃的冷水，冬季提供 50℃/40℃的热水，空调水系统采用两管制异程式系统，大楼空调系统主要采用定、变风量的全空气系统，并采用冰蓄冷系统，该系统采用了成熟的分量蓄冰、主机与蓄冰装置、主机上游的方式，设计采用主机优先的运行策略，部分负荷时可按融冰优先甚至全量蓄冰模式运行。

在保证系统正常运行的前提下，以经济效益为目标的供冷优先次序为：水蓄冷、融冰、江水源热泵机组、双工况机组。该系统具有较高的可靠性，同时也具有应对冷源状况变化的灵活性及通过不同的组合和侧重获得系统运行的经济性。由于各个子系统的配合，该系统在节能和节约运行费用方面表现优异，因此，集成运用多种能源技术是一种可靠、有效的技术。

3. 冰蓄冷与水源热泵系统实例——北京大红门服装城三期

北京大红门服装城三期工程位于北京市丰台区南苑路，总建筑面积 63 800m²，为大型服装批发早市，空调面积为 40 000m²，需要安装中央空调系统，以满足夏季制冷和冬季采暖的要求，空调采用水源热泵和冰蓄冷技术，既可达到上述要求，又可使整个空调系统做到最大限度的节约能源与运行费用。

北京大红门服装城三期工程夏季空调最大设计冷负荷为 5000kW，冬季空调最大设计热负荷为 3000kW。根据该工程夏季制冷负荷比冬季采暖负荷大得多的特点，如单纯采用水源热泵系统，会使得所需的地下水用量较大，需开采水源井 10 口，4 抽 6 回灌，因此受到具体钻井条件的限制。考虑到该工程商业的性质，在后半夜电力低谷时段不需要空调，因此采用冰蓄冷式空调方案，该系统利用夜间低谷电力蓄冷，日间电力高峰时段由所蓄得的冷量与水源热泵机组联合运行，向空调末端提供冷量。这样，使得地下水在全日内得到平均的分配使用，因而只需钻凿水源井 5 口，2 抽 3 回灌，大大节约钻凿水源井量。同时，由于大量使用了后半夜低谷电，代替了日间电力高峰时段的用电量，所以夏季运行费用也得到了大大降低。整个水源热泵及冰蓄冷空调系统冬季最大用电量为 964kW，可满足冬季采暖的需求；夏季日间最大用电量为 642kW，夜间最大用电量为 490kW。日间冰蓄冷系统启用，满足日间空调的需求，整个系统"削峰填谷"效果明显。系统流程简图如图 6.1-3 所示。

该系统总投资 1013 万元，比常规制冷系统相比较，增加了约 56 万的投资，共打井 5口，并可满足冬夏的需求。由于夏季北京地区电网采用了峰谷电价政策，高峰和低谷电价已达到 4:1，因此采用冰蓄冷系统可大大降低空调系统常年运行费用。表 6.1-3 为本工程的冰蓄冷系统与常规系统年消耗电费的比较，如表可知，冰蓄冷系统年运行费用可比常规空调系统节约 40 万元，若加上热力系统节能费用的话，年运行费用可节约 252 万元。因此，该系统虽然初次投资略有增加，但是投资增加部分可以很快回收，且在节能方面效果显著。

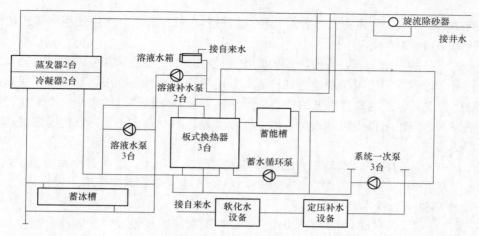

图 6.1－3　系统流程简图

表 6.1－3　　常规空调系统与冰蓄冷系统机房年运行费用比较

负荷（%）	天　数	常规系统/万元	蓄冰系统/万元
100	10	16.0	13.0
80	60	75.0	56.0
60	40	36.0	28.0
40	40	25.0	15.0
总计	150	152.0	112.0

6.2　冷库环境的节能

6.2.1　冷库环境的节能综述

1. 冷库环境节能概况

21 世纪以来，随着物流业及轻工业的不断发达，冷库作为我国产业链必不可少的建筑，成为人们在节能方面关注的新宠。据统计，我国制冷设备的能耗占全国耗电量的 15%，而冷库恰恰是制冷单位中的"大户"，冷库的能耗不仅影响着冷库产品的质量和成本，也直接影响着国家的经济发展和节能建设。

目前据不完全统计折算，冷库的制冷系统所耗能源，若每冻 1t 白条肉平均耗电量约为 110kW·h；对于冻结物冷藏间冷藏 1t 冷冻食品，平均每天耗电量为 0.4kW·h；对于冷却物冷藏间冷藏 1t 食品，平均耗电为每天 0.5kW·h。由此可见，在冷库内冻结和冷藏食品各种情况下的能源消耗随实际情况存在着较大差别，因此，对于冷库制冷系统通过技术改造和科学管理达到节能的目的，有很大潜力。

我国在冷库方面的节能意识主要体现在围护结构上，当前大规模使用的保温材料是岩棉、玻璃棉、聚苯乙烯泡沫塑料和聚氨酯泡沫塑料等，冷库围护结构、保温层传热量占冷库总热负荷 20%～35%。另外我国学者对几种保温材料进行了分析，建议使用聚氯乙烯泡沫塑料作为冷库隔热材料为好。

作为农产品的生产大国，我国冷库的建设无论在规模、数量、和技术水平上，与发达国家相比还有一段差距。建国初期建造的冷库，普遍存在技术设备陈旧落后、冷库保温严重老化、自动化程度低、能耗高效率低的特点。虽然随着国外保温材料的引进，冷库建设有了突飞猛进的发展，但在项目投资建设时，由于资金及设计的一系列不足，致使国内普遍成为高能耗冷库的问题。

因此根据冷库的特点，本节在介绍冷库标准规范的基础上，进而对冷库的围护结构、使用的设备及运行调节等几个方面，如何实现冷库的节能进行一系列分析。

2. 冷库环境节能技术标准及规范

《冷库设计规范》（GB 50072—2010）：该标准对冷库在设计时的隔热、制冷负荷、压缩机组等设备参数进行了规范，从而间接控制了冷库的能耗。

《室外装配冷库设计规范》（SBJ 17—2009）：该规范对室外装配式冷库的建筑、结构进行了详细规定，并对制冷设备的选择进行了规定。

《冷库节能运行技术规范》（SB/T 11091—2014）：该规范规定了冷库节能运行技术规范的基本要求、冷库建筑的节能要求、制冷系统运行中的节能操作调节、制冷设备运行中的节能调节和制冷系统与设备维护的节能操作等要求。

《制冷机组及供制冷系统节能测试》（GB/T 15912）：该规范的第一部分为冷库的测试，规定了采用制冷压缩机、冷凝器、蒸发器及附件、管路等的节能监测内容及节能测试方法。

3. 冷库环境的节能技术要求

（1）库房的围护结构要求。

对其围护结构进行选择时，首先需要满足的便是无有害物质、不易变质、难燃的材料。另外，基于节能角度考虑，冷库的围护结构材料导热率应尽量小，表 6.2–1 给出的便是《冷库设计规范》（GB 50072—2010）中对于冷库库房围护结构内外表面传热系数（α_w，α_n）的值，以供参考。

表 6.2–1　　　　　库房围护结构外表面和内表面传热系数 α_w，α_n 和热阻 R_w、R_n

围护结构部位及环境	α_w/ [W/(m²·℃)]	α_n /[W/(m²·℃)]	R_w 或 R_n /[(m²·℃)/W]
无防风设施的屋面、外墙的外表面	23	—	0.043
顶棚上为阁楼或有房屋和外墙外部紧邻其他建筑物的外表面	12	—	0.083
外墙和顶棚的内表面、内墙和楼板的表面、地面的上表面： 冻结间、冷却间设有强力鼓风装置时 冷却冷藏间设有强力鼓风装置时 冻结物冷藏家设有鼓风的冷却设备时 冷间无机械鼓风装置时	— — — —	29 18 12 8	0.034 0.056 0.083 0.125
地面下为通风架空层	8	—	0.125

除了传热系数的要求外，应尽量在冷库的屋面及外墙外侧涂刷白色或浅色的材料。不同颜色的材料对太阳能的吸收程度不同，深色的材料有利于吸收太阳能，而浅色的材料会对太阳能在一定程度上起到反射的作用。据研究，白色表面对太阳辐射的反射率可达到 0.8，而

黑色只有 0.1，在强烈太阳照射下，白色表面温度可比黑色表面低 25～30℃。因此，应在外侧额涂抹白色或浅色材料。

（2）库房的给水要求。

根据冷库建成的位置，冷库的水源应就近选择城镇的自来水或地下水、地表水，且水温应符合如下要求：① 蒸发式冷凝器除外，冷凝器的冷却水进出口平均温度应比冷凝温度低 5～7℃；② 冲霜水的水温不应低于 10℃，不宜高于 25℃；③ 冷凝器进水温度最高允许值中，立式壳管式为 32℃，卧式壳管式为 29℃，淋浇式为 32℃。

（3）冷库的耗电量对比。

我国目前未对冷库的耗电量做具体的规范，但是在未来的发展趋势中，必须注重环境保护与能源效率的双重发展，因此，要采取有效的措施在制冷系统中减少耗电量。然而我国冷藏企业耗电的现状与发达国家相比还有一定差距，国内外企业冷藏耗电水平见表 6.2-2。

表 6.2-2　　　　　　　　　　　国内外企业冷藏耗电水平　　　　　　　　　　[kW·h/（m³·a）]

中　　国		日　　本		英　　国	
上海冷藏企业水平	全国冷藏企业平均水平	先进水平	平均	先进水平	平均
76	131	32	48～56	16	60

注：a 指的是年。

6.2.2　冷库环境的节能途径及措施

1. 冷库的节能途径

（1）选好冷库位置，在冷库设计和施工中首先要做好围护结构的保温隔热设计，防止冷桥。

（2）按冷库设计标准规范，做好冷库负荷计算，选好高效节能的主机和附属设备。

（3）在运行使用中，要结合冷库的负荷变化进行控制调节，实现冷库运行管理节能。

（4）在运行使用中，要加强对冷库设施的维护维修管理，建立健全检查制度，严防漏水漏电及安全事故。

2. 冷库的节能措施

（1）选择合适的制冷机房位置。制冷机房或制冷机组应靠近用冷负荷最大的冷间布置，并具有良好的自然通风条件。冷库的冷量需要通过管道运输到不同房间，而冷负荷较大的房间对冷量的需求也较大，因此减少运输管道长度可以有效节约能源。

（2）选择高效节能的制冷设备。

1）选择合适的压缩机：应根据冷库的规模和加工使用情况，确定压缩机的类型。一般而言，螺杆压缩机的 COP 要高于活塞机，尤其适合在负荷变化不大低温工况使用；而小型压缩机组在高温或气调库中，运行更方便，使用更节能。

2）优先选用蒸发式冷凝器：该种冷凝器不仅省去了水泵、冷却塔和水池的费用，而且其水流量仅为水冷的 10%，节省电能。蒸发式冷凝器应尽量布置在通风良好的地方，避免阳光直射。

3）选择合适的蒸发器：在冷却设备上，尽量选用冷风机，代替顶排管。顶排管的使用不仅耗材，而且冷却效率差。蒸发器应尽量采用热气融霜或实现自动融霜，减少电能的损耗。

（3）做好围护结构设计。围护结构的热阻很大程度上影响了冷库的能耗，一个拥有高热阻围护结构的冷库,可以有效降低热量的传递,从而减少冷负荷。因此,在设计及施工中,一定要做好建筑的隔热保温,防止冷桥现象的产生。

对于一栋建筑而言,其能耗大部分都来自围护结构散热量,而对于室内外温差相差数十摄氏度的冷库而言更是如此。因此,合理的设计围护结构的传热系数、颜色、厚度等是相当关键的,较好的围护结构可以节省大量的能量。目前常采用的隔热材料有聚苯乙烯、挤塑板。

另外,需对围护结构处理好冷库库房的冷桥部位。建筑物通常会在各种连接不当处产生冷桥,当冷桥产生时,便会出现能量的大量流失。因此,需要在以下三个部位对冷桥进行处理:① 由于承重结构需要连续而使隔热层断开的部位;② 门洞和设备、供电管线穿越隔热层周围部位;③ 冷藏间、冻结间通往穿堂的门洞外跨越变形缝部位的局部地面和楼面。

(4) 对入口处的空气幕进行优化。空气幕通常安装在大门上方,起到既出入方便,又能防止室内外空气交换,同时能起到防尘、防污染、防蚊虫的效果。2010 年 ASHERE 手册数据指出,冷库空气渗透负荷占冷库总制冷负荷一半以上,有效地计算空气幕的射流速度、喷口宽度、喷射角度等,可以有效地对空气幕进行优化,达到更加节能的目的。

(5) 加大冷库自动化程度。国际上很多冷库采用的是广泛的自动控制技术,一般而言,大多数冷库只需 1~3 名操作人员即可有效运行,许多冷库基本实现夜间无人值班。然而,对于国内冷库而言,冷库的制冷设备大多采用手动控制,或仅对某一个制冷部件采用局部自动控制技术,而对整个制冷系统的完全自动控制较少,进而造成了冷量的浪费。因此,需要对冷库的全自动化技术进行深入研究,早日提高国内冷库的自动化控制程度,进而用更精准科学的方式降低冷库能耗。

(6) 对设备进行定期的维护清理。冷库的设备对冷库的能耗有着巨大的影响,冷凝器管壁的水垢会致使冷凝温度升高,不合格的库门会影响开启闭合进而耗费能量,保温材料及防潮材料的老化会使材料失效等,种种现象均会使整个冷库系统的能耗增大。因此,需对冷库的各项设备进行定期的监督管理,及时对污垢进行清除,找到不利于节能的部位,对冷库的节能有着重要的意义。

6.2.3 冷库环境的节能主要内容实例

1. 自动化冷库实例——上海某冷库

立体自动化冷库作为目前大范围普及的冷库类型,因为立体化自动化冷库有如下优点:

(1) 库内装卸和堆垛机械作用及库温控制、制冷设备运行全部实现自动化,库内不需任何操作人员。

(2) 可确保库存商品按"先进先出"原则进行管理,有利于提高商品贮藏质量和减少损耗。

(3) 装卸作业迅速、吞吐量大。

(4) 采用计算机管理,能随时提供库存货物的品名、数量、货位和库温履历、自动结算保管费用和开票等,提高了管理效率,并大大减少了管理人员。

该冷库是单座单层装配式低温自动化物流配送冷库,总容量约 8 万 t,净库容量 39 882m³,库温 -20℃。该冷库外围护结构墙面采用双面彩钢聚氨酯隔热板,厚度 180mm,库内隔墙采用结构岩棉防火板,厚度 200mm,地坪和库顶隔热层都选用三层挤塑型聚苯乙烯板(EPS),每层厚度 75mm。冷库主要设备见表 6.2-3。

表 6.2－3　　　　　　　　　　　　　**冷　库　主　要　设　备**

制冷压缩机	型号 JZVLG268D3，制冷量为 707.4kW/台，带微机自控的制冷压缩机 型号 JZVLG268D1，制冷量为 350kW/台，带微机自控的制冷压缩机
冷库冷风机	型号 D091－450H，22 台，制冷量 57.3kW/台，风量 31 520m³/h，电动功率 3.85kW/台
低压循环泵机组	贮液桶：一台，容积 6.5m³ 氨泵：型号 R42－317C4BM－0405U1B1－F，2 台，功率 6.6kW/台

除此之外，还有气液分离器、氨液冷却器、蒸发式冷凝器、冷却塔等设备。

该冷库采用上位机加组态元件和下位机共同组成的自动化检测系统，选用了先进的压力、液位、温度等自动化信号元件和阀门，基本做到了全自动化控制、操作，满足了制冷系统从库房温度和冷冻机能量的自动调节，各容器设备的液位、压力、温度调控和安全保护、冷风机自动热气除霜、地坪防冻系统的自动控制等等全自动的操作管理。该自动化系统提高了整个冷库的工作效率，保证制冷系统和设备在安全可靠的工况下运行。

同时，利用自动化冷库，也不用再担心货品和设备损坏的问题。过去的冷库，大量的人工驾驶的机械搬运车辆在作业时，经常会因为碰撞到货架而使运作效率降低。现在，自动化冷库不仅不会发生货架和设备损坏，撤掉以往的电动搬运设备后，减少了车辆电池磨损使车辆的工作效率下降的问题。

综上，自动化冷库以逐渐成为取代人工型冷库的时代产物，相信在自动化冷库的大面积普及下，中国的冷库节能事业也会得到长足发展。

2. 冷库压缩机变频技术节能与经济效益分析

压缩机是制冷系统中能耗最大的装置，约占电机输入功率的 30%，在环境温度较低时，压缩机的性能几乎决定着整个制冷系统的性能。目前，专业同行不少人士对压缩机变频技术的应用提出了一些有参考价值的建议，本文主要针对冷库系统变频技术的应用前景及节能效果进行分析。

（1）冷库制冷压缩机的能量调节与能耗。压缩机一般是按设计工况所需制冷量进行选型，冷库制冷系统使用的环境温度横跨夏冬两季的极限高低温，与传统的空调制冷系统相对稳定的环境温度有着较大的差别，因而其实际使用工况难免会与设计工况存在一定的偏差。例如冷藏集装箱有 75% 的运行时间处于部分负荷工况下运行，远低于 ISO 冷藏集装箱制冷系统设计工况标准，常规冷库更是如此。为了使冷库系统适应不同工况的要求，使制冷量与负荷尽量匹配，因此有必要对压缩机进行能量调节。目前压缩机的能量调节方式有：压缩机间歇控制（ON/OFF）运行；吸气调节；气缸卸载；热气旁通能量调节；分档变进调节输气量；无级变速调节。目前，冷库及冷藏箱制冷系统的能量调节方法一般采用压缩机间歇运行。当库温高于设定温度上限时，压缩机启动运行，当库温低于设定温度下限时，压缩机停机，这种调节方法适用于负荷变化不大时的工况。而实际使用中，冷库的负荷受季节的影响较大，而产区便携式冷库、冷藏车的负荷还受流动地域环境等的影响，因此压缩机基本上处于变工况下运行。此外，压缩机的频繁启停会造成额外的能量损耗，引起电网的波动增大，且对压缩机的寿命影响也较大。因此这种调节方法有较大的局限性。随着变频技术的发展，变频器已广泛用于空调制冷行业，但还很少用于冷库。变频技术就是利用变频器输出相应的频率电源到压缩机，其实质类似于分档变速调节，但其能在一定范围内连续进行能量调节，使制冷量与负荷达到最佳匹配，它是以上各种方法中能耗最小的调节手段见表 6.2－4，而且其控温精度也是最高的。因此，变频压缩机在冷库制冷系统上具有较大的应用前景。

表 6.2－4 调节方法优缺点及能耗

调节方法	优 缺 点	负荷为 60%时的能耗百分数
ON/OFF 控制	结构简单，便宜，主要用于小型机组，部分负荷及启动时损失较大，温控精度差	63
气缸卸载	有级调节，只用于多气缸机组，部分负荷时效率下降较小	—
吸气节流	无级调节，系统简单但调节范围较小效率低	70
热气旁通	无级调节，调节范围较广，但系统复杂，效率低	100
变频调节	无级调节，系统简单，效率高，但装置成本高	60

（2）制冷压缩机变频节能理论分析。当工况一定时，制冷机组的制冷量与制冷剂的质量流量成正比。变频能量调节的基本思想就是改变压缩机的转速，使制冷剂的质量流量发生变化，从而改变机组的制冷量。

理论分析可知，活塞式制冷压缩机的功耗：

$$N = \frac{Q}{\eta_1 \eta_2} \frac{1}{\varepsilon} = \frac{Q}{\eta_1 \eta_2} \frac{H_2 - H_1}{H_1 - H_4} = QK \qquad (6.2-1)$$

$$K = \frac{1}{\eta_1 \eta_2} \frac{H_2 - H_1}{H_1 - H_4} \qquad (6.2-2)$$

$$Q = Cn\lambda q_v \qquad (6.2-3)$$

式中　　K——单位制冷量有效功；

Q——制冷装置制冷；

λ——输气系数；

n——转数；

η_1——机械效率；

C——压缩机结构参数；

q_v——单位容积制冷量；

ε——制冷系数；

$H_1 \sim H_4$——制冷循环各状态点焓值；

η_2——绝热效率。

由式（6.2－1）～式（6.2－3）可知，系统耗功一方面与表征调节方式的量 K 有关，另一方面又与制冷装置制冷量 Q 有关。当制冷系统的热负荷减少时，变频质量流量与转速的关系如图 6.2－1 所示，冷库控制系统通过变频器降低压缩机的转速，减少制冷剂的质量流量，使得制冷剂冷凝温度降低，蒸发温度升高，从而使（$H_2 - H_1$）/（$H_1 - H_4$）变

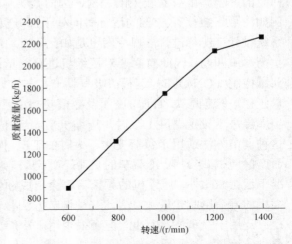

图 6.2－1　变频质量流量与转速的关系

小，达到了降低制冷系统的冷量的目的；另外，摩擦功、绝热效率与转速之间的关系如图 6.2－2 所示，转速下降，摩擦功降低，而绝热效率随着转速下降而提高，也有利于 K 值降低。综合结果，在部分负荷下，压缩机采用变频技术使机组转速下降，K、Q 减少，使得系统功耗大为下降，达到了节能的目的。压缩机功耗与制冷剂流量成近似线性关系；能效比在 40%～90% 的高速比范围内，制冷量比、功耗比与转速比之间的关系如图 6.2－3 所示，其节能效果相当明显。

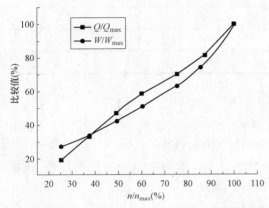
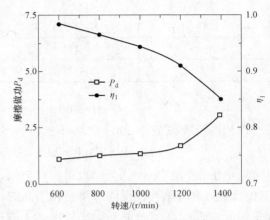

图 6.2－2　摩擦功、绝热效率与转速之间的关系　　图 6.2－3　制冷量比、功耗比与转速比之间的关系

（3）变频技术在冷库系统中经济效益分析。本案例以果蔬产地便携式冷库为研究对象进行分析便携式冷库用压缩机功率为 2.2kW，容积排放量为 9.38m³/h，转速为 2950r/min，配备两台。

1）便携式冷库的热负荷。

① 通过围护结构的传热。设定便携式冷库外环境最高温度为 40℃，保温材料导热系数为 0.032，厚度为 100mm，库内温度 0℃，总面积为 46m²，则围护结构基本负荷为：$q_1=44\times40/$（0.1/0.032）＝563（W），库门漏热及换气热 q_2 为 50W。

② 果蔬的田间热。以贮藏最常见的葡萄为例，比热 C 为 3.6kJ/kg·℃，密度 ρ 为 300kg/m³，从 30℃ 下降到库温 0℃，库内系数取为 0.4，则总热量 $h=3600\times$（30－0）$\times300\times15.625\times0.4=202\ 500\ 000$（J），假如葡萄用 8h 降温到库内设定温度 0℃，则制冷负荷为：$q_3=h/$（8×3600）＝7031（W）。

③ 果蔬的呼吸热。取葡萄 30℃ 时的呼吸热：q_{40} 为 420kJ/（T·h），则总呼吸热 $q_4=218.75$（W）。

④ 保温材料的蓄热 $q_5=138$（W）。

⑤ 总冷负荷：$q=q_1+q_2+q_3+q_4+q_5=8000.75$（W），可取为 8kW。考虑制冷系数 ε 为 2，压缩机的功率取为 4.4kW。

2）节能计算与经济分析。依据表 6.2－5，经过预冷初期后，以 20% 的热负荷状态对 ON/OFF 控制和变频控制进行了能耗比较。以个月进行计算。变频控制相对于传统 ON/OFF 控制，单座冷库压缩机节电量：

$$H\ 节电=2\times（522-300）\times30\times24\times2200/1863=94\ 376.8（W\cdot h）$$

表 6.2-5 热负荷与能耗的关系

热负荷（%）	压缩机功耗/（W·h）		节省能耗比（%）
	变频控制	ON/OFF 控制	
20	300	522	43
30	496	687	28
50	886	1016	13
70	1277	1345	5
80	1472	1509	2
100	1863	1863	0

$$M = 300 \times 15.625 \times 0.4 = 1875 \ (kg)$$

若产地预冷及冷藏葡萄 20t，则总节电量

$$H_总 = 94\,376.8 \times 20/1.875/1000 = 1006.686 \ (kW·h)$$

以市场电价 0.5 元/（kW·h）计算，单月可节约人民币 503.3 元。现在变频器市场单价在 2000～3000 元之间，可见其投资回报率是相当高的。

（4）小结。高效节能、绿色环保、无级调速、低噪声是未来制冷压缩机的发展方向。相对于其他冷量调节技术，变频压缩机由于节能和投资回报率高，在冷库制冷系统中具有广泛的应用前景。

3. 冷库冷凝热回收系统的研究应用

据统计我国现有 2 万座以上的冷库，全国的公用型冷库共计 2637.09 万 t，折合 7127.27 万 m³，随着新的制冷及节能减排技术、新设备的广泛应用，冷库需求旺盛，未来我国冷链物流基础设施建设将以智能型、信息化、标准化、节能环保、现代化，以及自动化、立体式冷库为发展趋势。冷库的耗能比例将显著上升，冷库的制冷及节能新技术、新设备将广泛应用。在新形势下，如何提高冷库的制冷效率，实现冷库的节能减排运行，是当前需要面对的课题。在新型城镇化推动下，冷链食品迎来 10 年以上的黄金增长期。目前，我国城镇化和人均收入已经达到发达国家冷食品爆发的条件。在新型城镇化和食品消费升级的双向拉动下，预计 2012～2025 年冷链食品需求将从 2.0 亿 t 增长到 4.5 亿 t，年复合增速 18.8%，其 2012～2015 年增速 30.8%，2015～2025 年增速 15.4%。从冷库的发展趋势来看，急速增长的冷库容量，必然需要消耗大量的能源，如何提高冷库的制冷效率，实现冷库的高效运行，在未来冷库的发展过程中应受到足够的重视。长期以来，冷库为人们提供了冷冻和冷藏物质的储藏环境，消耗电能的同时又产生了无谓的排放。冷库在工作过程产生的大量的冷凝热大多排放到大气中，未加以有效利用，白白浪费掉。同时，冷冻或冷藏品在销售给用户之前，需要解冻，解冻的过程需要消耗电能或其他能源；另外，冷库办公驻地在冬季需要采暖，采暖额外需要消耗能源。可见，冷库一方面存在有大量的低品位热能浪费掉；另一方面，冷库在运行过程中的其他环节又需要这样的热能。本文研究了冷库冷凝热回收系统，给出了冷库冷凝热的回收机理，介绍了冷库冷凝热回收系统的组成及工作原理，并且对冷库冷凝热回收系统进行了经济效果分析，总结了冷库冷凝热回收系统的功能及优点。

（1）冷库冷凝热回收机理。

1）冷库制冷原理。所谓的冷库制冷就是用人工制造低温的方法和手段，使冷藏库达到并保持所需的比环境温度低的低温。其实质就是通过消耗外部机械功或其他能量为代价把低温对象的热量转移到温度较高的环境中去。冷库制冷通常采用蒸气压缩式制冷原理。蒸气压缩式制冷循环简图如图6.2-4所示，蒸气压缩式制冷循环的 $T-S$ 图如图6.2-5所示。

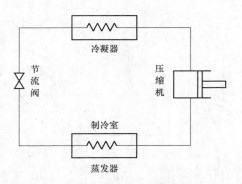

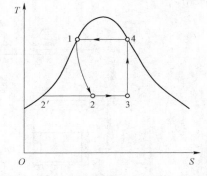

图6.2-4　蒸气压缩式制冷循环简图　　　图6.2-5　蒸气压缩式制冷循环的 $T-S$ 图

蒸汽压缩制冷装置由蒸发器、压缩机、冷凝器和节流阀组成。由冷凝器出来的制冷剂的饱和液体（状态1），被引向节流阀减压。由于在两相共存区域内，节流系数总是大于0，故节流后制冷剂温度降低，熵增而焓不变。节流过程在 $T-S$ 图上示意地用虚线1-2表示。由于节流阀出来的低干度湿蒸气被引入到制冷室内的蒸发器，定压吸热（也就是定温吸热）而汽化，其干度增加，如图6.2-5中2-3过程。节流后的压力应这样来选择，即使它对应的饱和温度略低于制冷室温度。利用节流阀开度的变化，能方便地改变节流后制冷剂的压力和温度，以实现制冷室温度的连续调节。高干度的湿蒸气从蒸发器出来，引入到压缩机进行绝热压缩升压，制冷剂蒸气的干度增大，温度升高，如图6.2-5中的3-4过程。经压缩后的制冷剂蒸气引入到冷凝器中，冷却放热而凝结成饱和液体，如图6.2-5中4-1过程，从而完成闭合循环。

2）冷库冷凝热回收机理。以制冷剂气化而吸热为工作原理的制冷机，分为压缩式、吸收式两种。一般能够进行冷凝热回收的冷库多为以压缩式方式工作的冷库。冷库冷凝热的回收机理就是：当冷却系统运转时，由压缩机开始工作，对蒸发管产生抽吸降压作用，这时液态的制冷剂便进入蒸发管中，在蒸发管内变成气体而吸收大量的热。气化了的制冷剂再经压缩机的压缩，使气体成为高温高压状态。该状态的气体需要通过冷凝器把热量转移到环境中，才能实现再循环。经过压缩机出来的气体温度达到100℃左右，该状态下的热量一般经过冷却器白白地排入环境中，造成无谓的浪费。冷库冷凝热回收机理就是通过合理技术把这一部分热量回收加以利用，即实现了制冷循环的顺利进行，又达到了余热回收的目的。经过余热回收后，压缩机排出的气体被冷却重新变成了液态，再次进入蒸发管，如此不断循环，即实现冷却系统的正常工作，又实现了冷库冷凝热的回收。

（2）冷库冷凝热回收系统及工作原理。

1）冷库冷凝热回收系统的组成。冷库冷凝热回收系统如图6.2-6冷库冷凝热回收系统所示。冷库冷凝热回收系统由压缩机、蒸发器、膨胀阀、冷凝器等依次首尾相接的循环回路组成，还包括冷凝热回收换热器、热水储罐，压缩机和冷凝器之间通过 2 个三通阀并联出一管道，该管道接通在冷凝热回收换热器开设的进气口和出气口上，冷凝热回收换热器上设置有进水口和出水口，冷凝热回收换热器的进水口通过热水循环泵连接在空气解冻室或采暖单元中设置的强制对流散热器上，冷凝热回收换热器的出水口通过热水储罐也连接在强制对流散热器上，即冷凝热回收换热器、热水储罐、强制对流散热器、热水循环泵依次首尾连接成循环回路。

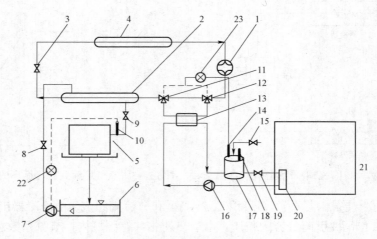

图 6.2－6　冷库冷凝热回收系统

1—压缩机；2—冷凝器；3—膨胀阀；4—蒸发器；5—冷却塔；6—集水池；7—冷却水变频泵；8，9，19—截止阀；

10—冷却水进口温度计；11，12—三通阀；13—冷凝热回收换热器；14—热水储罐温度计；

15—热水储罐补水阀；16—热水循环泵；17—热水储罐；18—热水储罐液位计；

20—强制对流散热器；21—空气解冻室或采暖单元；22，23—PLC 控制器

2）冷库冷凝热回收系统的工作原理。冷库冷凝热回收系统工作原理按如下三种模式运行：

① 模式一：如果冷库运行处于较大负荷，热水回收系统和冷却系统可同时运行。即压缩机排出的高温气体工质首先通过热回收系统降温，再进入冷却系统进行冷却。热回收系统通过冷凝热回收换热器对高温气体工质和水进行热交换，被加热后的热水进入热水储罐，用来空气解冻和供暖，热水热量通过强制对流散热器向解冻室或采暖单元输送热量；通过热水储罐温度计和三通阀连接的 PLC 控制器可以控制热水回收系统的运行负荷。冷却系统运行时，可通过冷却水出口温度计和冷却水变频泵连接的 PLC 控制器控制冷却水量，实现冷却系统的节能运行。即首先打开三通阀（12），压缩机（4）出来的高温气体工质全部或部分通过冷凝热换热器（13）进行热回收，通过三通阀（11）和（12）和热水储罐温度计（14）的 PLC 控制器（23）控制高温气体工质通过冷凝热回收换热器（13）的流量，被加热后的热水通过热水循环泵（16）输送到强制对流散热器（20）向解冻室或采暖单元（21）提供热量。同时，冷却系统的截止阀（8），截止阀（9）打开，冷却系统运行，通过冷却水变频泵（7）和冷却水进口温度计（10）连接的 PLC 控制器（22）控制冷却水的流量，实现节能运行。

② 模式二：如果冷库运行处于中等或较小负荷时，单独运行冷凝热回收系统，关闭冷却系统。即打开三通阀（11）和（12），关闭冷却系统的截止阀（8）和截止阀（9），压缩机

（1）来的高温气体工质全部通过冷凝热回收换热器（13），冷凝热回收系统单独运行。

③ 模式三：如果冷库冷凝热回收系统不需要完成解冻或采暖功能时，通过三通阀关闭冷库冷凝热回收系统，单独运行冷却系统。即调节三通阀（11）和三通阀（12），关闭冷凝热回收系统，打开冷却水系统截止阀（8）和截止阀（9），单独运行冷却水系统。

（3）冷库冷凝热回收系统的经济效果分析

以山东地区为例，现有以冷藏肉类食品的冷藏间 2 间，库容量为 1500t；冻结间 2 间，冻结能力为 30t/a；冷藏间库温 -18℃，冻结间 -23℃，冷凝温度为 30℃；冷凝器负荷为 267.356kW；压缩机功率为 53kW；蒸发器负荷为 226.925kW。压缩机出口排气温度一般达到 100℃左右。冷库冷凝系统的经济效果分析如下：

1）按模式一运行。冷库的冷凝热被全部回收利用，其回收的冷凝热即为冷凝器负荷 267.356kW，该热量用于解冻或供暖，折算成一次能源煤为 32.84kg/h。年节煤量为 236.45t，折合成经济效益为 11.83 万元/a。

2）按模式二运行。冷库的冷凝热被部分回收。若部分回收百分数为 30%～70%，回收的冷凝热量为 80.21～187.15kW，折算成一次能源煤为 9.85～22.99kg/h。年节煤量为 70.94～165.52t，折合成经济效益为 3.55 万～8.28 万元/a。

（4）冷库冷热回收系统的优点。

冷库冷热回收系统能充分利用了冷库冷凝热余热资源；取代了冷库其他环节的能源消耗，节约了能源，保护了环境；该系统不需要人工值守，节约了人工成本；工艺简单，性能可靠，操作维护方便；该系统运行灵活方便，为冷库的解冻或采暖带来便捷条件。

（5）小结。

1）冷库在运行过程中，冷凝热能够被回收利用。

2）冷库冷凝热回收系统能够应用于冷库解冻和采暖。

3）冷库冷凝热回收系统根据实际情况能够按照不同模式运行，即冷凝热全回收模式、冷凝热部分回收模式和冷却模式。

4）冷库冷凝热回收系统根据不同的运行模式能够带来不同的经济效益，按模式一运行，能带来 11.83 万元/a 的经济效益；按模式二运行，能带来 3.55 万～8.28 万元/a 的经济效益。

5）冷库冷热回收系统工艺简单、性能可靠、操作维护方便，能为冷库的解冻或采暖带来便捷条件。

6.3　空调冷源环境的减排

6.3.1　空调冷源环境的减排综述

1. 空调冷源环境的减排发展概况

在人类社会日益发达的今天，随着科技的发展，人口数量快速增长，生活水平日益提高，能源需求量不断增大，紧随而来的环境问题让人甚是担忧。目前我国常用空调冷源的制冷剂为 R11，R22 等，对人体有害、对环境有污染。表 6.3 - 1 中列举了常用冷媒的含氯百分比、臭氧层破坏系数、温室效应系数及允许暴露值。1992 年哥本哈根举行的《关于消耗臭氧层物质的蒙特利尔议定书》表示，同意自 1996 年禁止使用 CFC 类制冷剂，2030 年禁止使用

HCFC 制冷剂。

表 6.3-1　　常用冷媒含氯百分比、臭氧层破坏系数、温室效应系数及允许暴露值

冷媒名称	含氯百分比（%）	ODP 臭氧层破坏系数	GWP 温室效应系数	AEL 允许暴露值（×10⁻⁶）
CFC—11	77.40	1.00	1.00	1000
CFC—12	58.60	1.00	3.05	1000
HCFC—22	41.00	0.05	0.37	1000
HCFC—123	46.30	0.02	0.02	10
HCFC—1240	00.00	0.00	0.26	1000

就目前情况来说，我国对于空调冷源的减排，需要从制冷剂、用电等方面着手。选择一款既满足制冷工艺要求、又节能减排的制冷机组是很难的，需要研究新技术、新能源来代替传统的制冷工艺，使空调冷源更符合全球性发展要求。

2. 空调冷源环境的减排技术标准及规范

《大气污染物综合排放标准》（GB 16297—2002）：该标准对各类污染物的最高允许排放浓度、排放速率等进行了规定。

《制冷设备、空气分离设备安装工程施工及验收规范》（GB 50274—2010）：该标准规定了制冷设备的技术要求，以保证设备的安装质量及安全运行，减小了制冷剂渗出的几率。

3. 空调冷源环境的减排技术要求

空调冷源环境的减排工作，要考虑以下三方面环境保护的需要：

（1）大气污染严重，全国 62% 的城市 SO_2 日平均浓度均超过国家三级标准，全国酸雨区面积已占国土面积的 30%，因酸雨和 SO_2 污染造成的损失 1100 多亿元/a。

（2）水环境问题突出。

（3）生态破坏相当严重，水土流失达 179.4 万 km^2，占国土面积 27.3%。

因此，对冷源环境的减排应该从制冷剂的选择及耗电两个方面把握。制冷剂应在条件允许下尽量采用对大气污染较少的制冷剂，同时国家应着重于研究可以代替当下含氯量不小的制冷剂的新型制冷剂。耗电方面，应选择合适的冷源系统，以减少不必要的能耗，减少耗电量就是减少硫化物的排放，同时对我国的能源也是一种节约。

6.3.2　空调冷源环境的减排途径及措施

1. 空调冷源环境的减排途径

（1）设计方面在有条件的情况下，尽量选择自然冷源或清洁的可再生冷源，从源头上杜绝污染物的产生排放。

（2）在选用常规空调冷源制冷设备和制冷剂时的一个原则：一定要高效节能安全环保。

（3）在运行使用阶段，一定要加强维护管理，严格按照操作规程，避免发生渗漏及安全事故。

2. 空调冷源环境的减排措施

（1）适当调节空调温度，并在出门前几分钟关空调。国家节能减排政策对空调温度的规定是：所有公共建筑内的单位，包括国家机关、社会团体、企事业组织和个体工商户，除

医院等特殊单位以及在生产工艺上对温度有特定要求并经批准的用户之外，夏季室内空调温度设置不得低于 26℃，冬季室内空调温度设置不得高于 20℃。

空调房间的温度并不会因为空调关闭而马上升高。出门前 3min 关空调，按每台每年可节电约 5kW·h 的保守估计，相应减排二氧化碳 4.8kg。如果对全国 1.5 亿台空调都采取这一措施，那么每年可节电约 7.5 亿 kW·h，减排二氧化碳 72 万 t。

（2）选用节能空调及环保型制冷剂。一台节能空调比普通空调每小时少耗电 0.24kW·h，按全年使用 100h 的保守估计，可节电 24kW·h，相应减排二氧化碳 23kg。如果全国每年 10% 的空调更新为节能空调，那么可节电约 3.6 亿 kW·h，减排二氧化碳 35 万 t。

氯氟烃类物质对大气臭氧有破坏作用，因此类似于 R134a、R410A 的空调、热泵系统，在产品制造和使用、进出口贸易方面会受到严格的限制。为了适应保护臭氧层降低温室效应的要求，多年来科学家不断努力，研究出大量过渡性或长期的臭气消耗物质（CFCs 和 HCFCs）的替代物，并研究出相应的应用技术及设备，在制冷行业得到广泛应用。目前常用的替代制冷剂见表 6.3-2。

表 6.3-2　　　　　　　　　　　常用系统替代制冷剂表

制冷用途	原制冷剂	制冷剂替代物
家用和楼宇空调系统	R22	HFCs 混合制冷剂 R407C、R410A、R417A
大型离心式冷水机组	R11 R12 或 R500 R22	R123 R134a HFCs 混合制冷剂 R407C
低温冷冻冷藏机组和冷库	R122 R502 或 R22 NH_3	R134a 含 HCFCs、HFCs 混合制冷剂 NH_3
冰箱冷柜、汽车空调	R12	R134a HCs 及其混合物制冷剂 HCFCs、HFCs 混合制冷剂

（3）安装紧急泄氨器。当冷源系统采用活塞压缩式制冷机制冷，且采用氨压缩制冷时，需要紧急泄氨器这个辅助设备，该设备可以在意外事故或紧急情况发生时，将氨液迅速排至冷冻机房外，以免对机房内的人员等造成伤害。

（4）积极对空调冷源进行检修维护工作。空调冷源常见的故障现象有 6 种，分别是：① 漏：制冷剂泄漏或电气绝缘破损引起的漏电；② 堵：制冷系统的脏堵与冰堵；③ 断：电气线路断线、熔断器烧断、制冷系统压力不正常引起的压力继电器触点断开；④ 烧：压缩机电动机的绕组等被烧毁；⑤ 卡：压缩机卡住、风扇卡住等；⑥ 破损：压缩机阀片破损、活塞拉毛及各种部件破损。

因此，在日常使用中，要及时对空调冷源进行检修和维护工作，仔细观察制冷系统各管道有无裂缝、破损、结霜与结露等情况，制冷管路之间、管路与壳体坐等有无相碰摩擦，特别是制冷剂管路焊接处，接头连接处有无泄漏，凡是泄漏处就会有油污，或可用干净的软布、软纸擦拭管路焊接处与接头连接处，关擦有无油污，以判断是否出现泄漏。

6.3.3 空调冷源环境的减排主要内容实例

1. 空调冷源环境制冷剂回收技术处理的减排

减少消耗臭氧层物质（ODS）和温室气体排放，"修复"臭氧层空洞，减低温室效应，是全球改善环境问题的关注焦点。在空调制造、维修及拆解时，禁止将空调系统中的 ODS 制冷剂直接向大气排放，应该对制冷剂进行回收，以便循环利用。这样既能防止破坏臭氧层，危害大气环境，又能有效地利用资源，实现可持续发展。

（1）空调制冷剂回收技术。制冷剂的回收是机械设备及密封容器在维修过程或废弃之前，将系统中的制冷剂进行收集与储存。按规定，汽车空调抽真空要求达到 4inHg（1inHg＝3386.29Pa）；对于小型制冷设备，设备上的压缩机是可运转的，则必须回收其中 90% 的制冷剂；若压缩机是不可运转的，则必须回收 80% 的制冷剂。

1）制冷剂回收方式。一般制冷剂的回收方式大致分为单纯回收/集中净化处理与回收/净化处理同时进行两种。

① 单纯回收/集中净化处理。用简单的回收装置将 CFCs 由被维修设备中抽去，压缩冷凝后排入贮存容器中暂存，而后送入集中净化的处理中心进行分馏提纯，检测合格后装瓶返回各回收点进行再利用。该方式适用维修网点集中的地区，其优点是能保证再生制冷剂的质量。

② 回收/净化处理同时进行。回收装置上装有油分离、脱水脱酸过滤装置，在回收的同时，完成净化处理。该方式适用于网点分散的中小城市及空调维修网点。

2）制冷剂回收方法。目前，CFCs、HCFCs 等制冷剂的回收方法主要有气体冷却法、气体压缩冷凝法和气液推拉法三种。

① 气体冷却法。冷却法是使制冷剂蒸汽冷却液化后储存在回收容器里的制冷剂回收方法。冷却回收系统如图 6.3-1 所示，采用一套独立的制冷循环冷却回收容器，将回收容器冷却到 0℃ 以下，当回收容器内冷却剂蒸汽液化后，回收容器内的压力比被回收系统内的压力低，依靠压差，被回收系统内的制冷剂气体向回收容器中转移进而冷却液化。其特点是可以减少冷冻机油及硬颗粒等杂物进入到回收容器里，适用于小容量回收；但回收时间较长，且无法处理制冷剂中混有的空气等不凝性气体。

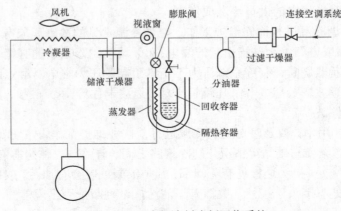

图 6.3-1 冷却法制冷剂回收系统

② 气体压缩冷凝法。压缩冷凝法是用压缩机提高气态制冷剂的压力，并经冷凝器冷却使制冷剂液化储存在回收容器里。压缩冷凝系统如图 6.3－2 所示，被回收系统中的制冷剂蒸汽经干燥过滤后进入压缩机压缩成高压蒸汽，而后进入冷凝器冷却，经气液分离器后，被冷凝的高压液态制冷剂流入回收容器，系统中的分油器可以将回收气体中混入的压缩机冷冻机油分离。与冷却法相比其设备体积小，能耗较低，效率高，适用于大中型容量制冷剂的回收。

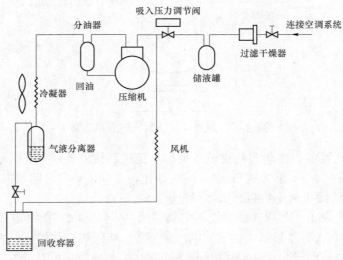

图 6.3－2 压缩冷凝法制冷剂回收系统

③ 气液推拉法。气液推拉法是空调系统中的液态制冷剂被回收设备通过储存罐内的气态制冷剂"推拉"出。气液推拉回收制冷剂系统如图 6.3－3 所示，制冷储存罐内的气态制冷剂被回收设备吸入，经回收设备内压缩机提高压力后打入空调系统中进行液体回收，高压气体对空调系统内的制冷剂产生"推"的效果，把空调系统内的液态制冷剂推出进入回收储罐。利用回收系统的吸气作用，使制冷剂储存罐内的压力降低，将空调系统内的液态制冷剂吸"拉"出来。该方法快速高效，适用于制冷系统内存在大量液态制冷剂的大型空调系统；但采用该方法只能回收大部分液态制冷剂，要保证回收彻底还必须结合采用压缩冷凝法继续回收制冷系统中的残余制冷剂。

（2）空调制冷剂回收设备。目前空调制冷剂回收设备大多是基于"气体回收—压缩方式"，也有复合方式。回收设备通常是一个机械系统，由蒸发器、油分离器和压缩机组成。将制冷剂从制冷系统中抽出，并将之储存于制冷剂钢瓶中。该设备可采用可拆换芯体的干燥过滤器去除水粉、酸、颗粒物及其他杂质。另外，当更换回收设备中的干燥过滤器芯体时，将装有过滤器的部件隔开，并在打开过滤器壳体前，将制冷剂移到合适的储存钢瓶中。回收设备的形式主要有便携式、移动式及车载式。

1）便携式回收设备。便携式回收设备主要采用"气体回收—压缩方式"单纯回收制冷剂，无再生能力。设备回收能力一般在 100g/min 左右，体积小，重量轻，便于携带，适用于分散的小型空调器等制冷设备的回收。

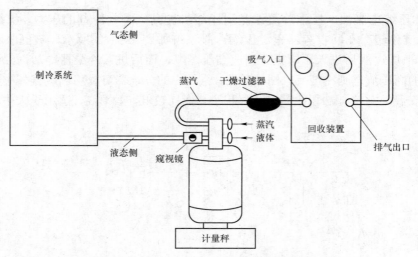

图 6.3－3　气液推拉法制冷剂回收系统

2）移动式回收设备。移动式回收设备也称小轮式回收设备，主要采用"气体回收—冷却方式"和"气体回收—压缩方式"，兼具回收净化再生功能。一般回收能力在 20～50kg/h，质量 30～100kg，适用于从小容量到大容量的制冷剂回收。

3）车载式回收设备。车载式回收设备主要采用"气体回收—压缩方式"和气体/液体回收复合方式，适用于从小容量到大容量的制冷剂回收。美国等发达国家已对制冷剂的回收和再循环机组制定了认证方案。空调与制冷设备（除小型制冷空调设备外）的回收机组和再循环机组，必须按 ARI－740 标准进行测试。用于小型制冷空调设备的回收机组和再循环机组，也必须按 ARI－740 或美国 EPA 最终规范的附录进行测试。中国虽然起步较晚，但也在陆续出台相关标准规范。

（3）空调制冷剂的再生与销毁。回收后的制冷剂一般分为可再生的不纯制冷剂和不可再生的制冷剂。可再生的不纯制冷剂经过再生处理，使其达到新产品的技术性能，而不可再生的制冷剂则必须妥善销毁。制冷剂的再生方法大致可分为简易再生和蒸馏再生。简易再生是把回收到的制冷剂通过过滤器、干燥器等设备以除去油、水及颗粒等杂质。简易再生装置较小，适用于少量再生；但再生制冷剂纯度不高，不能用于其他制冷空调设备，只能在原设备中再利用。蒸馏再生是用蒸馏的方法将回收制冷剂中的不纯物去除，达到制冷剂的再利用要求。回收制冷剂经过滤器过滤、蒸馏塔分馏，再经脱酸脱的蒸馏精制过程之后，可得到高纯度的再生制冷剂，经检测达到标准后可用于其他设备。但蒸馏再生装置运行费用较高，适用于大中型处理量的回收制冷剂的再生。对于不可再利用的制冷剂，必须加以销毁，进行无害化分解处理。美国和日本制冷剂销毁技术较为先进，而中国的制冷剂销毁处理尚处于起步阶段。目前制冷剂销毁方式主要有等离子体法、燃烧法、水泥窑法、高温水蒸汽热分解法、过热蒸汽反应法及液体中燃烧法等。其中等离子体销毁法温度在 10 000℃以上，分解效率较高，可以达到 99.9%以上，分解产物还可利用。燃烧法可利用现有的普通燃烧炉，在 900℃炉内分解，是较易推广的一种销毁方式。水泥窑法的炉内温度可达 1400℃，制冷剂分解产生的有害 HF 和 HCI 被碱性的水泥原料吸收，分解效率可达到 99.99%。高温水蒸气热分解法的运行费用较低，分解生成物经中和处理后可回收再利用。过热蒸汽反应销毁制冷剂是在

650℃高温常压下进行。液体中燃烧法里燃烧分解产生的氯化氢等直接被水槽液体吸收，加入凝聚剂后实现固液分离。

（4）小结。ODS 空调制冷剂的回收、再生、替代及销毁是保护环境，减少消耗臭氧层物质，降低温室效应的必然要求。国外对于制冷剂回收方面的法规标准已较为健全，制冷剂回收技术较为成熟，中国的制冷剂回收再生工作刚刚起步。因此，在探索研发新型环保替代制冷剂的同时，要深入开展空调制冷剂回收处理技术研究，研制高效制冷剂回收再生设备，探索更加环保的制冷剂销毁方法，保护环境，造福人类。

2. 卷烟厂空调冷源环境自清洁型空气过滤系统的减排

现代化的卷烟生产车间一般都配置有全空气中央通风空调系统，以保证车间恒温恒湿和清洁室内环境。在卷烟制丝、卷接、包装和烟丝输送等过程中，不断有烟末、粉尘等颗粒物产生并散发到空气中，造成车间空气中含有大量的含焦油悬浮颗粒物。测试结果表明，卷烟车间空气中的粉尘浓度一般在 $2\sim3\mathrm{mg/m^3}$，有些除尘系统较差的卷烟车间空气中的粉尘浓度可达 $5\mathrm{mg/m^3}$，是普通办公用房的 20 倍以上。这些悬浮颗粒物通过回风被不断吸入空调系统中，空调机组的过滤器承担着过滤除尘工作。当卷烟厂空调系统采用常规初、中效过滤器时，存在清洗更换周期频繁、过滤效率低、表冷盘管污染等问题；采用高效滤筒式过滤器时，虽配置有压缩空气自动反吹清灰系统，但实际运行中阻力大（$400\sim600\mathrm{Pa}$）、自动清灰效果差、维护更换成本高。目前对于新型高效空气过滤器的研究主要是利用静电吸附原理设计驻极体空气过滤系统，但相关应用报道较少。为此，通过对卷烟厂车间粉尘粒径分布特性和空气过滤器存在问题进行分析，研制了一种适合于卷烟厂空调系统的节能自清洁型空气过滤系统，以提高空调系统的空气过滤效率，以达到减排的目的。

（1）系统组成。针对目前卷烟厂空调系统过滤器存在的过滤效率低、自动清灰效果差、维护更换成本高等问题，在设计过程中主要遵循以下原则：① 容尘量。由于卷烟生产工艺过程中空气含尘浓度较高，空调过滤器的容尘量应尽量提高，以延长其正常运行周期。② 过滤效率。过滤器应能对粒径 $\geq1.0\mathrm{\mu m}$ 的悬浮颗粒物进行有效过滤，过滤效率定位在"高中效"级别。③ 运行阻力。在确保过滤效率满足要求的前提下，尽量降低过滤器的运行阻力。过滤器初始阻力设计为 100Pa 左右，终阻力为 300Pa 左右。④ 在线自动清洗。目前卷烟厂对各种过滤器大多采用自来水人工清洗，新型过滤器系统选择高压水自动清洗方式。⑤ 运行维护成本。常规滤料制作的过滤器经过几次人工清洗后，性能明显下降，需要频繁更换。改进后选用不锈钢纤维毡作为滤料，使过滤器的使用寿命与空调机组同步，并可防止废弃的过滤材料对环境造成二次污染。根据以上思路研发的卷烟厂节能自清洁型空气过滤系统主要由过滤器、清洗装置、PLC 控制柜三大部分构成，如图 6.3-4 所示。当含尘气流通过过滤系统时，灰尘被过滤单元阻挡，并附着在过滤材料表面，导致过滤单元前后的空气压差增大。当压差达到设定值（终阻力）时，系统自动开启清洗机构对过滤槽位进行在线自动清洗，可以将过滤器的运行阻力维持在较低范围内，从而有效降低送风风机运行的气流阻力，降低设备的电能损耗。

（2）技术实现。

1）卷烟厂车间空气粉尘特性分析。在卷烟厂空调系统的回风口收集制丝车间和卷包车间空气中的粉尘样品，并对粉尘颗粒物的粒径分散度进行统计分析，如图 6.3-5 所示。结果表明：粒径大于 $1.0\mathrm{\mu m}$ 粉尘的总质量占全部粉尘样品质量的 99% 以上，其中又以 $10\sim40\mathrm{\mu m}$

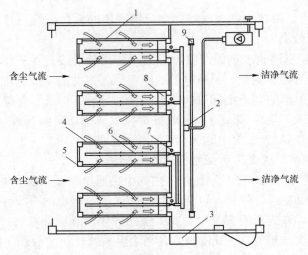

图 6.3-4　卷烟厂节能自清洁空气过滤系统结构示意图
1—过滤器；2—清洗装置；3—PLC 控制柜；4—不锈钢纤维过滤单元；5—铝合金固定框架；
6—高压水喷管阵列；7—电磁阀阵列；8—挡水器；9—垂直移动机构

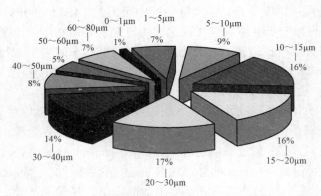

图 6.3-5　卷烟厂车间粉尘粒径分布示意图

的粉尘最多，占 64% 左右。粉尘在静止空气中的沉降时间为 0.5～5min，由于卷烟生产长期不间断进行，粉尘还未沉降就被吸入到车间空调系统中。

根据卷烟厂车间空气粉尘的粒径分布情况，常规初效加中效两级过滤器应该可以有效过滤出这些悬浮颗粒物。但在实际运行中，由于空气含尘浓度过大，过滤器在很短时间内阻力即达到上限值（如 350Pa），造成风机长期在较高负荷下运行。因此，制丝车间空调系统的过滤器每 3～4d 就要拆下来清洗，否则空调送风量急剧下降，风机运行能耗增大。由于卷烟厂经常连续生产，拆装和清洗过滤器不方便，且难以保证过滤段的漏风量，从而造成过滤效率下降。若空气中的粉尘未被过滤器有效过滤出来，则容易对空调机组的表冷盘管造成污染。在夏季除湿工况时粉尘常常粘附在表冷盘管的翅片上，甚至堵塞表冷盘管。由于粉尘中含有焦油，粉尘遇冷凝水后在表冷盘管翅片上形成的粘状物清洗困难，造成换热效率降低、空调送风量下降。同时，粉尘中的烟碱对空调机组的金属材料造成腐蚀，增加了空调机组的维护成本，影响了空调机组的使用寿命。

2）滤料的结构及性能。经过试验对比，确定采用不锈钢纤维毡作为滤料。该滤料具有三维网状及多孔结构，由容尘层（2 层）、保护层、过滤层和骨架层等组成，具有孔隙率高、表面积大、孔径面积分布均匀等特点，并具有耐高温、耐腐蚀、不燃烧、阻力损失小等优点，如图 6.3 - 6 所示。滤料由多层微米级的不锈钢纤维经无纺铺制、叠配和无氧高温烧结，并压制成板状。多层不锈钢纤维层沿气流方向按孔径由大到小进行铺制，形成由外到内、孔隙率由大变小的梯度，背衬不锈钢丝网作为加强层。在滤料叠配、烧结时，表面蓬松，深层密实，从而获得更大的容尘量和过滤精度，并为高压水清洗提供了方便。

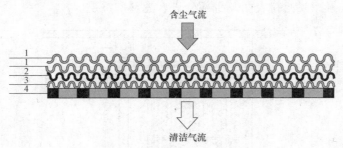

图 6.3 - 6　过滤材料结构图
1—容尘层；2—保护层；3—过滤层；4—骨架层

滤料在制作成过滤器单元前，经特定加工工艺压制成波纹状的滤板，以保证在空调机组有限的空间内增大过滤面积，降低过滤器运行阻力，节省空调风机运行能耗。过滤器单元采用模块化结构设计，尺寸为 610mm×610mm，其过滤性能检测数据和过滤器单元过滤效率见表 6.3 - 3，过滤器单元过滤阻力测试数据见表 6.3 - 4，过滤风速在 0.3～0.7m/s 范围内，过滤器可达到"高中效"级别，且过滤初阻力为 32～166Pa。

表 6.3 - 3　　　　　　　　　　　过滤器单元过滤效率测试数据

过滤风速/（m/s）	粒径/μm		
	≥1.0	≥2.0	≥5.0
0.3	72.0	90.6	95.8
0.5	76.9	90.0	95.8
0.7	80.5	83.5	79.2

表 6.3 - 4　　　　　　　　　　　过滤器单元过滤阻力测试数据

风量/（m/s）	过滤风速/（m/s）	阻力实测值/Pa
520	0.3	32
695	0.4	54
870	0.5	86
1045	0.6	125
1220	0.7	166

在应用于空调机组时，过滤器单元安装在矩形立槽式支架上，以增加过滤面积。当空调机组断面风速为 2.5～3.0m/s 时，过滤器单元的过滤风速为 0.3～0.6m/s，整个过滤系统的初阻力 85～125Pa。

3）空气过滤系统的安装方式。空气过滤系统在空调机组内采用矩形槽布局方式，以增大空气过滤面积，其安装方式如图 6.3-7 所示。每个矩形槽由铝合金安装支架、正面板式过滤器单元和两侧面板式过滤器单元组成，若干个矩形过滤槽连在一起形成完整的空气过滤断面。过滤风速为 0.3～0.6m/s，低风速设计保证了过滤器的低阻力损失，同时空气中的大部分悬浮颗粒物被累积在滤料表面，少部分进入滤料的深层。

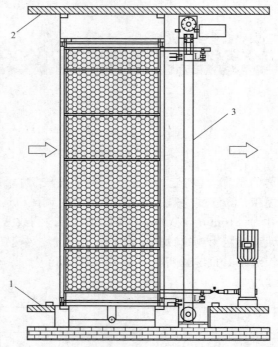

图 6.3-7　空气过滤系统在空调机组内的安装立面图
1—空调机组下护板；2—空调机组上护板；3—空气过滤系统

由于过滤系统采用了模块化、组合式设计，对于不同风量的空调机组，可用若干标准规格的过滤单元，外加少量特殊规格的过滤单元组合而成。过滤单元采用卡扣固定方式，现场安装、调试，维护简便。

4）在线自动清洗机构。根据卷烟厂实际应用情况，该系统采用高压水在线冲洗的自清洁方式。在线自动清洗机构主要由高压水喷管、电磁阀、升降电机、加压水泵、压差传感器和 PLC 电控柜等组成，卷烟厂节能自清洁空气过滤系统结构示意图如图 6.3-7 所示。高压水喷管安装在每个矩形槽的中心位置，喷管两侧和前端布置若干个扇形喷嘴，由电磁阀控制供水。当清洗程序启动时，电磁阀开启，同时启动加压水泵，升降机构开始运行，压水喷管两侧和前端喷出扇形的高压水流，对侧面和正面的过滤器单元进行高压冲洗。高压水喷管随升降机构上下移动，可以对过滤器进行彻底清洗。

清洗用水主要采用空调机房的自来水，通过加压水泵将水压提升到 0.5～0.6MPa，水流经喷嘴形成扇形的高压水流，对过滤器单元表面和内部积累的粉尘进行清洗。过滤器下方设置有积水盘，收集清洗后的污水并排出空调机组。喷嘴为不锈钢材质，在清洗管路前段安装有"Y"型水过滤器，以延长喷嘴的使用寿命。系统通过检测过滤器两侧的压差变化判断过滤器单元吸附的粉尘量。当过滤器两侧的压差 ΔP 超过设定值时，在 PLC 控制下依次打开矩形过滤槽对应的电磁阀，高压水经喷管两侧和前端的喷嘴喷向滤料，并逆向穿透滤料，对滤料深层和表面的颗粒物进行清除。由于高压水喷射是沿滤料孔径由小变大的梯度方向，从而保证了滤料深层的细小颗粒物也能被有效清除。被清除的颗粒随水流到过滤器底部的排水池，排至污水处理中心。系统采用逐槽清洗方式，相邻矩形槽设置一定的清洗时间间隔，以保证某个矩形槽清洗时，其余矩形槽保持正常的通风过滤，从而实现在线清洗功能。

（3）应用效果。选取两台在同一生产车间的风量、功能段配置、断面尺寸完全相同的空调机组进行对比测试。两台空调机组改造前均采用高效滤筒式空气过滤系统，改造后 K-10 空调机组更换了全新的滤筒式过滤器，K-12 空调机组采用了节能自清洁型空气过滤系统。两台机组的表冷器测试前均进行了清洗维护，测试时间近一个月，期间过滤器均未被清洗，过滤效果通过观察过滤器出风侧表冷器翅片上的积灰情况进行定性分析。为方便对比，测试时对 K-12 空调机组的风机频率进行了调 [7]，以保证不同工况下机组送风量基本一致。两台空调机组过滤器性能测试数据见表 6.3-5。

表 6.3-5　　　　　　　　K-10，K-12 空调机组过滤器测试数据

空调机组[①]	机组送风量/（m³/h）	送风机功率/kw	回风机功率/kw	机组总功率/kw	过滤前静压/Pa	过滤后静压/Pa	过滤前后压差/Pa
K-10 机组	72 256	43.9	14.8	58.7	-82	-479	397
K-12 机组清晰前	75 950	42.1	13.6	55.7	-24	-322	298
K-12 机组清晰后	75 840	35.2	11.7	46.9	-16	-114	98

① K-10，K-12 空调机组的技术规格相同，送风量均为 80 000m³/h，送风机功率均为 45kW，回风机功率均为 15kW，机组总功率均为 60kW；

② 送、回风机按频率 50Hz 运行，K-12 机组清洗所用时间为 23.6min。

分析结果可见：① 在相同运行时间下，空气过滤系统的运行阻力比滤筒过滤器的运行阻力上升慢，说明其容尘量较大；② 在相同风量下，空气过滤系统的空调机组运行能耗较低，自动清洗的节能率由 5%提高到 20%以上；③ 空气过滤系统在自动清洗后，运行阻力基本可回复到初阻力值；④ 空调过滤系统在清洗过程中自来水消耗约 1200kg，节水作用显著，清洁效果良好。

（4）小结。

针对卷烟厂生产车间粉尘浓度大、空调系统过滤效率低等问题，采用不锈钢纤维毡滤料和自动水清洗机构，研制出一种节能自清洁型空气过滤系统。该系统容尘量大，过滤效率可达 70%以上，达到了"高中效"级别，过滤初阻力在 32-166Pa 之间；可实现在线自动清洗，降低了运行能耗及维护费用，延长了过滤器的使用寿命，有效提高了空气过滤效率，减少了对环境的污染排放。

6.4 冷库环境的减排

6.4.1 冷库环境的减排综述

1. 冷库环境的减排发展概况

随着人们生活水平的不断提高,对食品质量要求也越来越高,对易腐食品要求从其生产、加工、贮藏、运输、销售,直至消费者手中一直置于冷藏环节。因此,冷库已成为必不可少的一个环节。

我国冷库所采用的制冷剂发展经历了三个阶段:① 以氨和二氧化碳等自然矿质为主;② 含氯的合成制冷剂(R11,R12,R114 等);③ 环保类制冷剂(R134a,R404a 等)。当前主要采用的仍然是氨制冷剂,但是,氨如果泄漏在外会对环境、健康造成破坏,因此,如何降低冷库的有害物排放,也是当今社会不可不思考的一个课题。

另外,冷库由于运作的机械较多,会对外界产生噪音污染,噪声会严重影响冷库厂界附近居民的生活质量,侵犯了居民的相邻关系权,因此,国家对冷库环境的噪声排放做了相关的规定,以减少冷库对外界环境的噪声污染。

2. 冷库环境减排的技术标准及规范

《冷库设计规范》(GB 50072—2010):对冷库的通风量进行了规定,以免发生氨气泄漏时造成人员伤亡。

《工业"三废"排放试行标准》:对各类污染物的排放进行了规定,冷库的"三废"处理也应该遵循该标准,不能超标,以免对周围环境造成较大的损害。

《恶臭污染物排放标准》(GB 14554—1993):对氨的排放量进行了规定,应满足二级厂界排放标准限值。

《工业企业厂界环境噪声排放标准》(GB 12348—2008):规定了厂界噪声的排放,以降低压缩机、冷凝机、液氨分离器等产生的噪声对外界环境的影响。

3. 冷库环境的减排技术要求

(1)冷间内的废气直接排放至库外,出风口应设于距冷间内地坪 0.5m 处,并应设置便于操作的保温启闭装置。

(2)冷库制冷系统辅助设备中冷冻油应通过集油器进行排放。

(3)大、中型冷库制冷系统中不凝性气体,应通过不凝性气体分离器进行排放。

(4)新建或扩改的冷库氨排放量应控制在 1.5mg/m³,现有的冷库应控制在 2.0mg/m³。

根据《工业"三废"排放试行标准》,冷库的"三废"要严格按照标准执行。有生产污水排出的屠宰车间宜布置在住宅区下风向。

6.4.2 冷库环境的减排途径及措施

1. 冷库减排途径

(1)在冷库设计方面,尽量选用高效安全环保的冷库冷源设备与制冷剂及其他材料,减少污染物对冷库内外环境的污染。

(2)设计上应考虑在可能发生意外事故紧急情况下的安全设施,提前预防做好安全排放。

（3）在运行使用中，加强维护管理，严格按照操作规程，以免发生渗漏污染及安全事故。

2. 冷库减排措施

（1）对冷库的余热进行回收。冷库，顾名思义要用到大量的冷量，而冷量的制备又离不开与外界的热交换，冷库制冷系统将冷凝热排放到室外，会对环境造成热污染，同时会造成资源的浪费，因此有必要对冷库制冷系统的余热进行回收。冷库压缩机在运转中，其排气温度为 90～100℃，在排气总管上设置排热回收热交换器，可将排气温度降至 60℃ 左右，再进入冷凝器，而进入热交换器的液体（水、乙二醇、冷冻油等）可加热温升 20K 左右。可以将冷凝热加热冷库日常所需的生活用水，满足冷库所在工作人员日常生活需求，或加热冷库外地坪，以防止土建冷库地坪冻鼓。

（2）选择合适的冷库隔热材料。冷库在设计时一般考虑的是投资回报的最佳经济隔热材料厚度，但是从减排的角度出发，应考虑隔热材料在制造生产、运输使用过程中排出的有害气体、有害污水，另外使用可再生的隔热材料减少冷库废弃物的排放，综合达到冷库减排的效果。目前冷库隔热层厚度是根据《冷库设计规范》（GB 50072—2010）中推荐的外墙与屋顶单位面积热流量值，以及隔热材料的性能、库内外温差，经计算而获得隔热层厚度的。然而，推荐中的外墙与屋顶单位面积热流量和现在国外标准比起来还是偏大的。表 6.4-1 为部分国家单位面积热流量 q 推荐值。

表 6.4-1　　　　　　　　　　部分国家单位面积热流量 q 的推荐值　　　　　　　　　　（W/m²）

中国	日本（节能型）	法国	美国（ASHRAE）
8～12	7.2	8	6.31

对于采用聚苯或聚氨酯为隔热材料、双面彩钢板的"预制装配式"轻型钢结构的冷库，在《组合冷库技术条件》（ZBJ 73043—1990）中规定，对于 -30～-20℃ 的库房，其传热系数小于 0.23W/（m²·℃）即可，对于采用聚氨酯材质为隔热库板厚度大于 135mm 即可满足要求。

（3）选择合适的制冷剂。目前我国的大中型冷藏库大多数仍采用氨（R717）或 R22 为制冷剂，小型冷藏库尤多采用 R22。上海和广州机场配餐中心的冷藏工程，于 1999 年及 2002 年先后从日本三洋公司进口的制冷压缩机组中，采用了近共沸制冷剂 R404a。R22 属于 HCFC 类制冷剂，由于其消耗臭氧潜能值 PDP 不等于 0，其温室效应潜能值 GWP 为 1700，所以它不是一种长期理想的制冷剂，最终将被淘汰。R404a，其 ODP=0，而且其标准沸点比 R22 低，可以实现低达 -45℃ 的蒸发温度。氨是一种价格低廉的无机化合物，由于其良好的热力学性能（单位容积制冷量大）、对大气层无任何不良效应（ODP 为 0，GWP 为 0），在我国冷藏库中应用历史悠久。当然由于它具有一定的毒性和可燃性，在空间积聚的浓度达到一定程度时具有潜在的爆炸危险，故其应用场所受到一定限制。

（4）对跑氨现象进行预防。"跑氨"泛指制冷系统中氨冷媒因故泄漏，并造成（或将造成）一定危害程度的事故的俗称，是氨制冷系统安全运转的大敌。冷库在安装欠妥，或者管理有疏漏的时候，就可能发生制冷剂——液氨的外跑现象。若不及时采取措施，按期浓度低时，刺激眼鼻、喉黏膜，浓度高时刺激三叉神经末梢，反射性地引起呼吸障碍，使冷库工作不能正常进行，而且使库内贮藏的食品受到氨污染。因此需要一些安全措施。

1）根据氨易溶于水的特性，在高压区，包括冷凝器、贮氨器普遍加装强力喷淋水系统，并以控制阀分区控制。一旦某处发生大泄露，则立即以喷淋水对其稀释，极大地缓解氨扩散。同时，大量的喷淋水还可使区域降温，扑灭诱发爆燃的火种。

2）凡是有循环冷凝水池的冷库，可取消紧急泄氨器，而将泄氨管直接接至池底，以在紧急泄氨时溶解大量液氨。

3）所有安全阀的放空管一律接至循环水池或专用水桶，一旦跳阀则不会将氨气直接排至大气中造成扩散影响。

4）根据系统管道外径尺寸，以高压区为重点，配备各种口径的堵漏专用管卡。当管道发生泄漏时，抢险人员在水龙掩护下，根据管径及裂口大小选择相应管卡，内垫橡皮，几分钟内就可将漏点堵住，待善后处理。该段时间由于有水龙压制稀释，扩散的影响会极小。

（5）规范操作。冷库主要使用的制冷装置中是有氨的，而氨对人体的危害很大，如若在运行管理时发生意外，很容易发生跑氨事故，使氨外泄，造成不必要且不环保的排放。因此，有必要在运行管理中对冷库冷源的操作进行规范和约束，从而防止此类事件发生。即要杜绝违章作业及重视设备管理工作。

6.4.3　冷库环境的减排主要内容实例

一种中小型氨冷库改造方案安全可靠便于减少紧急情况下的氨排放。

我国目前仍在使用的小型冷库大多数采用氨制冷剂系统，冷库内蒸发器基本上采用顶排管或墙排管，供液方式以氨泵供液为主。这些冷库存在安全隐患，特别是近年来发生数起与氨冷库关联的事件，造成了严重的人员伤亡及社会财产损失，引起了社会的广泛关注，针对日益严峻的行业形势，小型氨冷库的安全改造已迫在眉睫。

1. 原氨冷库系统流程

小型冷库氨制冷系统均为现场配套安装，由氨压缩机组及相应的氨冷凝器、贮液器、低压循环桶、库房内冷却排管（蒸发器）、氨泵、供液及回气调节站、排液桶、集油器、空气分离（简称"空分"，用于将制冷系统中不凝性气体与氨气分离）、紧急泄氨器等组成。

冷库正常工作时，来自低压循环桶内的低温低压氨蒸气，经氨压缩机压缩后排入冷凝器冷凝，冷凝后氨液进入贮液器储存。高压氨液从贮液器节流后进入低压循环桶，得到低温低压的氨液，低温氨液经由氨泵送入各冷库的冷却排管，部分氨液吸收冷库间内货物的热量后蒸发，返回低压循环桶后完成气液分离，氨蒸气再次经氨压缩机压缩，参与下次制冷循环过程。

冷库工作一段时间后，冷却排管表面会因捕集库内水蒸气结霜，霜层的厚度超过一定值时对冷却排管换热造成影响，故须根据霜层厚度进行定期融霜。融霜时，先关闭氨液调节站上进入冷却排管的阀门，待冷却排管内的氨液蒸发一段时间后，再关闭回气调节站上冷却排管的出口阀门；在回气调节站上，另一路高温高压的氨蒸气被引入冷却排管，高温高压的氨蒸气在冷却排管内冷凝放热，此时须控制氨液调节站上排液阀门，将冷凝的氨液导至排液桶内，同时保证冷却排管内压力不至过高，当冷却排管上的霜层融化后，将阀门切换为制冷循环状态，完成热氨融霜循环。原氨冷库系统流程如图 6.4-1 所示。

系统正常工作时，氨液须进入冷库内循环，冷库的冷却排管内存储大量氨液，由于融霜时须将高压气体引入冷却排管内冷凝，故此时冷却排管内会出现温度和压力的波动，当外部条件出现异常情况导致冷却排管内压力过高时，存在一定的安全隐患。

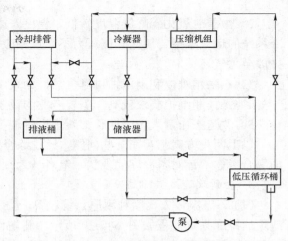

图 6.4-1　原氨冷库系统流程图

2. 几种改造方案比较。

（1）将氨系统改为 R22 泵供液系统。对于直接用 R22 替代原系统中的氨，系统的改造及运行存在如下问题：

1）部分原有设备可以使用，但存在匹配问题，如冷凝器的面积问题、节流机构的适配性、供液管线的口径、压缩机内的橡胶件等。

2）冷却排管内 R22 的换热效果不如氨，须增加冷却排管面积才能满足要求。

3）R22 系统严禁含水，原系统内氨置换、清洗后需要严格控制水分，保持干燥，但实际改造时几乎无法满足系统要求。

4）系统内 R22 充注量大。

5）原冷库设备管理、操作人员已熟悉氨系统，改造后需要较长时间掌握操作规程。

6）改造工作量大、工期长、资金投入较高。

（2）二氧化碳桶泵机组。新增二氧化碳冷凝蒸发器及二氧化碳桶泵机组，将库房内冷却排管更换为二氧化碳专用冷风机，原机房氨系统高压部分设备包括压缩机组、氨冷凝器、储液器等均可使用。该方案中二氧化碳作为载冷剂，通过泵送到各个冷风机，二氧化碳吸收冷库内货物的热量蒸发，返回二氧化碳循环桶，二氧化碳循环桶内气态二氧化碳进入冷凝蒸发器与低压氨换热冷凝，冷凝后的液态二氧化碳在重力作用下返回二氧化碳循环桶，再次经泵送入冷库完成二氧化碳制冷循环。二氧化碳桶泵系统流程如图 6.4-2 所示。

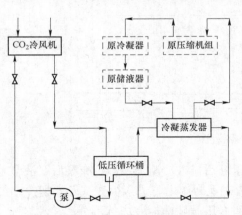

图 6.4-2　二氧化碳桶泵系统流程图

此方案制冷设备结构紧凑，能够较大程度利用原有氨系统设备，氨的充注量相对较少，制冷性能及能耗与原氨系统相近，可达到较好制冷效果，但也存在如下问题：

1）在冷库正常使用温度下二氧化碳压力较高，配套设备（包括冷库内冷却排管）设计压力高，加工和制造成本高。

2）由于二氧化碳临界温度较低，温度升高时二氧化碳侧的压力将急剧上升，须通过制冷系统的运行维持二氧化碳侧压力不超过相应容器的设计压力，否则二氧化碳将通过安全阀排放至大气环境。

3）热融霜难以利用压缩机排气热，如采用电加热方式，能耗较高。

4）操作和维护要求较高，需要专业的设备维护人员。

5）改造工作量大、工期长、新增设备较多，资金投入较高。

以上两种方案都存在一些问题，经过综合对比分析，从安全、性能、成本、节能等多方面综合考虑，针对氨冷库的现状，笔者认为须设计一种既经济又安全可靠的改造方案。

3. 全新改造方案概述

（1）该方案最大程度利用原系统设备，包括原冷却排管、原壳管式冷凝器、原压缩机组。改造后冷库系统流程如图 6.4-3 所示。新增设备以撬装方式提供，主要包括乙二醇换热模块及乙二醇分配模块：乙二醇换热模块负责提供制冷用乙二醇的冷却及融霜时所需热乙二醇的加热工作，该模块设置有氨低压循环桶、氨液节流机构、乙二醇冷却用换热器及采用压缩机排气作为热源的乙二醇加热换热器，可实现氨液的自动供液控制；乙二醇分配模块负责贮存系统的冷乙二醇及热乙二醇，同时负责提供乙二醇系统的循环输送工作，该模块设置有为每个冷库提供冷乙二醇和热乙二醇的调节站。

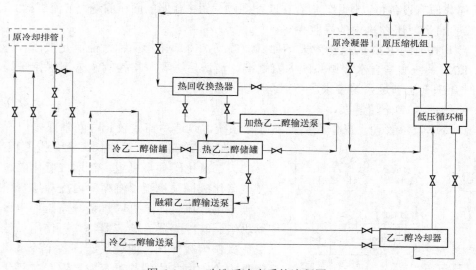

图 6.4-3　改造后冷库系统流程图

来自低压循环桶的低温低压氨蒸气，经氨压缩机压缩后排入冷凝器冷凝，冷凝后氨液节流后进入低压循环桶，得到低温低压的氨液。低温氨液在重力作用下进入板壳式乙二醇冷却器壳程对冷库使用的乙二醇进行降温，气液混合物返回低压循环桶后完成气液分离。氨蒸气再次经氨压缩机压缩，参与下次制冷循环过程。

（2）低温乙二醇通过冷乙二醇输送泵输送到原冷却排管，吸取库房内货物及围护漏热达到降温目的，返回的低温乙二醇进入冷乙二醇储罐，然后进入乙二醇冷却器进行冷却，完成制冷用乙二醇的循环。一路高温高压的氨蒸气进入热回收换热器，采用压缩机排气作为热源为融霜用乙二醇进行加热，通过加热乙二醇泵输送至热回收换热器，完成融霜用乙二醇的加热循环；被加热的乙二醇储存于热乙二醇储罐，在需要融霜时通过融霜乙二醇输送泵输送至冷却排管内，通过阀门的切换，先将冷却排管内低温的乙二醇排至低温乙二醇储罐，再切换阀门，高温乙二醇在原冷却排管和热储罐间循环流动，达到融霜的目的。

（3）系统改造只需要将冷凝器的液氨出口接至乙二醇冷却器的供液管，将压缩机的吸气总管与低压循环桶的回气管口相连，并在压缩机排气管上增加热气旁通管（用于融霜）即可，压缩机与原系统的其他管线可以保留不做调整。该改造方案具有如下优点：

1）将原氨冷库的氨循环控制在机房内，并可在机房内配置氨主动防御系统，因此系统运行更加安全。

2）冷库所需冷量由无毒安全的乙二醇提供，冷却乙二醇的液氨与制冷和融霜用乙二醇分置在不同的区域，避免氨泄漏对库房、乙二醇系统、冷库操作人员及贮存食品的影响。

3）配置双乙二醇储罐，制冷和融霜用乙二醇分罐储存，冷乙二醇储罐用于储存制冷用乙二醇，热乙二醇储罐用于储存融霜用乙二醇。

4）改造工作量较小、工期短、新增设备较少，资金投入不高。

5）制冷乙二醇和融霜乙二醇独立接管，融霜时不影响其他库间的制冷工作。

6）制冷及融霜操作方便。

7）热源乙二醇与冷源乙二醇为相同液体。

8）由于氨液循环系统修改，取消了原系统配置的储液器、低压循环桶、氨泵，氨液不再进入冷却排管，大幅度减少了系统氨充装量，便于紧急情况下的排放。

9）采用高效板壳式换热器，可有效提高压缩机组的蒸发温度，提高系统运行能效。

10）大流量的乙二醇可保证冷却排管供液的均匀性，改善原库温不均匀的情况。

11）乙二醇循环系统为闭式循环系统，罐内压力 3bar 左右，可有效避免乙二醇循环泵克服高度差所需的扬程，减少循环泵的功率配置。

12）利用压缩机排气热加热融霜乙二醇，此过程热回收换热器使用高效板壳式换热器，有效回收系统中的冷凝热量，避免采用电加热带来的额外能耗。

4. 改造效果

吉林延边某用户须改造的冷库容积约 3200m³，设计库温为 -18℃，制冷负荷约 170kW，共 6 个冷库间。原氨系统冷库采用排管蒸发器，制冷用液氨经氨泵输送至各冷库间的冷却排管内蒸发。与改造前相比，改造后经过一年多时间试运行，排管结霜情况变化比较明显：改造前，排管结霜不均匀，在离排管进出口比较近的几排管结霜明显，其他位置排管结霜很少，有的几乎不结霜；改造后排管结霜非常均匀，说明排管的换热得到很好的改善；压缩机组的吸气压力几乎没有什么变化，说明整个制冷系统的蒸发温度没有变化，在冷凝条件没有变化及不考虑乙二醇泵功率增加的情况下，系统的能效比几乎没有变化；融霜速度及冷库降温时间没有明显变化；系统充氨量由 180kg 降为 150kg。

综上，本次改造实施方案安全可靠，完全能够满足设计及使用要求。

5. 小结

（1）对于容量不大的氨冷库，采用冷却后的乙二醇替代氨进入冷却排管为冷库降温是切实可行的。

（2）利用压缩机排气热量加热融霜用乙二醇，有效回收系统中的冷凝热量，避免采用电加热融霜带来的额外能耗。

（3）与原氨泵相比，乙二醇供液流量较大，泵的能耗增加，但乙二醇循环系统为闭式循环系统，可有效避免乙二醇循环泵克服高度差所需的扬程，故泵的能耗只是略微增加。

（4）由于泵的功率略微增加，整个系统能效比略微降低。

（5）大幅度减少了氨的充注量，便于紧急情况下的排放，系统运行更加安全。

（6）改造方案简单可靠，能够最大限度利用原有设备，初投资相对较少。

第 7 章 房屋卫生设备环境的节能减排

7.1 房屋卫生设备环境的节能

7.1.1 房屋卫生设备环境的节能综述

1. 房屋卫生设备环境的节能发展概况

房屋卫生设备环境的能耗主要从以下几个方面：人们的生活环境、从事工业生产环境及室外环境的卫生绿化水景等活动的给水排水消防用水热水饮水需要的能耗。据统计上述各项能耗中仅生活热水一项就占整个建筑能耗的 10%～30%。依此可以看出，房屋卫生设备在节能工作中占有相当重要的地位。在充分满足用户用水要求的同时，如何开发节约水资源、降低房屋卫生设备系统的日常运行能耗，已经成为目前绿色建筑的必然要求。

目前新建的被动式太阳能建筑以及低能耗、零能耗建筑的房屋卫生设备环境，节约能耗已经取得显著成绩。例如：建立对雨水回收利用的雨水回收系统；完善对不同废水处理后的中水回收利用系统；结合环境情况，大力开发利用新能源技术——太阳能技术，热泵技术等，充分利用可再生的清洁能源，有效地达到节约能耗和水资源的目的。

我们这些年来不断总结，做好房屋卫生设备环境的节能主要从以下几个方面：一是从规划设计入手，根据项目所在的地理环境情况以及用水要求，采用新能源技术，开发利用环境自然能源资源加热热水，实现设计资源节能；二是严格按照节能环保理念的技术标准和设计规范，结合供水、排水和热水等系统的特点，设计好各种用水系统的配套管路，选择经济合理的系统形式，选好节能配套设施，实现设计系统节能；三是加强系统运行的监督管理，建立健全管理的规章制度，严防系统管路部件渗漏、冒水，严格按照设计用户的需要进行调配，实现系统运行管理节能。

2. 房屋卫生设备环境的节能技术标准规范

房屋卫生设备环境节能主要遵循的法规、标准及规范如下：

《建筑给水排水设计规范与措施》（GB 50015—2017）：对居民生活、公共建筑、绿化、水景、消防等的给水、排水、热水以及饮水给予一定的标准要求。

《全国民用建筑工程设计技术措施 2007 节能专篇给水排水》：涵盖了民用建筑中给水排水设计的节能内容。较详细和全面地规定了建筑工程设计中房屋卫生设备总体的节能技术细则。

《民用建筑节水设计标准》（GB 50555—2010）：提高水资源利用，在满足用户对水质、水量、水压和水温的要求下，本标准要求节水设计应做到安全适用、技术先进、经济合理、确保质量、管理方便等。

《民用建筑太阳能热水系统应用技术规范》（GB 50364—2015）：太阳能作为清洁能源，世界各国无不对太阳能利用予以重视，以减少对煤、石油、天然气等不可再生能源的依赖，是主要节能的重要手段。

《节水型生活用水器具》（CJ/T 164—2014）：国家行业标准提出在建筑内均采用节水型卫生器具、节能管件等，以减少使用水量达到节约能源的效果。

3. 房屋卫生设备环境的节能技术

（1）给水技术的节能。

1）设计要求：运用给水设计的节能技术知识，结合建筑物需求进行给水卫生器具与给水管道布置；根据建筑性质、功能类别的使用特点，正确进行给水用水量的设计，选择节能型给水设备；合理设计给水系统，确保建筑给水系统的正常使用以及节能要求。

2）设备要求：选用的给水水泵等设备、给水管道、阀门及其他给水配件要优质高效；注意日常的保养维修，避免造成给水卫生器具渗漏与损坏带来的水量浪费；杜绝使用一些高能耗、低质量的给水卫生器具和配水器，确保达到节能的效果。

（2）排水技术的节能。

1）设计要求：按节能的设计要求结合室外排水体制设计好排水系统；根据排水性质及污染程度，选用适当的排水通气形式；保护室内外环境，结合建筑物室内卫生器具的布置形式进行排水管道系统设计；按建筑功能类别正确进行排水量的计算，确定排水管径，确保建筑排水的安全、顺畅、节能耗。

2）回收利用要求：根据规定用水量集中的建筑应采用废水处理达到国家规定的"中水"水质后二次利用，达到节能的目。收集污染轻度的生活排放废水作为中水源进行深度处理后再次利用，以减少水资源的浪费。粪便污水单独排出，经小区化粪池处理后排入市政污水管网。综合考虑各污染程度的废水设计多形式的排水系统能很大程度上节约水资源。

（3）热水技术的节能。

1）设计要求：充分利用太阳能及环境自然资源能源对水进行加热，减少传统能消耗；运用节能技术知识，结合建筑室内的需要进行卫生洁具与热水管道布置；根据房屋功能特点来设计热水管路，满足用户的需求，确保建筑物室内热水供应系统的正常使用。

2）回收余热要求：生活洗浴用水的排放，特别是集中洗浴造成大量能耗的损失，在有条件的情况下应考虑对其进行余热回收。

7.1.2　房屋卫生设备环境的节能途径与措施

1. 房屋卫生设备环境的节能主要途径

（1）结合环境条件，积极采用清洁再生能源——太阳能以及其他的环境自然能源。

（2）结合环境情况，积极推行热水回收技术以及雨水收集处理，达到节能的目的。

（3）推广使用节水型的卫生配水器具，选择质量优良部件和管材，减少水资源的消耗。

（4）加强运行使用管理，积极预防设备管路漏渗水，有效减少水资源的浪费。

2. 房屋卫生设备环境的节能主要措施

（1）充分的利用太阳能加热供应热水。利用太阳能进行加热供应热水，在当前的房屋卫生设备中已经得到了一定程度的运用，利用太阳能进行供水加热，可以减少传统能源资源的使用量，太阳能是无污染的清洁能源。但是其存在着加热效率不很高、一次成本较高的问题，太阳能热水器对光照还有较高的要求，在设计阶段一定要根据建筑的实际情况，对其可行性进行分析。其次在设计阶段还要根据建筑的光照情况选择合理的安装位置,这一点十分重要。当前的绿色建筑就特别重视对太阳能的合理利用,其通过增大建筑光照面积的方式大大地提高太阳能发电和加热的效率,这已就提高了太阳能加热水在建筑卫生设备中的推广使用。

(2)合理建立雨水收集系统和废水处理的中水回收利用系统。在当前的建筑给排水设计过程中,很少有建筑开发商会建立雨水收集利用系统,一方面是其有一定的技术要求,另一方面更主要的是前期的投入成本较大,但效果却不是立竿见影,这使得很多设计中都没有考虑这一项。可事实上雨水采集和利用系统所能发挥的作用是十分巨大的,将雨收集并进行利用,可以将这些水用作日常生活用水,从而可以缓解城市日益增长的供水压力,提高水资源的利用率。

人们生活所产生的废水、污水是造成所属流域水体污染和水环境恶化的重要原因,生活污水未经处理直接排放的总量仍然很大,大量的城市污水进入城市水体或下游河道,也给城市区域内的水环境造成了很大的影响。在目前我国水资源匮乏的情况下,合理加大城市废水处理的中水回收利用系统尤为必要,这是一举两得的事。

(3)推广使用节水型的卫生器具。节水型卫生器具的推广使用有利于解决当前卫生器具质量普遍低下的问题,这些卫生器具容易出现质量问题,就会造成水资源的浪费,如果发现和维修不及时,浪费就会十分的严重。很多用户选择质量低下廉价卫生器具而不选择节水型卫生器具,主要原因是他们没有意识到低价卫生器具所浪费水的成本远比一次性成本高得多,因此在今后的建筑给排水设计中应该尽量采用节水型卫生器具。

7.1.3 房屋卫生设备环境的节能主要内容实例

1. 城市原生污水源热泵空调系统应用实例分析

(1)工程概况与设计条件。沈阳某酒店建筑面积为 14 000m²,原有设备为冷水机组＋燃煤锅炉,改造前设备比较陈旧效率低,不能满足正常使用要求。该系统 2006 年改为城市原生污水源热泵空调系统,冬季供暖、夏季空调及全年供应生活热水。冬季供暖热负荷为 720kW,夏季空调负荷为 650kW,生活热水负荷为 450kW。室内设计温度冬季 22℃,夏季 26℃。污水源设计流量为 110m³/h,城市原生污水含有大量的污杂物,酸碱性约呈中性,污水温度冬季 12℃左右,夏季 22℃左右。

(2)设计方案简述。城市原生污水源热泵空调系统:由污水循环换热系统,热泵机组,末端循环系统组成。污水循环换热系统由原生污水经一级污水泵加压进入污水防阻机,再经二级污水泵进入污水专用换热器与中介水进行热交换,换热后的污水进入防阻机进行反冲洗,伴随杂物排入污水干渠下游。换热后的中介水进入热泵机组。

本系统选用 1 台 SL－600M 型热泵机组供暖,制冷。冬季供暖最高出水温度 55℃,制热量为 720kW,输入功率为 148kW;夏季空调制冷量为 650kW,输入功率为 112kW。选用 1 台 SL－400M 型热泵机组全年供应生活热水,制热量为 450kW,输入功率为 90kW;制冷量为 400kW,输入功率 68kW,设水箱 30m³。设计参数见表 7.1－1。

表 7.1－1 污水源热泵系统设计参数

项目	冬季设计工况			夏季设计工况		
	进/出水温度/℃	温差/℃	流量/（m³/h）	进/出水温度/℃	温差/℃	流量/（m³/h）
污水	12/8	4	110	22/28.5	6.5	110

续表

项目	冬季设计工况			夏季设计工况		
	进/出水温度/℃	温差/℃	流量/(m³/h)	进/出水温度/℃	温差/℃	流量/(m³/h)
中介水	4/8	4	110	35/28.5	6.5	110
空调水	45/50	5	120	12/7	5	120
平均温差	4			6.5		
设计负荷	供暖负荷 1170kW			供冷负荷 1050kW		
热泵能效比	4.0			5.0		

（3）设计设备运行测试参数数据分析。

系统投入运行 15 个月时，当年 1 月 6 日至 8 日的典型数据见表 7.1−2（室内温度为 20～22℃），表 7.1−2 为换热器处于清洗后的轻污染状态，按测试数据计算：制热系数为 3.1，若按全采暖季统计供暖耗热量（如热泵供热量）计算，则制热系数为 4.1。空调季节运行时，取运行 8 个月时的典型数据见表 7.1−3（室内温度为 24～26℃）。

表 7.1−2　　　　　　　　　　供 暖 运 行 测 试 参 数

日期	污水进/出水温度/℃	中介水进/出水温度/℃	空调水温度/℃	污水流量/(m³/h)	中介水流量/(m³/h)
6 日	12.3/9.5	8.5/5.8	45.4	108.7	110.2
7 日	12.3/9.2	8.5/5.3	46.5	108.6	110.4
8 日	12.4/9.3	8.8/5.7	46.4	108.4	110.2

表 7.1−3　　　　　　　　　　空 调 运 行 测 试 参 数

日期	污水进/出水温度/℃	中介水进/出水温度/℃	空调水温度/℃	污水流量/(m³/h)	中介水流量/(m³/h)
2 日	23.7/28.6	30.1/36.2	8.3	102.3	107.8
3 日	23.9/29.0	30.3/36.4	6.7	101.8	108.0
4 日	23.8/28.7	30.2/36.3	8.2	102.4	107.9

中介水温的变化特点决定了系统的能耗效率，是保证系统正常运行的关键参数。

运行 1 年时，中介水温度变化如图 7.1−1 所示。

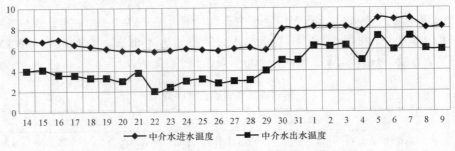

图 7.1−1　中介水温度曲线

如图 7.1－2 所示，热泵机组运行特点决定了中介水温差趋于基本稳定。

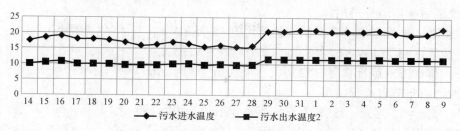

图 7.1－2　污水温度曲线

（4）工程系统改造前后运行能耗与费用分析。系统能耗包括两部分：即热泵主机电能耗和辅助性水泵电能耗。设计能耗状况见表 7.1－4 和表 7.1－5。

表 7.1－4 热泵主机设备表

型号	制热量/kw	输入功率/kw	制冷量/kw	输入功率/kw	安装数量/台
SL－400M	450	90	400	68	1
SL－600M	720	148	650	112	1

表 7.1－5 辅助设备表

设备名称	型号	安装数量 台	功率 kW/台	备注
潜水式排污泵	100WQ100－10－5.5kW	2	5.5	一用一备
二级管道污水泵	GW100－110－15	2	7.5	一用一备
中介水泵	CFL125－125A	2	11	一用一备
中介补水泵	CFL50－125A	2	7.5	一用一备
末端循环水泵	CFL100－200A	2	18.5	一用一备
末端补水泵	25GDL4－11×6	2	2.2	一用一备
高区热水给水泵	CFL50－250A	2	7.5	一用一备
低区热水给水泵	CFL50－200B	2	3	一用一备
热水循环泵	CFL80－100A	2	2.2	一用一备
热泵防阻机	WFJ－100－1.5	2	1.5	一用一备
总计			66.4	

1）改造前全年运行费用。

冬季采暖运行费用：$14\,000 m^2 \times 24$ 元/m^2＝33.6 万元

夏季空调运行费用：25.2 万（kW·h）×0.8 元/（kW·h）＝20.16 万元

冬夏生活热水费用：2 万元/月×12 月＝24 万元

年运行费用总计：33.6 万元＋20.16 万元＋24 万元＝77.76 万元

年平均每平方米运行费用：77.76 万元/1.4 万 m² = 55.54 元/m²。

2）改造后全年运行费用。

冬季供暖、夏季空调及热水供应共计用电 65 万 kW·h

运行费用：65 万 kW·h × 0.8 元/（kW·h）= 52 万元

年平均每平方米运行费用：52 万元/1.4 万 m² = 37 元/m²

3）改造后年节省运行费用。

77.76 万元 – 52 万元 = 25.76 万元，折合年节约为 18.4 元/m²。

该改造工程总投资 250 万元，单位面积成本 178.6 元/m²。可再生水源热泵补贴 50 元/m²，共计补贴 70 万元，该工程回收期限约为 6～7 年。

（5）小结。

1）城市原生污水水源热泵系统运行效果良好，制热、制冷均能达到室温设计要求。

2）水源侧运行参数包括污水温度与中介水温度，两者呈对应关系，变化趋势一致，污水水流量及污水温度较稳定。

3）污水水源热泵系统中，热泵机组能耗约占 75%，其他占 25%，机组制热系数在 4.0，系统制热系数在 3.5 左右，空调制冷时分别为 5.0、4.5。因此尽管用中介水传输热量，能耗效率依然保持较高水平。

2. 太阳能热水供应实例分析

（1）工程概况与设计条件。项目主要分为酒店及附属功能区。主体酒店 10 层，局部 5～9 层，地下 2 层，地上部分高度为 40.6m，合计房间 516 个，机电房间设于地下 2 层；具有典型的亚热带海洋性气候特点，基本特征为四季不分明，气温差较小，年平均气温高；太阳能资源为一般区域，全年辐照量 5000～5400MJ/（m²·a），年日照时数 2200～3000hr。

本项目为太阳能生活热水供应，区域包括客房区、洗衣房、SPA、宴会厅、中餐厅、全日餐厅、更衣室等。总生活热水最高日耗热量约为 4534.2MJ（1259.5kw·h），商务酒店客房区最高日耗热量约为 2743.2MJ（762kW·h），公共区域最高日耗热量约为 1791MJ（497.5kW·h）。计算根据节水设计规范，客房按标准间合计 1032 床；冷水计算温度为 20℃，热水计算温度为 60℃。

（2）设计方案简述。

1）太阳能热水系统的特点。太阳能热水系统受日照时段及占地面积限制，影响热水供应稳定及建筑效果；但同时也具有节能减排，增加经济效益的特点。

2）热水使用时段分析。理想状态下太阳能热水生产高峰应与热水使用高峰时段同步。由于酒店各功能区热水使用高峰时段不同，洗衣房、SPA、各类餐厅及后勤区热水使用高峰基本集中于 8:00—20:00；客房区域一般集中在 7:00—10:00 和 18:00—23:00。加之太阳能热水生产高峰期的不持续性（全年日照时段基本在 8:00—19:00，并受气候条件影响），可优先考虑太阳能热水供应酒店附属功能区。由于本项目现有建筑景观布置不满足附属区设置太阳能集热器条件，而客房区耗热量占总耗热量约 60%，以及系统分区、换热机房面积及位置、需存水量、保温及存水水质等诸多问题，拟定太阳能仅用于酒店客房区生活热水的加热。

3）太阳能集热器安装位置。太阳能集热器的安装位置和面积大小受酒店设计和景观规划的影响。本项目酒店附属功能区上方已设计为景观园林，可选用安装位置仅有客房上方屋面，可供给安装太阳能集热器的面积不大于 3000m²，并需配合景观调整合理位置。基于安装便利、减少管路、降低水泵扬程、减少初投等考虑，将太阳能加热系统的换热设备设置在客房楼地下 2 层；另因本项目客房楼布置狭长，考虑根据客房功能特点及数量划分 3 个区，各分区下方均设置换热机房，由 3 套太阳能集热系统对应，就近作换热处理以减少热损失及热水系统管道数量，有效利用地库走道的机电布管空间，如图 7.1-3 所示。

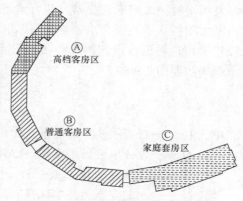

图 7.1-3　集热器布置分区示意图

（3）采用太阳能热水系统分析。因本项目为度假酒店，其水质需求及供水稳定性需满足酒店管理公司要求。系统采用间接加热太阳能热水系统，可避免因加热系统管路阻塞导致的供水点冷热水压力不均衡，同时满足热供水系统水质要求；虽然系统造价较直接式太阳能热水系统略高，但其对酒店热水供应系统的优势仍可视为合适的选择。为保证系统的高度稳定性，拟采用双储水装置。

因相比较闭式系统，开式系统需增加一套循环管路及贮热水箱。根据相关规范（贮水箱的贮热量需不小于 $60\min Q_h$），本项目需储水量约 16m³；考虑设置储热水箱将占用机房面积较多，而且由于储水量较少、热量散失较快，太阳能加热时段与客房用水高峰不同步等问题，储热水箱使用效果并不理想。故拟采用含导流式容积式换热器的闭式强制循环系统。同时，为确保酒店 24h 热水连续供应及系统稳定，附设锅炉辅助加热设施；以满足日间阳光不充足时段及夜间时段，系统仍能提供稳定可靠的热水供应，如图 7.1-4 所示。

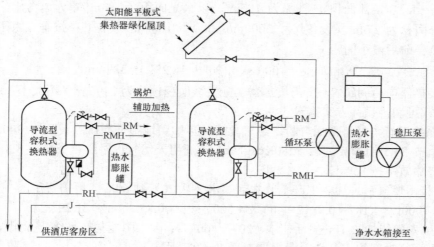

图 7.1-4　太阳能热水系统原理图

本项目的太阳能加热系统热媒加热前后温差是 40℃（60℃-20℃=40℃），平板型和真空管集热器转换效率约 75% 和 78%，转换效率仅差 3%。从造价方面考虑，真空管太阳能集热器较平板型的初投资成本略低，也可比较理想地配合建筑立面及景观的布置；而从气候及已有项目经验考虑，台风季节平板型集热器相对较真空管集热器耐用。所以现阶段，优先推荐采用平板型太阳能集热器，并可满足闭式系统承压需求。

太阳能热水系统产水量与太阳辐射强度及日照时间密切相关，一年四季变化很大。因此按年平均辐射进行设计，参考《太阳能集中热水系统选用与安装》（06SS128）中公式计算系统集热器面积：

$$A_{jz} = Q_r c \rho_r (T_r - T_1) f / [J_t H_j (1 - H_1) \times 1000] \tag{7.1-1}$$

$$A_{jj} = A_{jz} [1 + (U A_{jz}) / KF] \tag{7.1-2}$$

式中　A_{jz} ——直接系统集热器采光面积，m^2；

　　　Q_r ——设计单位日用水量，L/d；

　　　T_r ——热水温度 60℃；

　　　c ——水的定压比热容 4.187kJ/（kg·K）；

　　　T_1 ——冷水温度 20℃；

　　　H_j ——集热器年平均集热效率 0.50；

　　　J_t ——倾角等于当地纬度时，倾斜表面平均日太阳总辐照量 16 956kJ/（m^2·d）；

　　　ρ_r ——热水密度，取 0.983 42kg/L；

　　　H_1 ——管路及储水容器热损失率 0.15；

　　　f ——太阳能保证率 0.55；

　　　U ——集热器总热损系数 5W/（m^2·K）；

　　　K ——换热器传热系数，W/m^2·K；

　　　A_{jj} ——间接系统集热器采光面积，m^2；

　　　F ——间接系统水加热器传热面积，m^2。

太阳能集热面积确定：A_{jz} = 1622m^2 及 A_{jj} = 1706m^2 导流容积式换热器传热系数 K 暂定 860W/（m^2·K）；换热面积 F 计算为 182m^2。以采光面积（1.83m^2/单元）考虑，单位平板型集热器总面积为 2.0m^2（设备尺寸 2000mm（L）×1000mm（W））；按垂直太阳入射角状态计算集热器前后最小间距

$$S = H \cot \alpha = 1000 \times \cot(90° - 18.23°) = 329mm$$

考虑集热器前后间距 S，所需集热器实际安装面积预计为 2496m^2（不大于 3000m^2 的可提供面积），可满足设计方案需求。

（4）系统运行与经济费用分析。经气象资料可知当地年平均日照天数约 300d。当地燃气燃烧热值按 34.5MJ/Nm³（合 8250Kcal/Nm³），商用天然气价格经查资料为 3.8 元/m³。燃气锅炉燃烧热效率按 85%计。

1）直接用燃气锅炉加热生产 1m³ 生活热水（从 20℃到60℃）所需费用。

S_1 = （1000L × 4.187 × 0.9812 × 40℃/34 500）× 3.8/0.85 元/m³ = 21.29 元/m³。

2）采用太阳能加热 1m³ 生活热水（20℃～60℃）：因太阳能集热系统含 3 组循环水泵运行，按每天运行时间约 12h 计，费用均摊后 S_2 = 0.7 元/m³。

3）太阳能加热 1m³ 热水可节省运行费估算：S_3 = S_1 - S_2 = 21.29 元/m³ - 0.7 元/m³ = 20.59 元/m³。全年可节省费用按日最高产热水量计算（约为 129m³），则 S_4 = 129m³ × 300d × 20.59 元/年 = 796 833 元/年。

造价概算太阳能集热系统包括集热器、循环泵组、管道、补水装置、膨胀罐、容积式换

热器及自动控制等，平板式集热系统预计投资费用（安装及设备费用以国内产品作依据）较燃气锅炉加热系统增加约 2 559 000 元。

当地对新建建筑设置太阳能供应热水量满足热水耗量 60%以上的项目提供财政补贴或面积补偿。补助资金以太阳能热水系统增量投资的 30%～50%计；面积补偿按规划审批之前可获得 15 元/m²，容积率 2.5%补偿。参考年节省运行费用估算，使用太阳能加热生活热水系统可在 3.21 年内回收投资费用；如考虑当地财政补贴，投资回收期可进一步减小。

（5）小结。

太阳能作为一种长期的免费清洁能源，具有其先天优势，但太阳能热水系统存在因光照不足、阴雨天气及夜晚等因素，不能满足的生活热水供应需求的弊端。为解决全天 24h 热水供应问题，仍需要设置辅助热源（如电加热设备、蒸汽或热水锅炉）。太阳能加热热水系统应用于酒店项目须具有高度稳定性，并不受天气因素影响。其集热器的类型选择，应根据建筑景观要求及当地气候特点进行确定。

7.2　房屋卫生设备环境的减排

7.2.1　房屋卫生设备环境的减排综述

1. 房屋卫生设备环境的减排发展概况

我国水环境质量不容乐观，房屋卫生设备环境所产生的污染是造成水污染的主要原因，其中主要包括人们生活所产生的废水，工业工艺生产所造成的废水。随着经济的快速发展，轻工业小企业的数量繁多，污染大多来自于此，它们占有了整个中国工业废水排放的 40%，这些企业目前提供了整个工业产品的 40%，出口商品的 35%。这些企业都在被严重的水污染问题所困扰，排放污水的总量已达到每天 3900m³，每年 1.2Gm³，水污染严重制约着经济的发展。虽然城市污水处理率稳步提升，但生活污水未经处理直接排放的总量仍然很大，大量的城市污水进入城市水体或下游河道，对城市水环境造成了极大的影响。

合理加大城市区域内生活和工业污染废水的投入治理，对不同性质有害物污染的废水采用不同的有效办法和措施，采用先进的水处理设施，将城市区域内生活和工业污染废水的有害污染物进行有效处理后，再排入城市水体或下游河道，大大地减少了城市废水污染物的排放。我国目前许多城市废水治理与利用深入开展，减少控制有害污染物的泛滥排放与有效利用水资源的工作已逐渐成效，这种利国利民的事深得人民群众的支持。

目前我国已制定了相关污水排放的标准和规范，从法律的层面上对其进行严格的要求与管理，并依照相关制度进行监测治理，全国各地正在深入有序地开展。

2. 房屋卫生设备环境的减排技术标准及规范

《污水综合排放标准》（GB 8978—2002）：标准规定了 69 种水污染物最高允许排放浓度及部分行业排放定额，各种污染水源的排物种类等。

《室外排水设计规范》（GB 50014—2006）：国家规定了适用新建、扩建和改建的城镇、工业区和居住区的永久性的室外排水工程设计。排水工程依据城镇排水与污水处理规划，并与城市防洪、河道水系、道路交通、园林绿地、环境保护、环境卫生等专项规划和设计协调。

《城镇污水处理厂污染物排放标准》（GB 18918—2016）：本规范规定了城镇污水处理

厂出水、废气排放和污泥处理的污染物限值与管理及居住小区和工业企业内独立的生活污水处理设施污染物的排放管理。

《地下水环境质量标准》（GB/T 14848—2017）：标准规定了地下水环境的质量分类、污染指标以及排污标准。

3. 房屋卫生设备环境的减排要求

（1）工业废水处理。轻工业是水污染的主要来源，例如：印染废水其主要包括毛纺厂的染色、缩绒和洗毛过程中产生的以羊毛脂、酸性染料、助剂为主要污染物的废水，棉布印染厂的退浆、煮练、漂白、丝光、染色和印花过程中产生的以浆料、染料、助剂、纤维蜡质和果胶为污染物的废水，苎麻纺织印染厂脱胶、染色和整理过程中产生的以丝胶与染料、助剂为污染物的废水，针织厂在碱缩、煮练、染色和后处理时产生的纤维蜡质和染料、助剂为污染物的废水。废水成分复杂，色度在 100～500 倍，化学需氧量（COD）根据废水品质的不同从 400～2500mg/L 不等，悬浮物达到 100～400mg/L 是较难处理得工业废水之一，所以我们应该对其采用更为先进的处理技术来减少此类污染物对水质的影响。

（2）民用废水处理。民用废水是人们日常生活不可避免所产生的，其中值得关注的是医院的污水和餐饮的废水。

1）医院污水：其中含有多种致病菌、病毒、寄生虫卵和一些有毒有害物质、放射性污染物等，具有很强的传染性。若不经过处理任其排放进入城市下水管道或环境水体，这些病毒、病菌和寄生虫卵在环境中将成为一个集中地二次污染源，引起多种疾病的发生和蔓延，严重威胁人类的身体健康，所以对其进行有效的处理，减少污染物的排放十分必要。

2）厨房污水：餐饮废水是餐饮业过程中产生的综合废水，主要来源于餐饮业的准备、餐具的洗涤、食物残余的渗沥液等由于餐饮业的特征。餐饮废水具有排放分散水质波动大等特点。食物准备阶段产生的废水，主要包含肉餐饮业准备的动物油脂、泥沙等；餐具的洗涤废水包含大量的洗涤剂以及动植物油脂等；食物残余产生的渗沥液是一种典型的高浓度有机废水，其 COD 质量浓度高达 5 万～6 万 mg/L，同时由于就餐人员的复杂性，还存在病毒污染。总体上，餐饮废水的污染特征主要体现为高浓度的有机污染。污水中的动植物油，有一定的气味和色泽，由于该类废水有较高浓度的动植物油以及大量悬浮物，成为城市高浓度污染源。未经处理直接排放的餐饮废水，不仅会增加城市污水处理厂的负荷，而且会影响城市排水管网的过水能力，废水排入水体后，又会引起水体的富营养化，威胁环境和人类的健康。

7.2.2 房屋卫生设备环境的减排途径与措施

1. 房屋卫生设备环境的减排主要途径

（1）结合地理环境情况，大力应用太阳能及热泵技术自然能源资源，减少使用传统能源对环境的污染。

（2）结合环境情况，合理建立完善废水处理及中水回收利用系统，使环境内外废水污染物得到治理，有序排放。

（3）加大对水环境中污染物的有效治理研究，设计出经济高效的水处理设备。

2. 房屋卫生设备环境的减排主要措施

房屋卫生设备环境的污染已日益恶化，许多生活污水、工业废水未经处理直接排入附近水域，已严重影响城市饮用水的环境。采取污水处理的有效措施已经刻不容缓，并以公共建筑医院和餐饮业为例，其具体减排措施介绍如下：

（1）医院污水处理减少污染物的排放。医院废水处理工艺通常根据医院的规模、性质和处理污水排放的去向来进行工艺选择，医院污水处理所用工艺必须确保处理出水达标。医院污水处理主要分为处理和消毒两部分。

1）医院污水处理：一般采用生物处理，一方面是降低水中的污染物浓度，达到排放标准；另一方面可保障消毒效果。生物处理工艺主要有活性污泥法、生物接触氧化法、膜生物反应器、曝气生物滤池和简易生化处理等，其工艺的特点、使用范围详见表 7.2－1。

表 7.2－1　　　　　　　　　　　　　生物处理工艺综合对比

工艺类型	优　点	缺　点	适用范围	基建投资
活性污泥法	对不同水质的污水适应性强	运行稳定性差，易发生污泥膨胀和污泥流失，分离效果不够理想	800 床以上的水量较大的医院污水处理工程	较低
生物接触氧化	抗冲击负荷能力高，运行稳定；容积负荷高，占地面积小；污泥产量较低；无需污泥回流，运行管理简单	部分脱生物膜造成水中的悬浮固 5 体浓度稍高	800 床以下的中小规模医院污水处理工程。适用于场地小、中水量小、水质波动较大和微生物不易培养等情况	中
膜生物反应器	抗冲击负荷能力强，出水水质优质稳定，有效去除 SS 和病原体；占地面积小；剩余污泥产量低	气水比高，膜需进行反洗，能耗及运行费用高	500 床以下小规模医院污水处理工医院而积小，水质要求高	高
曝气生物滤池	出水水质良好；运行可靠性高，抗冲击负荷能力强；无污泥膨胀问题；容积负荷高且省去二沉池和污泥回流，占地面积小	需反冲洗，运行方式比较复杂；反冲水量较大	300 床以下小规模医院污水处理工程	较高
简易生化处理	造价低，动力消耗低，管理简中	出水 COD、BOD 等理化指标不能保证达标	作为对边远山区，经济欠发达地区医院污水处理的过渡措施，逐步实现二级处理或加强处理效果的一级处理	低

2）医院污水消毒是杀灭污水中的各种致病菌：医院污水消毒常用的消毒工艺有氯消毒（如氯气、二氧化氯、次氯酸钠等）、氧化剂消毒（如臭氧、过氧乙酸）、辐射消毒（如紫外线、 r 射线），其优缺点如下表 7.2－2。

表 7.2－2　　　　　　　　　　　　　生化处理工艺的综合对比

工艺类型	优　点	缺　点	消毒效果
氯	具有持续消毒作用；工艺简单，技术成熟；操作简单；投量准确	产生具致癌、致畸作用的有机氯化物（THMs）；处理水有氯或氯酚味；氯气腐蚀性强，运行管理有一定危险性	能有效杀菌，但杀灭病毒效果较差
次氯酸钠	无毒，运行、管理无危险性	产生具致癌、致畸作用的有机氯化物（THMs）；使水的 pH 值升高	与 Cl_2 杀菌效果相同
二氧化氯	具有强烈的氧化作用，不产生有机氯化物（THMs）；投放简单方便；不受 pH 影响	ClO_2 运行、管理有一定危险性；只能就地生产，就地使用；制取设备复杂；操作管理要求较高	较 Cl_2 杀菌效果好

续表

工艺类型	优　点	缺　点	消毒效果
臭氧	有强氧化能力，接触时间短；不产生有机氯化物；不受 pH 影响；能增加水中溶解氧	臭氧运行、管理有一定的危险性；操作复杂；制取臭氧的产率低；电能消耗大；基建投资较大；运行成本高	杀菌和杀灭病毒的效果均较好
紫外线	无有害的残余物质无臭味操作简单，易实现自动化运行管理和维修费用低	电耗大；紫外灯管与石英灯管需定期更换；对处理水的水质要求较高；无后续杀菌作用	效果好，但对悬浮物浓度有要求

（2）餐饮业污水处理，减少污染物的排放。饮食业污水的处理方法与其他生活污水的处理方法基本相同，一般包括物理法、化学法、物理化学法、生物法。但饮食业污水具有自身显著的特点，所以在处理方法上也要进行具体分析。饮食业污水中含有食物残渣、悬浮物、毛发、油脂和其他固体物质。如果这些污水不加以处理，会使大量的油脂、有机物、悬浮物进入地表水造成严重的污染。餐饮废水处理方法主要分为以下几种：

1）重力及机械分离法，主要用于处理水中的浮油和分散油。其原理是利用在重力场中和离心场中，油和水密度不同且相互不溶的性质，所产生的重力和离心力不同进行分离。在重力场中浮油或分散油在浮力作用下上浮分层，其上浮速度取决于油珠颗粒大小、油与水的相对密度差、流动状态及流体薪度等。该过程是在隔油池或隔油罐中进行。其特点是结构简单、管理及运行方便、除油效率稳定，但处理所需时间长，池子占地面积大。

2）离心分离法，是利用快速旋转产生的离心力，使相对密度大的水抛向外圈，而相对密度较小的油珠留在内圈，并聚结成大的油珠而上浮分离。该法设备紧凑，占地面积小，适用于小批量餐饮废水处理，且利用高速离心机（转速高于 12 000r/min）可分离水中的乳化油。按离心力产生方式不同的油水分离器有水力旋流器和离心机。前者是利用油和水密度的不同，在高速旋转下所产生的重力加速度相差悬殊，增强了油水分离效果。后者是餐饮废水进入带状涡旋室产生离心力，由于油水离心力不同，水由前方排出，油自后方回收孔回收。该法设备结构简单，与浮上分离法相比，占地面积小。

3）粗粒化法，用于分散油处理研究较多，是利用油一水两相对聚结材料亲和力的不同来进行分离。其机理是：当餐饮废水流经一些疏水亲油物质时，油滴在其润湿、聚结、碰撞聚结、截留、附着等联合作用下聚结成较大的油滴，而有利于油的去除。

（3）城市污水集中处理。建立城市污水集中处理系统，为了控制水污染的发展，工业企业还必须积极治理水污染，尤其是有毒污染物的排放必须单独处理或预处理。随着工业布局、城市布局的调整和城市下水道管网的建设与完善，可逐步实现城市污水的集中处理，使城市污水处理与工业废水治理结合起来。加强对企业资源利用率的管理，适时淘汰有些耗能大、污染严重的企业。而随着经济的发展，工业的废水排放量还要增加，如果只重视末端治理，很难达到改善目前水污染状况目的，所以我们还要实现废水资源化利用以达到减排的效果。

（4）监督管理。

1）建全相关法律法规，增强法制约束力，加大处罚力度，让有些违规的行为得到法律的制裁，让公众的环境保护意识得到提升。同时加大宣传力度，增强公民的减排意识。

2）强化对饮用水源取水口的保护，有关部门要划定水源区，在区内设置告示牌并加强取水口的绿化工作，定期组织人员进行检查以减少污染物的排放。从根本杜绝污染，达到标本兼治的目的。

3）加强水资源的规划管理，合理制定水资源规划，根据水的供需状况，实行定额用水，并将地表水、地下水和污水资源统一开发利用，切实做到合理开发、综合利用、积极保护、科学管理。同时，为了有效地控制水污染减少污染物排放，在管理上应从浓度管理逐步过渡到总量控制管理。

7.2.3　房屋卫生设备环境的减排主要内容实例

1. 医院污水处理减少污染物排放实例

（1）工程概况与设计条件。

某市中医院为二级甲等医院，现有床位 120 多张，每天污水排放量约为 100m^3，COD 值为 350mg/L，BOD_5 值为 200mg/L，SS 值为 300mg/L，细菌总数约为 1.5×10^7 个/L。

（2）设计方案简述。采用水解酸化＋生物接触氧化工艺处理医疗废水可以达到国家规定的出水标准。该工艺具有有机容积负荷高，污泥产量低，抗负荷冲击能力强，不存在污泥膨胀问题，运行管理方便等优点，易于维护管理，出水的各项水质指标优于国家标准，COD 去除率达 90%以上，BOD_5 去除率达 94%以上。接触氧化池内采用微孔曝气装置进行曝气，布气均匀，氧利用率高，因此，节省能耗，降低了运行和投资费用。以某市中医院污水为例介绍了污水处理工艺的设计、调试运行。医院污水处理工程示意图如图 7.2－1 所示。

本工程采用水解酸化＋生物接触氧化＋ClO_2 消毒组合工艺，处理流程分为兼性段和好氧段，兼性段只采用水解酸化法，好氧段采用接触氧化法。污水排放呈周期性变化，而整个处理构筑物为全天运转。在兼性段前设置了格栅、调节池预处理单元，在好氧段处理之后，采用 ClO_2 消毒处理，保证出水水质。

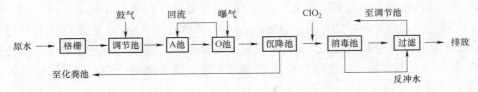

图 7.2－1　医院污水处理工程示意图

水解酸化池（A 池）由兼性菌在缺氧或厌氧条件下进行厌氧反应过程中的水解和酸化阶段，这一阶段控制溶解氧（DO）小于 0.2mg/L，停留时间 1.4h，中间为提高微生物利用率悬挂弹性填料，给微生物提供了载体，使污水与生物膜广泛接触，利用兼氧菌将污水中难降解的大分子有机物转化为易降解的小分子有机物，不溶性的有机物变成溶解性的有机物，提高污水的可生化性，并去除一部分 COD 和 SS，最重要的是兼性水解还可抑制丝状菌的繁殖。同时设置从生物接触氧化池（O 池）中回流污泥进行反硝化反应去除水中的氨氮。

1）格栅。用以拦截污水中较大粒径的悬浮物和漂浮物，保证后续处理过程的正常运行。本工程采用小型旋转式格栅除污机，主要部件均为不锈钢制成，耐腐蚀。设备宽度 450mm，栅间距 2mm，齿钯间隙 5mm，在格栅顶部下方加装不锈钢栅渣框，便于人工清渣。

2）调节池。主要作用是均化水质水量，保证后续处理系统进水的稳定性。由于医院废水的特殊性，每天各个时段的水质、水量不稳定，所以调节池的容积很难确定。

采用下式确定：

$$V = q_v t$$

式中 q_v ——平均流量，m^3/h；

         t ——污水停留时间，h，取 $t=4\sim6h$。

本工程调节池结构尺寸：$4200mm \times 2200mm \times 3500mm$，有效容积 $25.6m^3$。池内设置 $50QW10-10-0.75$ 潜污泵 2 台，采用手动与液位自动控制水泵启停。为防止调节池中泥沙沉淀，在池底设计鼓气装置，间断性鼓气。

3）水解酸化池（A 池）。在缺氧条件下微生物还利用部分有机碳源合成新的细胞物质，使难以降解的大分子有机物转变为易降解的小分子有机物。同时在缺氧条件下利用异养型兼性微生物将自生物接触氧化池回流来的混合液中的亚硝酸氮、硝酸氮转化成气态氮从废水中逸出，以除去水中的氨氮。A 生化池中设有抗腐蚀性强、比表面积大的弹性立体填料。设计停留时间为 2h，结构尺寸为 $2550mm \times 2200mm \times 3500mm$，有效容积 $15m^3$，内设 $6.5m^3$ 的纤维弹性立体填料，在池内设置溶氧仪，控制溶解氧小于 $0.2mg/L$。

4）生物接触氧化池（O 池）。设计停留时间为 3h，结构尺寸为 $5050mm \times 2200mm \times 3500mm$，有效容积 $29m^3$，内设 $13m^3$ 的纤维弹性立体填料。池底设置带橡胶膜片的微孔曝气头，单个曝气头供应 $0.5m^2$ 的面积，共使用 21 个曝气头。水中溶解氧量控制在 $2.5\sim3.5mg/L$，气水比控制在为 $3:1\sim7:1$ 之间。在操作间采用百事德 HC 回转式鼓风机供气（一用一备），交替对整个处理系统进行供气。为提高系统的脱氮除磷效果，本工程在接触氧化池内设置一污水泵，间歇性的将接触氧化池内的混合液回流至水解酸化池，利用反消化达到进一步脱氮的目的。

5）沉淀池。接触氧化池出水进入沉淀池进行泥水分离，为保证进水较为平缓，在接触氧化池距池底 0.5m 处引出钢管，使其从距池顶 1.2m 处进入沉淀池中心筒。设计停留时间为 2.5h，结构尺寸：$2200mm \times 2200mm \times 3500mm$，有效容积为 $15m^3$，池底设计为坡形（四周高，中间低）。采用气提装置提泥，每 8h 提泥 15min。本工程原水为医疗废水，特在设计中考虑到对排除污泥的消毒，特在中心进水筒中部位置加设消毒剂进口，利用二氧化氯对污泥进行消毒、杀菌。

6）接触消毒池。沉淀池出水在消毒接触池经二氧化氯消毒，以杀灭水中病菌。设计停留时间为 2.5h，采用二氧化氯发生器现场制备二氧化氯，通过水射器将稀释后的二氧化氯溶液加入消毒接触池，保证池中有效氯含量 $15mg/L$。为使池中消毒剂与水能充分混合，特采用鼓气对消毒剂与水进行混合。结构尺寸为 $1200mm \times 2200mm \times 3500mm$，消毒时间大于 $2.0h$。在消毒接触池设置 $50QW10-10-0.75$ 水泵一台，使用液位开关控制泵的启停，将水送入过滤罐。

7）过滤罐。采用石英砂过滤罐，罐中滤料高度 1m，托层 0.3m（采用鹅卵石），滤料采用三种粒径范围的石英砂。罐体直径 50cm，滤速约为 $12m/h$。水泵将水送入过滤罐，并提供反冲洗用水（采用手动方式每天反洗一次，反洗时间为 0.5h，反洗强度控制在 $6\sim15L/(m^2 \cdot s)$）。

（3）流程运行效果与工程总造价分析。生物接触氧化池中的活性污泥接种自城市污水处理厂二沉池，细菌驯化阶段共经历了一个月左右，首先按照进水、曝气、沉淀、撤除上清液四个步骤进行，每个循环中曝气 2h，沉淀 2h。15d 后，待污泥生长到一定的规模（SV 约为 10%），改用连续进水，连续出水的驯化方式，回流比为 100%。在驯化期内，撤除的上清液比较混浊，可以看到许多小絮状的颗粒。其主要原因是细菌处于对数生长期，污泥的活性很高，难以沉降。20d 后，沉淀池出水逐渐变清，驯化完成，进入正常运行阶段。经对出水水质监测，各项指标均达到设计要求，见表 7.2 - 3。

表 7.2 - 3　　　　　　　　　　　　出 水 水 质 检 测 结 果

检测项目	COD/（mg/L）	BOD/（mg/L）	SS/（mg/L）	余氯/（mg/L）	粪大肠菌数/（MPN/L）	志贺氏菌	肠道病菌
监测数据	30	12	10	0.5	<20	没有检出	没有检出

工程总造价：约为 43 万元，其中设计、设备、安装费约为 31 万元，土建部分 12 万元。运行费用：日耗电 80kWh，按每千瓦时 0.7 元计算，电费 56 元/d，污水站操作人员定员 1 人，月工资 800 计算，则每天人工费约为：25 元/d，药剂费 4.5 元/d，二氧化氯发生器用水 6 元/d，合计费用为：91.5 元/d，水平均 0.915 元/t。

（4）小结。

消毒工艺采用先进的 ClO_2 发生器进行消毒处理，ClO_2 对细菌及其他病毒消毒能力强，设备寿命长，安全可靠，使用效果好，综合费用低。

2. 餐饮污水处理减少污染物的排放实例分析

（1）工程概况与设计条件。某大型超市的一层分布着大量的中、西式餐馆，每天排放大量的餐饮废水。与生活污水相比较，该类废水具有 BOD_5 和 COD 高，含油量大，有一定色度和气味，水质、水量变化较大的特点。餐饮废水须经预处理后方可排入城市污水管网；从长远来看，伴随着城市自来水价格的不断攀升和污水排放标准的日益严格，该类废水处理后的中水回用，可以大幅节省运行成本。另外该超市位于城市中心区，可用占地面积较小，因此该大型超市决定选用 MBR 处理餐饮废水并回用为超市冲厕水。MBR 处理餐饮废水的工艺流程如图 7.2 - 2 所示。

餐饮废水 → 格栅 → 调节池 → 气浮池 → MBR → 中水池 →出水→ 用户

图 7.2 - 2　MBR 处理餐饮废水的工艺流程

（2）设计方案简述与特性量。餐饮废水首先经过格栅，去除固体垃圾，然后进入调节池；调节池能起到调节水质、水量的作用，同时在调节池内设置曝气，防止污水中的悬浮物在池内沉积；采用高效溶气气浮装置，去除污水中的油类（主要是浮油和乳化油）和部分胶体类污染物，减轻后续生物处理的压力；气浮池出水自流进入 MBR，通过微生物和膜组件实现以下作用：有机物的深度氧化；NH3 - N 的氧化以及氮的去除，固液分离，达到水力停留时间（HRT）和污泥停留时间（SRT）的分离，病菌等有害微生物的去除；MBR 出水进入中水池，可回用为超市冲厕水。

1）膜通量：膜通量是 MBR 设计的重要参数之一。膜通量太大，会导致膜污染严重，影响系统的稳定运行，膜通量太小，则膜面积加大，增加工程投资。因此适宜的膜通量对维持膜组件的长期稳定运行，提高现有条件下膜的使用寿命和效率就显得尤为重要。通过小试试验，确定设计运行膜通量为 300L/（m² · d）。

2）抽停比：在浸没式 MBR 中，采取间歇抽吸的方法可以有效地减轻膜污染。在膜的抽吸过滤过程中，混合液中溶解性有机物由于膜的截留作用，会在膜的表面沉积、浓缩，就是所谓的浓差极化现象。在抽停过程中，由于扩散作用，膜表面沉积的有机物也会脱离膜表面向反应器内扩散。溶解性有机物的沉积程度与抽吸时间有关。而从膜面的脱落程度与曝气量和抽停时间有关。通过小试试验，确定 MBR 的抽吸模式为抽 10min 停 2min。

3）曝气强度：在 MBR 中，曝气主要发挥两方面的作用：为微生物提供氧气，满足其降解有机物和合成细胞的要求，在膜表面产生一定的错流速率，减轻膜表面污染物的积累，降低膜污染速率。但是一方面由于该处理系统中，进水 COD 较高，导致污泥的 COD 容积负荷偏高，处理单位体积污水所需溶解氧偏高；另一方面 MBR 不排泥，导致池中污泥浓度高，相应地黏度上升，对氧气的传质效率造成不利影响。为保证较好的处理效果，必须选取合理的气水比。通过小试试验和综合上述因素，选取气水比为 60：1。

分析方法 COD、TN、NH3－N、TP、BOD5、SS 采用《水和废水监测分析方法》（第 4 版）标准方法测定，pH 采用便携式 PHB－1 型 pH 计测定，浊度采用 WGZ－1 型数字式浊度仪测定，含油量采用《水质石油类和动植物油的测定红外光度法》，GB/T 16488—1996 规定的方法测定。

（3）工程调试及稳定情况采用接种污泥的启动方式。将污水处理厂脱水泥饼投入MBR2d，待其恢复活性后开始进水。采用出水量递增的调试方法，即膜通量递增的方式，随着微生物降解能力的提高，逐步达到设计负荷。经过 7d 的调试，最终达到设计膜通量，出水水质达到设计要求。

调试期间（8 月 16 日至 22 日），水量、SV30 随时间变化关系。污泥刚投入时，污泥中微生物不适应环境和外来脱水药剂抑制作用，活性较低，活性污泥絮凝体未形成或形成较少，伴随着微生物对环境的适应，又由于 MBR 中有机物与微生物的比值（F/M）高，污泥中的微生物逐渐恢复活性，出水水量逐渐增大，出水水质保持良好。污泥体积指数（SVI）能较好反映活性污泥的松散程度和凝聚沉降性能，通常认为 SVI 为 100～150mL/g 时，污泥沉降性能良好，SVI 大于 200mL/g 时，污泥沉降性能差。进入稳定运行期（调试期结束后即进入稳定运行期）后，污泥 SS 逐渐提高到 8～9g/L，SVI 逐渐稳定在 100～140mL/g，说明在MBR 不排泥的情况下，污泥性状依然维持良好。膜污染及清洗按 3～5 个月运行时间来设计，运行一段时间后，膜表面形成污染层，膜通量不断下降，当跨膜压差达到 30kPa 时进行在线清洗，所使用清洗剂为次氯酸钠，药剂质量分数为 0.5%。

（4）餐饮污水处理与污染物的去除效果。

1）对 COD 值的去除效果。进水 COD 在 1210～4637mg/L 变化，波动较大，但是 MBR 出水稳定，表明 MBR 具有较强的耐冲击负荷能力。同时进水 COD 均值高于 2000mg/L，而 MBR 出水的 COD 均值在 60mg/L 左右，表明系统对 COD 的去除率较高，调节池、气浮池、MBR 对 COD 的平均去除率依次为 24.1%、7.7%、65.2%，系统的累积平均去除率为 97.0%。调节池对 COD 的去除率较高，主要是餐饮废水中含有大量的食物残渣等浮渣类有机物，体积较大的浮渣类有机物在格栅处被拦截掉，另外为防止有机物颗粒沉降，在调节池内设有曝气装置，并且餐饮废水在池内有一定的 HRT，部分有机物被降解和转化，因此表现出较高的 COD 去除能力。

2）对 BOD5 值的去除效果。BOD5 与去除 COD 的情况不同，气浮池对 BOD5 的去除率超过调节池，表明在餐饮废水处理过程中，大量处于悬浮状态的可降解有机物在气浮的作用下被分离出来，以浮渣的形式从系统中流失，BOD5 随之降低。MBR 对 BOD5 的去除率超过 50%，可见在整个系统中，MBR 对 BOD5 的去除起主要作用。同时整个系统对 BOD5 的累积平均去除率高达 99.25%，表明对可降解有机物有很好的去除效果。

3）对 NH3－N 值的去除效果。进水 NH3－N 在 5.64～24.35mg/L 变化，稳定运行期出水 NH3－N 基本维持在 1mg/L 以下，均值为 0.68mg/L，系统的累积平均去除率在 95% 左右。分析原因可能是由于 MBR 中膜对污泥的截留作用，使 SRT 和 HRT 发生分离，提高了 SRT 和微生物浓度，同时膜对微生物的截留作用，使世代周期较长的硝化细菌得以在 MBR 内富集、增殖，大大提高硝化作用。

4）对 TN 值的去除效果。进水 TN 在 18.27～43.44mg/L 变化，波动较大，稳定运行期出水 TN 基本维持在 10mg/L 以下，均值为 5.88mg/L。调节池、气浮池、MBR 对 TN 的平均去除率依次为 6.31%、11.22%、60.99%，系统的累积平均去除率为 78.52%。由于 MBR 中膜对微生物的截留作用，使 MBR 中微生物浓度较高，含氮化合物在氨化菌的作用下，转化为 NH3－N，然后通过硝化菌、反硝化菌的作用转化为氮气，逸散到大气中。分析其原因：一方面 MBR 内存在升流区和降流区，升流区溶解氧浓度较高，降流区溶解氧浓度较低，导致池内溶解氧分布不均，存在同步硝化反硝化；另一方面由于污泥容积负荷较高，部分氮被微生物同化吸收，这也是系统脱氮效果好的原因之一。

5）对油类污染物的去除效果。工艺各阶段对油类污染物都有不错的去除效果，系统的累积平均去除率高达 99.60%，出水含油量仅为 0.1mg/L，说明整套工艺对油类污染物有很好的去除效果。在调节池内部分浮油、溶解油在微生物的作用下被降解，在气浮池内大多数浮油油滴与上浮气泡粘附在一起，形成表观密度小于水的漂浮絮体，上浮至水面形成浮渣层被刮除，实现油类污染物的去除，在 MBR 中主要是通过膜的截留作用，实现对油类污染物的去除，导致油类污染物在 MBR 内富集，MBR 内每千克干污泥的含油量高达 123.4mg。

6）对 TP、SS、浊度的去除效果。进水 TP 均值为 11.40mg/L，出水 TP 均值仅为 1.02mg/L，系统对 TP 的累积去除率超过 90%。这是由于进水 BOD5 较高，同时 MBR 中污泥浓度较高，相应的微生物数量较多，微生物自身新陈代谢所需的磷源较多，这是系统除磷效果好的主要原因，进水 SS 在 198～327mg/L，出水为 0mg/L，去除率 100%，说明系统对污泥有很好的截留效果，进水浊度在 976～1504NTU，出水浊度仅为 0.5NTU，去除率高达 99% 以上，说明系统对浊度有很好的去除效果。

工程的总投资包括处理构筑物及其附属设备机电设备（风机、水泵）及 MBR 的控制设备等固定费用与膜组件的费用。MBR 中水回用工程处理规模为 180t/d，而上海市餐饮业用水的综合价格为 2.410 元/t（其中自来水费 1.330 元/t，排水费 1.080 元/t），MBR 中水回用工程的处理成本仅 1.050 元/t，工程运行后节约费用为 8.94 万元/a。

（5）小结。

1）MBR 处理餐饮废水中水回用工程运行结果表明：系统出水 BOD5、NH3－N、浊度、pH 等指标均满足 GB/T 18920—2002 规定的要求，可以回收用作超市冲厕水。

2）经技术经济分析表明：MBR 中水回用的成本远低于自来水，工程运行后节约费用为 8.94 万元/a，可以带来巨大的经济效益。

第 8 章　绿色建筑环境的节能减排

8.1　绿色建筑环境的节能

8.1.1　绿色建筑环境的节能综述

1. 绿色建筑的节能概况

目前，我国正处于工业化和城镇化快速发展阶段。工业的增长、城镇化进程的加快、居民消费结构的升级，使得我们对能源、经济资源的要求更加迫切。而在建筑领域，我国建筑能耗占全社会商品能耗的比例已经由 1978 年的 10%上升到目前的 30%，单位建筑面积能耗是发达国家的 2～3 倍，超过所有发达国家的总和，已经成为世界第二大能源消耗国，同时产生的污染物和建筑垃圾也相当巨大。面对巨大的人口压力和严峻的发展形势，不可能将大面积的耕地转变为建筑用地，而不可再生能源的日益减少，全球温室效应的产生不得不使新的建筑发展另谋出路。

"绿色建筑"是将可持续发展理念引入建筑领域，在建筑的运行过程中，节约资源（节能、节地、节水、节材）、保护环境，为人们提供健康高效的使用空间。绿色建筑应当在有效使用能源和资源条件下，充分利用现有的市政基础设施，多采用有益于环境的材料，为用户提供舒适的室内环境，最大限度地减少建筑废料和家庭废料，尽可能少用能源、土地、水、生物资源，提高资源的使用效率；科学地利用废弃的土地、原料、植被、土壤、砖石等材料，变废为宝，产生循环经济效益。绿色建筑还应注重生态环保。生态环保是指建筑本身，都要适应地域的气候特征，充分利用基地周边的自然条件，从建造、运行到拆除再利用，各个环节都对环境不构成威胁，在建筑中力争做到"取于自然，回归自然"。绿色建筑强调建筑运营和使用全过程的少废、少污，要求建筑系统尽可能减少对自然环境的负面影响，如空气污染、水污染、固体垃圾等污染物的排放，减少对生物圈的破坏，最终达到维系一个人类与自然生物和谐共存的生态环境。绿色建筑要对物理环境加以控制，通过各种绿色技术手段合理地提高建筑室内的舒适性，同时保障人的健康生活，给居民提供良好的生活环境质量。

2004 年 9 月建设部"全国绿色建筑创新奖"的启动标志着我国的绿色建筑进入了全面的发展阶段。我国正式启动绿色建筑的 10 年时间，经历了从无到有、从少到多、从地方到全国、从单体向城区、城市规模化发展，特别是 2013 年《绿色建筑行动方案》发布以来，各级政府不断出台绿色建筑发展的激励政策，全国范围内获得绿色标识的建筑数量呈现井喷式增长态势，同时还涌现出一批绿色生态示范城区，我国绿色建筑了入了新的发展阶段。

当前绿色建筑正以前所未有的速度遍及全球各地，可再生能源与绿色物品的使用越来普遍，不仅数量显著增长，而且绿色意识与观念正深入人心，人们对绿色建筑的良好预期正逐年上升。欧洲的绿色建筑市场处于全球的最高水平，绿色建筑增长最快的区域将在亚洲。在未来，太阳能、风能、地能为主的可再生能源的使用比例将大幅度提升。全球建筑市场正在经历向绿色建筑的广泛转变，绿色建筑在未来将逐步成为全球市场的主流。

2. 绿色建筑节能标准及规范

目前，建筑节能已作为一项重要工作在开展，建设部也相继出台和修订了建筑节能的一系列法规和标准，比如《民用建筑热工设计规范》（GB 50176—2016）、《严寒和寒冷地区居住建筑节能设计标准》（JGJ 26—2010）、《公共建筑节能设计标准》（GB 50189—2015）、《夏热冬冷地区居住建筑节能设计标准》（JGJ 134—2010）、《建筑节能工程施工质量验收规范》（GB 50411—2014）等多部设计、施工及验收规范，这都将对我国建筑节能事业产生积极而深远的影响。建筑节能发展到今天，基本上是 50%、65%、75% 等多种标准通行了，发达的省市节能率标准都较高。而某些省份已经把被动式低能耗建筑设计标准颁布出来，对于建筑节能的进一步提升是一个很好的榜样。

《绿色建筑评价标准》（GB/T 50378—2006），该标准于 2014 年进行了修订，新版标准在适用范围、评价方法、指标体系、项目设置和评分分配方面都做了完善和调整，评价体系更加合理，鼓励绿色建筑技术、管理的创新和提高。

《绿色工业建筑评价标准》（GB/T 50378—2013），该标准突出工业建筑的特点和绿色发展要求，是国际上首部专门针对工业建筑的绿色评价标准，填补了国内外针对工业建筑的绿色建筑评价标准空白。

《民用建筑绿色设计规范》（JGJ/T 229—2010），规范中指出了绿色建筑设计策划的目标，强调采用团队合作的模式，并分别明确了策划过程中的前期调研、项目定位与目标分析、绿色设计方案、技术经济可行性分析各自应包含的内容，为绿色建筑项目进行技术策划提供了一个框架。

在 2007 年以后，我国的绿色建筑评价技术细则及评价管理办法也逐步推出，完善了我国的绿色建筑标准体系。各地也制定了一系列的地方标准，因地制宜，提高了绿色建筑在我国的实施发展。

3. 绿色建筑节能的技术要求

建筑能耗主要涉及采暖、通风、空调、照明、炊事、家用电器和热水供应等的能源消耗。在能源危机日趋严重的今天，如何有效降低能耗、提高能源使用效率成为时代主题。绿色建筑的节能技术主要体现在以下几个方面：建筑围护结构的节能、建筑冷热源系统的节能、空气处理系统的节能、能量输配系统的节能、建筑照明的节能。

建筑节能首先要从集约型的城市化模式做起。事后的节能改造做得再好，也赶不上科学规划建设来得好。城市布局、功能分区和建筑物一旦成形，能源消费总体水平也就大致确定。这就需要以资源节约和环境友好为原则，进行城市土地利用规划，形成科学合理的城市布局。要大力推广节能省地型建筑，从规划和设计入手，降低建筑物的能源消耗水平。如合理控制总体建筑规模，避免盲目追求大房子、尽量使用自然光，减少"黑"房间、走廊等。应强制推行商品住宅的装修一次到位，迅速提高商品住宅中精装修产品所占的比重，尽快使毛坯房这一已成"中国特色"的住宅产品形式销声匿迹。

在建筑规划阶段，要慎重考虑建筑选址、建筑布局、建筑体型、间距、朝向、季风风向、水面和绿化配置等因素对建筑节能的影响，改善热环境。在规划设计中，分析形成气候的决定因素：辐射因素、大气因素、环境因素、地理因素的利弊，从改善城市环境和区域环境出发，根据不同地区的地形及小气候，合理布置建筑群，尽量避免不利因素的影响。另外还要考虑对太阳能、季风风向、地形等自然因素的利用，以达到节能之目的。

8.1.2　绿色建筑环境的节能途径与措施

1. 绿色建筑节能的主要途径

（1）增强外围护结构的保温性能和采光效果，以此来减少冷气、热能和照明电能的消耗。

（2）采用科学的控制手段，根据需要供给建筑的冷、热和用电，避免不必要的消耗。

（3）使用自然能量，如风能、太阳能及地冷、地热等，达到减少传统能源的消耗。

2. 绿色建筑节能的控制技术措施

（1）围护结构节能技术措施。墙体采用岩棉、玻璃棉、聚苯乙烯塑料、聚氨酯泡沫塑料及聚乙烯塑料等新型高效保温绝热材料以及复合墙体，降低外墙传热系数。

采取增加窗玻璃层数、窗上加贴透明聚酯膜、加装门窗密封条、使用低辐射玻璃（low－E玻璃）、封装玻璃和绝热性能好的塑料窗等措施，改善门窗绝热性能，有效降低室内空气与室外空气的热传导。

采用高效保温材料保温屋面、架空型保温屋面、浮石沙保温屋面和倒置型保温屋面等节能屋面。在南方地区和夏热冬冷地区采用屋面遮阳隔热技术。

采用综合考虑建筑物的通风、遮阳、自然采光等建筑围护结构优化集成节能技术。例如，双层幕墙技术是中间带有可调遮阳板、且可通风的方式，夏季可有效遮阳和通风排热，冬季又可使太阳光透过，减少采暖负荷。

（2）采暖空调系统的控制技术是对既有热网系统和楼宇能源系统进行节能改造、实现优化运行节能控制的关键技术。主要有三种方式：VWV（变水量）、VAV（变风量）和VRV（变容量），其关键技术是基于供热、空调系统中的冷、热源输配系统，末端设备的各环节物理特性的控制。

1）热泵技术。热泵技术是利用低温低位热能资源，采用热泵原理，通过少量的高位电能输入，实现低位热能向高位热能转移的一种技术，主要有空气源热泵技术和水（地）源热泵技术。可向建筑物供暖、供冷，有效降低建筑物供暖和供冷能耗，同时降低区域环境污染。

2）采暖末端装置可调技术。主要包括末端热量可调及热量计量装置，连接每组暖气片的恒温阀，相应的热网控制调节技术以及变频泵的应用等。可实现30%～50%的节能效果，同时避免采暖末端的冷热不均问题。

3）新风处理及空调系统的余热回收技术。新风负荷一般占建筑物总负荷约30%～40%。变新风量所需的供冷量比固定的最小新风量所需的供冷量少20%左右。新风量如果能够从最小新风量到全新风变化，在春秋季可节约近60%的能耗。通过全热式换热器将空调房间排风与新风进行热、湿交换，利用空调房间排风的降温除湿，可实现空调系统的余热回收。

4）独立除湿空调节电技术。中央空调消耗的能量中，40%～50%用来除湿。冷冻水供水温度提高1℃，效率可提高3%左右。采用除湿独立方式，同时结合空调余热回收，中央空调电耗可降低30%以上。我国已开发成功溶液式独立除湿空调方式的关键技术，以低温热源为动力高效除湿。

5）各种辐射型采暖空调末端装置节能技术。地板辐射、天花板辐射、垂直板辐射是辐射型采暖的主要方式。可避免吹风感，同时可使用高温冷源和低温热源，大大提高热泵的效率。在有低温废热、地下水等低品位可再生冷热源时，这种末端方式可直接使用这些冷热源，省去常规冷热源。

6）建筑热电冷联产技术。在热电联产基础上增加制冷设备，形成热电冷联产系统。制冷设备主要是吸收式制冷机，其制冷所用热量由热电联产系统供热量提供。与直接使用天然气锅炉供热、天然气直燃机制冷、发电厂供电相比，上述方式可降低一次能源消耗量 10%～30%，同时还减少了输电过程的线路损耗。

7）相变贮能技术。相变贮能技术具有贮能密度高、相变温度接近于一恒定温度等优点，可提供很高的蓄热、蓄冷容量，并且系统容易控制，可有效解决能量供给与需求时间上的不匹配问题。例如，在采暖空调系统中应用相变贮能技术，是实现电网的"削峰填谷"的重要途径；在建筑围护结构中应用相变贮能技术，可以降低房间空调负荷。

8）太阳能一体化建筑。太阳能一体化建筑是太阳能利用的发展趋势。利用太阳能为建筑物提供生活热水、冬季采暖和夏季空调，同时可以结合光伏电池技术为建筑物供电。

（3）照明节电技术措施。

1）推广高效照明节电产品。随着新材料、新技术的发展和运用，高效照明产品趋于向小型化、高光效、长寿命、无污染、自然光色的方向发展。

① T8 荧光灯管与传统的 T12 荧光灯相比，节电量可达 10%。T5 管径小，普遍采用稀土三基色荧光粉发光材料，并涂敷保护膜，光效明显提高。T5 荧光灯管光效约比 T12 荧光灯提高 40%，比 T8 荧光灯提高 18%。同时，大大减少了荧光粉、汞、玻管等材料的使用。目前 T8 荧光灯管已普遍推广应用，T5 管也逐步扩大市场，并已有更为先进的 T3、T2 超细管径的新一代产品。

② 紧凑型荧光灯（CFL）比普通白炽灯能效高、寿命长，在家庭及其他场所的室内照明中能够配合多种灯具，安装简便。随着生产技术的发展，已有 H 型、U 型、螺旋形和外形接近普通白炽灯的梨型产品，使其能与更多的装饰性灯具通用。大功率紧凑型荧光灯，可在工厂照明、室外道路照明中推广应用。

③ 高压钠灯和金属卤化物灯是目前高压气体放电灯（HID）中主要的高效照明产品。高压钠灯是一种由钠蒸气放电而发光，灯内钠蒸气的分压强达到 10kPa 的高压气体放电灯，它的特点是寿命长（24 000h）、光效高（100～120lm/W）、透雾性强，可广泛用于道路照明、泛光照明、广场照明等领域，用高压钠灯替代目前使用较多的高压汞灯，在相同照度下，可节电 37%。

④ 金属卤化物灯是一种在高压汞灯的基础上在放电管内添加金属卤化物，使金属原子或分子参与放电而发光的高压气体放电灯，它的特点是寿命长（8000～20 000h）、光效高（75～95lm/W）、显色性好，可广泛应用于工业照明、城市亮化工程照明、商业照明、体育场馆照明等领域，用它替代目前使用较多的高压汞灯，在相同照度条件下，可节电 30%。

⑤ 荧光灯用电子镇流器发展较快，已可大批量生产应用。高强度气体放电灯用电子镇流器，目前还处于研制阶段。

⑥ 半导体发光二极管（LED）是一种固体光源，能在较低的直流电压下工作，光的转换效率高，发光面很小，其发光色彩效果远超过彩色白炽灯，寿命达 5 万～10 万 h。目前光

效已超过 30lm/W，实验室已开发出 100lm/W 的产品。LED 光源已经广泛使用在仪器仪表指示光源、汽车高位刹车灯、交通信号灯和大面积显示屏。

除了正确选用光源产品外，选择高效照明灯具与光源合理配套使用，在满足照明要求的情况下，可以有效节约照明用电。

2）应用天然采光技术。充分利用天然采光，节约照明用电。创造良好的视觉工作环境。欧美及日本等发达国家，已开发出一系列利用太阳光自然采光技术，并在学校、博物馆、办公楼、体育场馆、公共厕所、垃圾处理厂等公共设施及工业与民用建筑中广泛应用，实现了白天完全或部分利用自然光，从而大大节省了电能，提高了室内环境品质。目前自然光采光系统的技术及产品正在快速发展中，主要技术的使用方式包括：

① 带反射挡光板的采光窗。是大面积侧面采光最常用的一种。优点是能有效地反射阳光，把阳光通过顶棚反射到室内深处，提高靠内墙部位的照度，同时起到降低窗口部位的亮度，使整个室内光线分布更加均匀。

② 阳光凹井采光窗。是一种接收由顶部或高侧窗入射的太阳光比较有效的采光窗。通过一个内部带有光反射井的上部或顶部采光口，将阳光经过反射变为间接光。窗的挑出部分和井筒特性可按日照参数进行设计，尽量提高表面的反光系数，提高窗的阳光利用效能。

③ 带跟踪阳光的镜面格栅窗。这是一种由电脑控制、自动跟踪阳光的镜面格栅，该窗的最大优点是可自动控制射进室内的光量和热辐射。

④ 用导光材料制成的导光遮光窗帘。可遮挡阳光直射室内，同时可将光线导向室内深处，其功能和涂有高反光材料的遮阳板相似。

⑤ 导光玻璃和棱镜板采光窗。导光玻璃是将光纤维夹在两块玻璃之间进行导光。棱镜板采光窗是在聚丙烯板上压出折射光的小棱镜或用激光方法在聚丙烯板上加工出平行的棱镜条，将阳光导入或折射到室内深处。

3）采用照明节电控制系统。采用先进的照明控制系统，用先进的照明控制器具和开关对照明系统进行控制。在道路照明系统，采用道路照明控制系统，通过控制电压波动的手段，克服电压波动对道路照明和照明产品寿命的影响，以达到较好的照明及节能效果。在室内照明控制中，主要采用声控、光控、红外等智能化的自动控制系统，减少照明用电和延长照明产品寿命。

（4）建筑能耗评价与能源审计。以整座建筑物的每家每户建筑能耗为出发点来评价建筑物的热性能。在综合考虑气候条件、各种传热方式、建筑物的朝向、墙体材料的性能、门窗性能、建筑物的热惰性、各相邻房间耦合传热、新风要求、用户的作息情况以及采暖空调等各种建筑设备的选择和使用等因素的基础上对建筑物的能耗需求进行评估。为房地产商和用户在开发、购买和使用节能建筑和建筑设备时提供节能信息服务。

建筑能源审计是一种建筑节能的科学管理和服务的方法，其主要内容是对用能单位建筑能源使用的效率、消耗水平和能源利用的经济效果进行客观考察，对用能单位建筑能源利用状况进行定量分析，对建筑能源利用效率、消耗水平、能源经济和环境效果进行审计、监测、诊断和评价，从而发现建筑节能的潜力。在建筑能源审计基础上，研究制定能耗公示、用能标准、能耗定额和超定额加价等制度，并进一步在公共建筑领域推广能源服务和合同能源管理等节能改造机制。

8.1.3 绿色建筑环境的节能主要内容实例

1. 绿色建筑节能主要内容

（1）绿色建筑节能系统。建筑节能系统包含多方面的技术环节，目前建议采用的绿色节能系统与环节如图 8.1-1 所示。

1）屋顶花园。随着城市工业文明的发展，给城市带来了巨大的变化，城市问题变得日益尖锐与复杂，人们希望通过对现有的大城市本身进行内部改造，从而适应城市的各种发展需要。高层建筑的建设和新的交通形式的出现，城市建筑在屋顶和地面上都能够腾出更多的空间进行绿化设计，改善生态环境。在这种背景下，屋顶花园应运而生，它巧妙地运用了大面积废弃或不常用的屋顶增加绿化面积，提升城市绿化水平，改善城市环境，使建筑空间更加舒适、美观，满足人们精神要求，陶冶情操，提高人们的生活质量。

屋顶花园就是以绿色植物为主要覆盖物，配以植物生存所需要的营养土层、蓄水层以及屋面所需要的植物根阻拦层、排水层、防水层等所共同组成的一整个屋面系统。它是建筑向自然空间的渗透，有效地补偿了城市热效应，改善了城市生态环境。

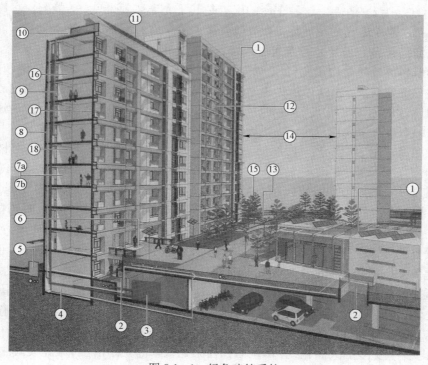

图 8.1-1 绿色建筑系统

①—屋顶花园；②—半地下车库自然通风及采光；③—地暖系统；④—利用雨水收集（或中水）灌溉景观、洗车，冲洗公共空间；⑤—负压垃圾收集系统；⑥—无障碍设计；⑦a—LED 节能灯具；⑦b—户式新风系统；⑧—高保温墙，减少能量流失；⑨—电梯间、公共空间自然通风与采光；⑩—VVVF 电梯发动器；⑪—太阳能热水系统；⑫—窗墙比控制；⑬—太阳能照明；⑭—大型中央邻里空间，良好的室外日照、采光、通风及视觉卫生；⑮—适宜生态城区气候和土壤的乡土植物；景观设计保证高绿地率；⑯—采用节水器具和设备；⑰—采用断桥铝节能型门窗；⑱—内填充墙体采用再循环材质

　　屋顶绿化虽然是属于建筑本身，但是由于屋顶绿化在建筑物的顶部，直接与外部接触，与建筑外周围环境有一定关联，因此屋顶绿化对周围的城市空气的温度、湿度能产生一定的影响。绿色植物叶面的遮阳效果和蒸腾作用能降低城市的气温，在夏季白天屋顶基本上都受到太阳照射，吸收大量的热量，晚上会向空气中释放热量。绿化植物通过茎叶的光合作用和蒸腾作用以及土壤水分蒸发增大了空气的相对湿度，屋顶花园绿化可以加大建筑外周围湿度。光合作用下的植物则成为城市空间的滤清器，降低建筑物表皮的温度，缓解建筑表皮长期暴露后的破坏。

　　现代建筑屋顶多为平顶，由于长时间裸露在外，长期接受风吹日晒雨淋，表皮容易遭到损坏，后期养护比较复杂，沥青和卷材层是屋顶必备的防水层，长期高温很容易破坏其结构层，冬季温度低收缩快，屋顶的板材面积也会相应收缩。屋顶花园延长了建筑的使用寿命和建筑的使用时间，避免了老旧建筑的过度拆除。由此可见，屋顶花园在有助于建筑节能降耗的同时，增加了建筑的使用寿命。从宏观的角度来讲，屋顶花园改善城市热环境，降低城市的热岛效应；从微观的角度而言，屋顶绿化在净化空气、调节湿度、保温隔热等方面起到了空调的作用，而且能保护建筑物，这些都是建筑节能的重要表现。

　　2）半地下车库自然通风及采光。半地下车库即车库内地坪面低于室外地平面高度为该层车库净高 1/3～1/2 的车库。这种车库的优点是其采光通风效果良好，能解决车库内采光通风不足的问题，减少采光通风能耗；有效地解决了停车库的闭塞感和安全问题；能很好地与地面的景观通过天窗、采光井等方式进行结合，也能够引入立体景观。

　　能够形成自然通风是由于空气压力差的存在，其产生的原因有：风压作用和热压作用。在我国大多数的建筑中，由于风压作用下的自然通风能够节约资源，所以常用的改善室内物理环境的通风方式是风压通风方式。但是对于地下建筑来说，由于室外风向和风速是经常变化的，所以影响相对来说比较小。当风速较小而温差较大时，可考虑通过热压作用（即烟囱效应）产生通风。室内温度高，密度低的空气向上运动，底部形成负压区，室外温度较低、密度略大的空气则源源不断地补充进来，形成自然通风。热压驱动下的自然通风适应不稳定的室外自然风环境的能力相对较强，而风压作用下的自然通风在这方面相对较弱。对于地下车库来说，根据本身的设计特点，实现自然通风不能单纯依靠风压通风，有时需要依靠风压与热压共同驱动下形成的自然通风。实际上，大部分的自然通风都是两种通风方式的综合。

　　车库采光的方式有很多种。侧窗采光是最为常见的天然光引入的方式之一，但这种方法只能解决地下车库沿开窗面的天然采光的问题。当然高侧窗可以提供均匀的照度，但是会影响墙体附近空间的照度。另一种方式是在外墙一侧设置采光井，地下车库通过侧墙获取天然光。除此之外在其顶部开窗或是采光井都是不错的采光方式。天窗采光相对于侧窗采光，有自身的优势：照度均匀性好；由于高度角比较大，所以与侧窗采光相比能避免形成眩光的不利影响；能够提供更多的天然光线，单位面积内采光效率高。采用这种采光模式的地下车库，可将天窗与小区内的景观或是活动区域结合进行设计。

　　3）地暖系统。地暖系统是地板辐射采暖的系统简称英文为 Radiant Floor Heating，之所以称为地暖系统是因为地暖本身不是单一的产品，地暖一般以系统的形式出现，包括热源、管道以及相应的辅材，是最舒适健康的家庭独立采暖方式之一。

　　地暖系统是以整个地面为散热器，通过地板辐射层中的热媒均匀加热整个地面，利用地面自身的蓄热和热量向上辐射的规律由下至上进行传导来达到取暖的目的。由于在室内形成脚底至头部逐渐递减的温度梯度，从而给人以脚暖头凉的舒适感。

地暖系统优点众多：采暖舒适、高效节能、具有保健作用、使用方便、安全可靠、寿命长、不占面积、经济便宜、绿色环保等。

4）利用雨水收集（或中水）灌溉景观、洗车、冲洗公共空间。在进行雨水收集时，主要是利用雨漏管进行分散或者集中收集。对于屋面雨水利用，则是将屋顶当作雨水收集利用系统，然而因受到大气质量与屋面材料等因素的影响，比如沥青油毡为主要污染源，难以确保水质，进而重点收集小区道路雨水和人行道雨水。绿地雨水指的是把绿地当作雨水收集利用系统，其水质较好，但是雨水量较差。雨水直接利用的净化工艺主要根据径流雨水的水质、水量和雨水处理后所要达到的程度而定。应满足《污水再生利用城镇杂用水水质》（GB/T 18920）指标要求；景观环境用水应满足《污水再生利用景观环境用水的水质》（GB/T 18921）指标要求。我们通过建筑的屋顶收集的雨水，如带有少量的泥沙和枝叶，可经简易的截留、泥沙过滤、沉淀等就可以用于卫生清洁、浇灌植物等。

绿色施工中水回收利用处理方法，主要包括以下技术：① 生物处理技术，此方法主要是利用微生物，来处理水中部分有机物，以确保中水可以达到相关标准；② 物理化学处理技术，此方法为组合技术，利用混凝沉淀技术，结合运用活性炭方法，对污水进行处理，以提升水质，使其能够达到利用标准。在实际应用中，成本相对较高，需要合理的规划设计，以确保绿色施工经济效益；③ 膜处理技术，此方法占地面积相对较小，而且临水系统建设工程量较小，具有较强的去除率，能够极大程度上提升中水回收利用率。

对雨水及中水的利用有利于生态保护，节约水资源，将城市区域雨水作为淡水资源的有效补充，化解城市水资源匮乏的现象，化解城市供水危机。

5）负压垃圾收集系统。负压垃圾收集系统用管道连接垃圾投放口和垃圾收集站，由空气流将垃圾从各个投放口输送到垃圾收集站、并完成垃圾的装箱过程。其系统一般由以下几个部分组成：① 管道系统，垃圾投放口和竖向垃圾管道，暂存装置，水平垃圾输送管道；② 主要设备，垃圾收集柜，真空抽吸装置，中央控制台。

负压垃圾收集系统采用计算机控制，以间歇工作的方式进行操作，可以轻松有效地实现分类收集的功能，增加不同类别的立即投放口，再配合安装在垃圾输送管道上的有计算机控制的转向阀，即可将垃圾进行系统分类处理。

负压垃圾处理系统的优点：① 避免了难闻的垃圾气味，大大改善了住宅尤其是高层住宅的居住环境；② 防止了蟑螂等害虫的滋生和传播；③ 便于垃圾的分类处理；④ 自动化的收集系统，使垃圾收集过程非常快捷；⑤ 免去了住户将垃圾送到楼下的麻烦；⑥ 垃圾从投放口直接被送到垃圾收集站，无需对垃圾进行人工收集与运输。

6）无障碍设计。无障碍的设计原则是指其可以便于老弱病残的人都能够使用的建筑物，达到对建筑物的无障碍化使用。同身体健全的人进行比较，残疾人存在身体机能缺陷的问题，使这群人在现实的生活环境中，根本不能够通过自己的努力来完成其需求内容。所以，在进行无障碍设计时，必须要对老弱病残人的触觉、听觉、视觉等进行全面的考虑，考虑其特殊的感应方式，对设施或者建筑物进行无障碍的设计，实现这类人群也可以对日常生活应用的诸多物品进行正常的使用，达到所有人群都能无障碍化生活的目的。

在对建筑进行无障碍设计时，出入口、消防疏散和电梯是最需要考虑的方向。① 出入口：在出入口附近设置可供轮椅通行的平台、坡道、台阶等应符合防滑标准，而且还应设置雨棚，可供使用轮椅的人在此停留。② 消防疏散：在以残疾人为居住群体的建筑中，若是有条件的话，在各楼层的楼梯口位置都应设有避难间，方便外部救援与排除火灾的烟气。③ 我们必须从残疾人的角度来考虑如何选用电梯，要选择符合残疾人特点的专用客梯。在设计楼梯的过程中，要从根本的元素着手设计。如果有条件，可对楼台平台进行加宽设置，并把止步块材料铺设在楼梯的转折处和起步处，选择材料的色彩要有较大的差别性，这种细节设计对残疾人是至关重要的。

7）LED 节能灯具。随着科学技术的进步，新型照明灯具逐渐占领市场，LED 灯具以高效、低能耗、耐久的优势被业界称为最具潜力的照明设备。

LED 灯具在室内照明装饰中的应用优势如下：① 在正常使用条件下，LED 节能灯具的使用时间远远超过传统光源；② 操作简便，可以通过智能系统实现 LED 灯具色彩和亮度的动态控制；③ 方向性好，与传统照明设备相比，LED 灯具拥有较高的光通利用率，能够满足室内照明装饰的要求，在外观设计和配光分布上有着广阔的应用前景；④ 可塑性强，LED 灯具在应用过程中可以与周围环境有机融合，实现快速良好的照明效果，实现柔化照明；⑤ 环保健康，LED 灯具的光束中不含有紫外线和红外线等对人体有害的光线。

8）户式新风系统。出于节能的考虑，现代建筑的气密性越来越高，室内通风很差，长期居于室内的人们出现了一些不适症状，也就是所谓的"病态建筑综合征"。要改善室内空气质量，通风换气是最直接有效的办法。保证室内外空气的流通，在加快室内污浊空气排出的同时，加速室外新鲜空气的注入。新风系统就是利用新风主机通过新风管道系统将室内污浊的空气排至室外，同时将室外的新鲜空气送入室内，从而保证在不开窗的情况下改善房屋内的空气质量，彻底解决整套房屋内的通风和换气问题。通过室内新风系统来改善室内空气质量，使我们的住宅成为"会呼吸的房子"。

新风系统一般选用低噪音、高静压风机，引入新风系统的房间可以减少开窗的机会，因此可以有效降低室外噪音、灰尘、蚊虫等对室内居住环境的影响，特别是外部环境较为吵闹的地方，可以保证居住者夜间的睡眠环境。另外，无论刮风下雨，再也无需担心窗户是否关好的问题。

9）高保温墙，减少能量流失。寒冷地区墙体节能技术已经成为建筑节能很重要的一部分，寒冷地区墙体保温技术包括外粘苯板、钢丝网架聚苯乙烯板外保温、高保温砌块保温墙体、砌体结构夹芯保温墙体等方面的技术。

外粘苯板保温效果是当前所有保温技术中最好的，在达到相同保温效果的同时与其他保温技术相比价格低。但存在以下问题：防火性能差；高层建筑保温层的抗风压特别是抵抗负风压不安全；用于外粘苯板的胶和塑料胀钉是高分子材料，随着时间的推移将老化变脆，因而耐久年限有限。因此墙体外粘苯板保温是一种保温好、投资较低的墙体保温技术，但防火不好、寿命短、外饰面材料受限制以及长久的安全性是其致命的缺点，但因世界能源紧张，目前仍是节能墙体的主流技术。

钢丝网架聚苯乙烯板外保温方式可以满足外墙镶贴釉面砖的需求，防火也好，但存在的缺点是保温效果不好，造价高。当国家要求进一步提高节能保温标准时，苯板的厚度需要增加很多，这种保温技术的问题更突出，甚至已经不可能达到设计标准要求。

在框架结构和混凝土剪力墙建筑中用陶粒砌块内填塞苯板颗粒的高保温砌块材料用作保温墙体，这种保温方式可以满足外墙镶贴釉面砖的需求，但需用保温浆料砌筑，并须将保温浆料加在梁边和柱边，其缺点是保温比直接用苯板保温差得多且价格高。

采用砌体结构夹芯保温墙体，这种做法，墙体太厚影响使用面积，投资最不经济，同时因热桥大，存在窗口周边附加热损失及混凝土挑檐板的热损失，且有弯钩的拉结钢筋对苯板的破坏孔洞处有大量的热桥，保温效果不好。特别是外叶砌体的抗震性能不好，不安全，尤其高层建筑和地震烈度较高的地区更不宜采用这种保温方式。

10）电梯间、公共空间自然通风与采光。自然通风是指利用空气之间的密度差引起的热压或者风力形成的风压来引发空气的流动，从而实现室内的通风换气。作为一种传统的降热技术，自然通风现已被广泛应用于各类建筑设计中。相较于空调等制冷设备，自然通风能够通过更新空气和气流的方式来调节室内温度，以此来影响人体的官能感受。在公共区域的自然通风可以改善室内的空气质量，提升人民的生活品质；使得人们在通风的过程中，既散去了体内的热量，又能防止人体由于空气潮湿而产生一些不舒适症状，保障人们的生理和心理的健康；自然通风可以对建筑构件进行降温，在室外气温低于室内气温时，开窗 15min 左右就可以换气 1 次，从而实现建筑构件的降温通风。

随着人们思想观念的不断更新变化，人们对于节能问题越来越重视，在公共区域引入自然光线，在增加自然采光的同时节约了能源，自然光线相对于人工光源更能带动人们的积极性，使人身心愉悦。

11）VVVF 电梯发动器。VVVF 电梯发动器即变频变压调速电梯。VVVF 电梯使用的是交流异步电动机，比同容量的直流电动机具有体积小、占空间少、结构简单、维护方便、可靠性高、价格低等优点。VVVF 电梯使用先进的 SPWM 和 SVPWM 明显改善了电梯运行质量和性能：调频范围广、控制精度高、动态性能好、舒适、安静、快捷、几乎可与直流电梯相媲美；也同时改善了电动机供电电源的质量，减少了谐波，提高了效率和功率因数，节省了能源。VVVF 电梯融入先进的微机技术，使其更趋于高性能、高精度、大容量、微型化、数字化、智能化，所控制的电梯以其舒适、高效、节能而与直流电梯相媲美、相竞争，最终取而代之。

12）太阳能热水系统。近年来，节能与环保这两大特征在民用高层建筑建设中尤为突出，故此，在高层建筑中大规模应用太阳能热水系统是可持续发展的必然趋势。太阳能热水系统作为高层建筑的有机组成部分，在其结构功能、系统设计、与建筑的整合设计、进行常规能源匹配、系统的安装调试等方面进行研究和探索，积累了实践经验，为实现太阳能热水器与建筑相结合而提供技术基础。

太阳能热水系统与高层建筑的完美融合，应与规划、结构、给排水、电气等专业的策划、设计、施工、验收、交付使用等同步进行，充分做到安全、美观、实用。为合理选择和设计建筑中的太阳能热水系统和产品：① 要考虑到建筑的布局、形状、朝向、用水及光照；② 要综合考虑到经济、运行管理等因素。

随着太阳能热水系统在高层建筑中的普及率不断升高，太阳能热水器在建筑建成后才安装的这一特点所带来的问题和矛盾也越来越明显。例如建筑物外观和城市景观被影响，房屋的使用功能被破坏，再加上无序不规范的安装增加了安全隐患。此外，最大的缺点是人均太阳能利用率低，因为大部分高层小区容积率偏高，楼间距都偏小，对于分散的太阳能热水系统，只有极少数的楼层才能满足冬至日日照 4h 的使用要求。目前，仅仅是建筑顶层住户安装使用了太阳能热水器。所以，太阳能热水系统与建筑结合遇到的最大难题，就是提高每栋住宅的太阳能利用率，让每一个住户都能享受并充分利用免费的太阳能资源。

13）窗墙比控制。窗墙比，即窗墙面积比，是窗户洞口的面积和建筑层高与开间的定位轴线构成的面积（房间立面单元面积）的比值。平均窗墙面积比，是针对整栋建筑而言的，是建筑外墙上所有的窗和阳台等透明部分的面积和整栋建筑该墙面的面积的比值。

就同一建筑而言，通过各个朝向窗墙比的增大，单面面积的能耗增加比例也比较相近，改变南方向的比值时能耗标准的增加量最小。所以设计师要增加窗户洞口面积，那么应该尽可能地加大南窗面积。如果建筑能耗标准大于节能标准的极限值，建筑要求是增加窗墙比的时候，最好不使用单独降低墙体传热系数的方法，而是降低窗传热系数的同时改变墙体的传热系数，此种方法的经济性相对较高。公共建筑的设计中，各个方向最好的窗墙比约为 0.4，平均窗墙比大于 0.6 的情况下，以现在的施工技术满足建筑的设计指标要求，其经济性不高。

14）太阳能照明。太阳能照明灯具有体积小、重量轻、低能耗、高光强、防雷击、无须其他电源、安全可靠、安装、维护方便等特点。太阳能照明灯可广泛应用于：家庭别墅、单位花园、公园绿地、环保小区、房前路边等户外场所的照明。

一盏普通的路灯以 400W 光源、日工作 10h 计，1 年平均耗电量是 1460kW·h，还需要专人维护、更换灯泡；而太阳能路灯一般采用寿命长达 50 000h 以上的 LED 灯作为光源，日常无需增加消耗电量的费用开支。换个角度说，每装一盏太阳能路灯，每年就可省电 1460kW·h，十年可节省 14 600kW·h。

太阳能路灯由太阳能电池组件、蓄电池、电源控制器、光源等组成。其技术特点是：① 具有特大功率，光亮度相当于白炽灯 150～250W 时，每天 8h 照明，可在连续阴雨 9d 内正常工作；② 应用了具有充放电保护功能、光敏自控装置和时控装置的光电智能控制器，使产品可有效地节约能源，增加有效照明时间，降低生产成本；③ 中央控制器单元采用单片机控制，并在智能控制器中建立了全球不同纬度的全年日照时间数据。使用时在控制器中输入所在地区纬度，调整好年、月、日和开/关机的时间，就能够长年自动跟踪环境光线。

15）大型中央邻里空间，良好的室外日照、采光、通风及视觉卫生。随着社会的不断发展和物质生活水平的不断提高，人类对自己的生存空间、生存环境越来越重视。大家对生活小区的中央邻里空间的整体要求愈发提高，良好的室外日照、采光、通风及视觉卫生都已成为绿色建筑的设计要求。

具体来说，建筑物的通风、采光和日照主要与相邻建筑物之间的间距以及高度有关，其中日照条件是最关键的物理量，只要满足了日照间距，通风和采光要求一般情况下也是可以满足的。在我国的工程建设标准中，涉及建筑物日照规定的国家、行业及省市地方规范或标准总数就不下十几种，其中《城市居住区规划设计规范》（GB 50180—2016）作为国家强制性标准，应作为日照标准的主要依据。

除此之外，良好的视觉卫生环境也是绿色建筑的设计方向，在这种环境下生活的居民更容易拥有愉悦的心情。

16）适宜生态城区气候和土壤的乡土植物，景观设计保证高绿地率。随着全球环境恶化，探索城市低碳、生态、绿色转型发展道路已成为世界各国的共识，与之相关的研究与实践也越来越多。绿色生态城区的规划设计必须考虑其地域性特征及自然气候资源，将气候学和城市规划联系起来，注重城市气候信息在规划设计中的指导与应用。

乡土植物在绿化中的应用是体现本地区植物景观特色的重要标志。首先，乡土植物不仅有生态适应性强、性能价格比高、后期管理便利等优点，而且其丰富的文化内涵，对凸显地方植物景观特色，创建城市生态园林和人文园林有着重要的作用，即在绿化时选用本地区固有的、经过长期栽培能很好地适应区域气候环境的植物。同时乡土植物是具有时间特性的，即随着时间的推移，原本生活在本地区之外的植物，适应了当地的生态环境，也可选用作为绿化的植物。

现代居住区邻里空间需要大量的绿色植物配置，这样可以为钢筋混凝土建筑群增加更多的绿色气息和人文活力，这也是建筑工程外部环境的一项重要环节，为人在居住区邻里空间内的生活、娱乐和交往提供更好的环境保障。

17）采用节水器具和设备。《城市房屋便器水箱应用监督管理办法》规定：新建房屋建筑必须安装符合国家标准的便器水箱和配件。凡新建房屋继续安装经国家有关行政主管部门已通知淘汰的便器水箱和配件的不得竣工验收交付使用，供水部门不予供水，由城市建设行政主管部门责令限期更换。

住宅用节水产品的使用是社会的需要，是可持续发展的必要措施。目前，随着经济的快速发展，城市人口不断增加，住宅的需求量也在不断增长。城市化进程的日益推进，需要消耗大量的水资源，有些水资源利用还遭到严重破坏。据统计，我国人均水资源占有量在世界上比较低，而建筑生活的用水量和耗能量占据较大比重。建筑生活给水系统对于水资源的利用起着关键的作用，城市用水的紧张状况日益严峻。为缓解这一状况，，必须加强节约建筑用水的研究，其中，大力推广应用建筑给水系统节水用水器具就是提高水资源利用率的一个重要措施，有助于提高全民的节水意识。

常规生活用水器具在淋浴、厨房、饮用以及洁厕方面应用时，耗水量较大，还会出现跑、冒、滴、漏等浪费水的现象。为了避免这种不必要的浪费，采用特殊的结构设计、先进材料以及特殊的制造工艺技术开发出节水型用水器具。与同类常规产品比较，其节水效果显著，越来越得到市场的认可。节水型水龙头是一种应用广泛的阀类产品，可以分为手动和自动两种控制出水流量的方式，主要基于以下三个方面的原理来实现节水：首先克服水龙头跑、冒、滴、漏等浪费水的现象，其次根据需要来控制调节出水流量，最后控制水龙头开关时间。节水型便器也是一种用水量较大的产品，必须从材质上保证其光滑度，结构上保证配件的精密度，水力条件方面保证水流的冲洗力度，在满足使用功能、卫生条件下，使一次冲水量不超过6L。

掌握节水用水器具的要求和工作原理，根据实际应用场合选择节水设备，才能发挥其最大效益，进而不断推广使用节水用水器具。通过比较计算，使用节水器具比普通用水器具每人每天节水大约50L，节水器具的节水效益显著，有助于缓解城市供水压力，促进水资源的可持续发展。

18）采用断桥铝节能型门窗。隔热断桥铝又叫断桥铝、隔热铝合金、断桥铝合金。两面为铝材，中间用塑料型材腔体做断热材料。这种创新结构设计，兼顾了塑料和铝合金两种材料的优势，同时满足装饰效果和门窗强度及耐老性能的多种要求。隔热断桥铝塑型材可实现门窗的三道密封结构，合理分离水气腔，成功实现气、水等压平衡，显著提高门窗的水密性和气密性。隔热断桥铝门窗的气密性比任何铝、塑窗都好，可保证风沙大的地区室内窗台和地板无灰尘，保证在高速公路两侧50m的居民不受噪声干扰。

与普通木门窗、塑钢门窗相比，断桥铝合金门窗在保温性能、节约资源等方面都有较大的优势。普通的门窗框均采用相同材料，比如铝合金门窗、塑钢门窗等，这些材料导热性能比较好，如此便成为室内外温度传递的良好通道，也就是"热桥"，导致室内无法长时间保温或隔热，于是大大增加了建筑能耗。而断桥铝合金门窗采用"隔热桥"的设计原理，利用隔热铝合金型材和隔热材料将热传递的桥梁打断，从而提高门窗的保温性能，节约能耗。所谓隔热铝合金型材，即内、外层由铝合金型材组成，中间由低导热性能的非金属隔热材料连接成"隔热桥"的复合材料，简称隔热型材，用隔热材料阻断了冷桥，避免了上述现象，这样设计叫"断桥"设计。

19）内填充墙体采用再循环材质。可再循环建筑材料：如果原貌形态的建筑材料或制品不能直接回用在建筑工程中，但可经过破碎、回炉等专门工艺加工形成再生原材料，用于替代传统形式的原生原材料生产出新的建筑材料。

充分使用可再利用和可再循环的建筑材料可以减少生产加工新材料带来的资源、能源消耗和环境污染，充分发挥建筑材料的循环利用价值，对于建筑的可持续性具有非常重要的意义，具有良好的经济和社会效益。

（2）绿色建筑环境的暖通空调节能设计。

1）绿色建筑暖通空调（HVAC）设计。

① 确定项目设计标准。设计标准应反映设计人员对建筑用途、居住形态、人员密度、利用被动太阳辐射的体会、办公设备、照明水平、舒适范围和特殊要求的理解。类似建筑的实际运行数据在确定标准过程中是很有价值的。在确定最终标准时，设计组应考虑到将来设计的改变，使其具有灵活性。设计标准应根据项目的经济情况和业主对建筑性能的要求概括估算能效的过程和目标。

② 采用先进的设计手段。采用可以找到的最好的设计工具准确地选择系统的容量和部件，确定符合设计的设备。计划有效的途径，在不牺牲现在的能源需求的条件下满足将来负荷的增长。利用计算机分析工具估算建筑物负荷、选择设备和模拟整体系统性能（如 DOE、ENERGY、TRNSYS 及 BLAST）。模拟是评价建筑系统相互之间的复杂影响的最好的工具。

③ 设计中考虑部分负荷效率。选择能在范围很大的负荷条件下保持高效的设备。设计能够提供依次运行的多级容量系统。建筑大部分时间都在部分负荷状态下运行。系统峰值负荷并不经常出现，而且通常是在多种因素同时起作用时才会出现，如人数高峰、极端气温和办公设备的使用等。暖通空调系统必须对变化的负荷有反应，才能获得最高的总效率。

④ 优化系统效率。暖通空调系统由多种不同类型的设备构成，包括风机、水泵、冷水机组（压缩机）和热交换设备。整个暖通空调系统的性能应在任何单个部件性能的基础上进行优化。例如，供冷系统的部件包括冷水机组、水泵、冷却塔、冷却盘管和输配管路等都应被当作一个系统。

⑤ 灵活性设计。暖通空调系统设计应考虑到将来建筑功能和用途随时间的变化，要具有灵活性。为变化所做的规划应包括分析潜在的新用户。

⑥ 暖通空调控制系统。确保暖通空调控制系统具有舒适度控制（温度和湿度）、日程控制（一天中的运行时间节日和季节的变化）、运行模式控制、报警和系统报告、人工照明和昼光照明综合控制等基本性能，兼顾维护管理、室内空气品质报告、远程监测和调节以及调试的灵活性。

2）空气输送系统。

① 采用变风量系统。这种系统能够在部分负荷时降低能耗，并且可以利用每个分区的运行特点。

② 避免为了控制区域温度进行再热。考虑采用周边区域加热系统和室内回风进行供热，尽量减少对室外空气的再热。

③ 减少管道系统的压力损失。在整个建筑物中输配空气的风机能耗是相当大的。大部分

管道的尺寸选择一般都没有把输配系统作为一个整体来考虑。但是，用来选择管道尺寸的计算机程序越来越流行。这些程序提供以减少能量损失的改进分析方法。一个良好的设计应在关键处设置平衡阀，提高系统的能效。圆管或椭圆管的使用可以减少能量损失，并尽可能降低噪声。

④ 采用低泄漏的密封方法和良好的保温减少管道泄漏和热损失。

⑤ 考虑采用合理的空气输配系统输送处理过的空气到被居住的空间。空气散流器的类型和位置的最优选择能够节省能量和提高舒适度。选择具有高诱导比、低压降和优良的部分气流性能的散流器。

⑥ 采用低面风速的盘管和过滤器。减小通过盘管和过滤器的气流速度可减小每个部件的能量损失，还可以选择更高效的风机，减小对消声的要求。

⑦ 采用低温空气系统。考虑供给低温空气以减小所需的风量和风机能耗，这还能带来其他好处，如较低的室内空气湿度和较高的室内温度。

⑧ 采用内表面光滑的设备和管道。这样可以减少积灰尘和细菌的生长。保证有足够的检查和清扫的进口。

3）中央空调设备。

① 评价冷水机组的选择。在大型项目中会对制冷机的选择进行综合评价，但作为小型组装设备的一个部件却往往被忽略。各种型号的高性能制冷机都可以买到。综合控制使其与其他的 HVAC 部件一起工作，以提高运行灵活性。开式压缩机不会将电机的热量传递给制冷剂，因此也避免了一些能量损失，还应对转换或更换使用对环境有害的制冷剂的落后的制冷机而引起的能量和费用的节省进行评价。可以考虑采用蒸发冷却设备以获得更高的效率。

② 评价由不同型号机组构成的制冷系统。大部分制冷系统由多种型号的制冷机组构成。另一种方法是采用变速电机改进制冷机组部分负荷的性能。这样可以使制冷机在低负荷时有效地运行。

③ 考虑干燥剂去湿系统。在潜热负荷很大的地方，如气候潮湿的地区或要求低湿度的空间，这种系统是很有效的，吸附式全热转轮（用排风对送风进行去湿和冷却）或热再生的全热转轮都能够大量降低去湿的电力需求。

④ 考虑吸收式制冷。这种系统一般用煤气代替电作为能源并可以减少能源费用。但是，它不会减少建筑的能耗。虽然吸收式制冷机的效率比电制冷机低，但是它可以利用低价格的燃料。蒸汽、天然气或高温废热等热源都可以驱动吸收式制冷过程。直燃式机组还可以在提供冷冻水的同时为建筑采暖提供热水。

⑤ 考虑蓄能系统。一幢建筑的热负荷和冷负荷时时都在变化。蓄能系统（TES）使建筑能耗管理或"负荷管理"成为可能。TES 系统每天、每周或更长时间产生和储存能量。这种系统可以将昂贵的高峰能耗转移到较便宜的低峰时段。蓄冰槽和分层储水槽是最普通的例子。

⑥ 评价循环加热（冷却）水系统。采用变速电机的一次和二次泵系统很值得考虑使用，因为可以降低部分负荷时的能耗。管道系统的压降可以通过选择压降系数小的管道尺寸来降低。设计应使管道系统的总压降最低，而且流量平衡控制也最少。新型的采用循环加热（冷却）系统附加设备来降低系统摩擦损失和相应的水泵能耗的系统也在开发之中。

⑦ 评价热交换器。选择传热效果好空气阻力小的热交换器。

⑧ 考虑其他加热设备和改进设备。建议使用冷凝式锅炉，使其输出的蒸汽温度与热负荷相匹配，采用温度重调的策略，并选择部分负荷特性较好的设备。只要可能，就采用多级

运行设备。

⑨ 评价热回收选择方式。在热负荷和冷负荷同时发生的地方，考虑采用热回收装置。通风负荷很大的系统将在显热（即有直接供热和供冷的需要）和潜热负荷两方面都得益于空气–空气热回收系统。

4）改进暖通系统部件效率的选择。

① 在所有的项目中都建议采用高效电机，因为它们具有节能、寿命长和维护费用更少的特点。应选用型号合适的电机，避免因电机过大造成的低效率。

② 近年来变速驱动发展很快。它们可以从根本上减少风机、制冷机和水泵在部分负荷时的能耗。电子驱动是最佳选择，驱动控制器和电机的选择也很重要。

③ 可以对机械式发动机的效率加以改进以减少从电机到电机驱动设备的电力传递损失。考虑选择直接驱动设备，了解皮带或齿轮传动设备的实际损失系数。

④ 直接数字控制系统（DDC）的准确度、灵活性和操作界面都比气动系统好。使用具有高精度的传感器来提高能效和性能。

⑤ 采用 DDC 系统的先进控制策略，包括系统优化、动态系统控制、综合照明、HVAC控制及变风量（VAV）末端装置的气流跟踪。

⑥ 进行独立的系统测试、调节和平衡，以提高效率和舒适度。

5）建筑调试。采用确保暖通空调系统运行达到预期效果的调试过程。

在实际运行当中，系统的节能往往无法达到设计预期的效果。系统的"调试"过程（即证明已完成的建筑达到原始设计的意图和业主目标的过程）能够减少或消除这种不足。调试工作从设计开始时就进行，并贯穿于施工到使用的过程之中。应对调试方法进行调整使其适合于每个项目。调试过程由一个调试计划管理，这个调试计划规定了性能测试的要求、责任、日程和记录。调试的详细程度取决于项目的复杂程度。

6）平衡能耗和室内空气品质。能效和室内空气品质（IAQ）能够通过通风系统的综合设计策略紧密地联系起来。为了平衡能效和室内空气品质的要求，应考虑以下问题：

① 本着使 IAQ 性能和能效最佳的目的开始设计过程。

② 采用专用通风系统。有了专用的受控制的通风机、阀门和（或）专用通风输配系统，空气的品质就能被调节、测量和记录。这样才能保持可接受的通风量，通风空气可以被独立处理以提高能效。

③ 考虑热回收方案。通风负荷高的系统在显热和潜热负荷两方面都能得益于空气–空气热回收系统。从建筑中排出的空气可以被用来对进入建筑的空气进行预处理，因此减少能耗（但是必须小心，不要把排风重新引入送风气流中）。循环水管路和热管是两种提高能效的系统。

④ 减少污染物。在厨房、盥洗室、复印室和办公设备房等室内空气污染源较多的地方安装独立排风系统。

⑤ 实行通风需求量策略。根据特别人员需求规定通风量。例如，探测人员、二氧化碳和挥发性有机化合物（VOC）的传感器可以被用来监测人体负荷和引入更多的新风。考虑采用过滤效率高的空气净化器。

⑥ 考虑散流器的选择。散流器对空气进行合理的分配，把处理过的空气输送到居住者的工作区域。散流器型号和位置的合理选择能够节省能耗和提高 HVAC 系统控制的运行效率。选择诱导比高、空气阻力低和部分风量特性好的散流器。确定散流器的位置应使气流分

布合理，不要简单处理。散流器的布置要与家具和房间的分隔相协调。

⑦ 考虑地板送风。以前地板送风仅被用于计算机房，现在也被允许在其他的建筑空间中使用，特别是在温暖和湿度低的气候条件下。地板送风系统的送风温度可以比较高，风机能耗也低得多。因为通风量大，气流分布均匀，IAQ 得以提高。

⑧ 进行预通风。可以设定建筑控制程序，在建筑使用之前引入室外空气对建筑进行通风。这样可以减少室内污染物，并且夜间的空气对房间有预冷作用。在建筑刚刚建成开始使用时，开启空调系统，送入大量或连续的新风也很有益处。

⑨ 考虑采用蒸发冷却设备。主要在气候干燥的地方，直接或间接式蒸发冷却设备能更多地使用室外空气，提高效率，减少对机械制冷系统的需要。然而，必须进行合理的维护工作，以防止由微生物污染而引起的 IAQ 问题。

7）改造与更新。HVAC 系统的改造由很多原因引起。在改造过程中下列问题是很重要的：

① 考虑更换氯氟烃（CFC）。

设备的更新为将现有的制冷机更换为使用有益于环境的冷媒的制冷机提供机会。

② 更换落后的系统或部件。

现有的 HVAC 系统可能已经到了其预期寿命的尽头。

③ 指出并改正出现过的通风和室内空气品质的问题。

④ 根据现在的需求重新确定设备型号。

现有的系统部件可能太大，特别是在对其他系统改进效率（如照明的减少）之后，更新过程使系统部件与实际负荷相匹配，以提高效率。

⑤ 提高人体舒适度。

对与温度控制和通风量水平有关的人体舒适度问题的评价会导致更新，以提高舒适度和工作效率。

⑥ 消除规范的不足。

更新设备使之与建筑规范的变化相符或自觉与现行的规范相符。

⑦ 安装新型的建筑控制系统。

系统控制技术比前几年先进很多。可以采用现代技术管理各种类型的建筑、报警系统及建筑区域。根据节省的能量和提高的室内空气品质评价这些控制系统的价格和安装成本。

2. 绿色建筑环的暖通空调节能设计实例

（1）建筑概况。图 8.1-2 为北方某高校节能示范楼，主要功能为办公、科研、实验等。本项目建筑地上 2 层，结构形式为钢结构；地下 1 层，为钢筋混凝土结构。总用地面积为 4035.20m²，场地内建筑密度为 13.96%，绿地率 33.36%。工程总建筑面积为 1600.71m²，其中地下建筑面积 559.26m²，地下室的主要功能为新风机房、地源热泵机房、报告厅、开敞活动空间等；地上建筑面积 1041.45m²；一层面积为 563.24m²；包括接待室、会议室、展厅、客房、接待室及公共卫生间等；二层面积为

图 8.1-2 节能示范楼效果图

447.41m²；包括开敞式办公、智能控制设备用房、建筑能耗监测用房及公共卫生间等。出屋面楼梯间面积为 30.80m²；地下室下沉庭院建筑面积为 305.50m²。

（2）主要技术措施。

1）节地与室外环境。

① 选址。项目地处沈阳市浑南新区某大学校园内，规划地块北侧与西侧临园区路，建设前为空地，场地内无文物、自然水系、湿地、基本农田等，地势较为平坦。

地质条件：建设项目所在地，地形以平原为主，地势较为平坦，属浑河冲击阶地，地面标高 41.54～42.53m。根据地质报告，场地无活动断裂及发震断裂，场地区域稳定，主要地层分布均匀，属相对稳定区，地形较平坦，地貌类型单一，场地勘察范围内不存在埋藏的河道、洞穴、孤石等不利埋藏物，正常年份无洪水、滑坡等地质灾害。场地抗震设防烈度为 7 度。

② 室外环境。室外声环境：本项目附近无高噪声的工业企业，其本项目建筑与交通道路之间有大面积的景观绿化隔离，有效降低了周围交通噪声的影响。根据噪声测试，本项目周围昼间噪声最大值为 44dB，夜间为 38.2dB，四周的噪声值符合 1 类噪声标准的要求。

光污染控制：本项目建筑表面采用玻璃幕墙，玻璃幕墙的设计、制作和安装执行《玻璃幕墙工程技术规范》（JGJ 102）。选用颜色深、反射系数小的玻璃，符合《玻璃幕墙光学性能》（GB/T 18091）的要求的反射比不大于 0.3 的要求；项目周围无居住建筑，不存在影响日照的问题；室外景观照明未采用霓虹灯、广告牌等易产生光污染的照明方式。景观照明主要包括景观灯、庭院灯和泛光灯，主要采用，灯具功率≤48W，不会对周边道路产生光污染。

热环境：本项目总用地面积 4035.20m²，绿地面积为 1346.15m²，绿地率 33.36%。项目地面停车场铺设植草砖，能够有效促进雨水的入渗，面积为 268.22m²。因此，项目总透水地面面积为 1614.37m²，透水地面的比例达到 46.5%，满足绿色建筑的要求。透水地面可缓解城市及住区气温升高和气候干燥状况，降低热岛效应，调节微气候。

风环境：项目区域周边的流场分布较为均匀，气流通畅，无涡流、滞风区域，主要通道风场流线基本明显，无明显的气流死区。项目周边人行区域 1.5m 高度处风速均小于 5m/s，同时风速放大系数均小于 2。

其他污染控制：项目无餐厅、厨房等使用的燃料的功能空间，无油烟等污染物，因此不对大气产生影响；项目产生的固体废弃物主要为办公人员的办公垃圾，估算每年将产生办公垃圾 0.6t。办公垃圾集中至垃圾中转站后由校园后勤部门统一运送处理，避免二次污染。

③ 出入口与公共交通：规划道路系统采用人车分流的方式，车辆主要停在东侧集中停车场，将步行系统与绿化环境设计相结合，将道路设计与广场空间、绿地空间与建筑空间相结合，共同塑造户外景观空间。既合理地做到交通系统便利，同时又与景观系统合理地结合在了一起。建筑主要出入口在北侧，南侧入口结合下沉广场从负一层进入。学校北门道路对面有公交站点（155 路、浑南新区环线、224 路、118 路、387 路、有轨电车 4 号线）、距离学校西门 50m 处有公交站点（238 路、291 路）。

④ 景观绿化：本项目用地面积为 4035.20m²，室外绿地面积为 1346.15m²，绿地率为 33.36%，绿化植物以乡土植物为主，合理设计乔木、灌木和草类植物的搭配，形成富有生机的复层绿化体系，采用的植物主要有：刺槐、蒙古栎、冷杉、山楂、京桃、紫丁香、红王子锦带、红瑞木、丹东桧柏篱、五叶地锦、玉簪。此外，本项目设计了 214m² 的屋顶花园和长

度 23m（占建筑周长 25%）的垂直绿化，既丰富绿化层次，又改善环境质量。

⑤ 透水地面：本项目室外地面面积为 3471.96m²，室外绿地面积为 1346.15m²。项目地面停车场铺设植草砖，能够有效促进雨水的入渗，镂空铺地面积为 268.22m²。因此，项目总室外透水地面面积为 1614.37m²，室外地面面积为 3471.96m²，室外透水地面的比例达到46.5%，满足绿色建筑的要求。

⑥ 地下空间利用：本项目充分利用地下空间，地下空间功能为设备机房、报告厅和开敞活动空间。地下建筑面积为 559.26m²，建筑基底面积为 563.24m²，地下建筑面积占建筑基底面积的比为 99.29%。

2）节能与能源利用。

① 建筑节能设计。本项目建筑节能设计依据为《公共建筑节能（65%）设计标准》（DB 21/T 1899—2011），按照标准规定本项目属于乙类建筑，本项目为了实现更好的节能效果，围护结构参照德国被动房参数标准进行设计。

Ⅰ．建筑体型系数 0.22<0.4，各方向窗墙比分别为：南向 0.29；北向 0.16；东向 0.11；西向 0.11；屋顶天窗面积比例 12%；满足规范要求。

Ⅱ．本项目外墙采用轻集料小型混凝土砌块作为主体材料，整个外围护结构采用石墨聚苯板（SEPS）作为保温材料，外墙的综合传热系数为 0.12W/（m²·K）。

Ⅲ．外窗采用单框三玻塑钢窗［5mm 钢化 LOW−E 玻璃＋16（A）内充氩气＋5mm 钢化玻璃＋16（A）内充氩气＋6mm 钢化玻璃］，整体塑钢窗传热系数 $K\leq0.90$W/（m²·K）；非透明外门的传热系数 $K\leq1.00$W/（m²·K）；玻璃可见光透射比≥0.4。玻璃选择性参数 $S\geq$ 1.25。玻璃的太阳能总透射比 $g\geq0.45$，窗上口设有折臂式遮阳。南侧下沉广场落地窗、北侧西侧入口门连窗采用铝合金框料，5mm 钢化 LOW−E 玻璃＋16（A）内充氩气＋5mm 钢化玻璃＋16（A）内充氩气＋6mm 钢化玻璃，暖边，整体传热系数 $K\leq1.00$W/（m²·K），可见光透射比≥0.4，玻璃选择性参数 $S\geq1.25$，玻璃的太阳能总透射比 $g\geq0.45$，南侧下沉广场落地窗窗上口设有折臂式外遮阳。

Ⅳ．南侧−1.200 标高以上的透明幕墙采用镀锌钢框，面层材料为玻璃及透明光伏板，幕墙反射率 25%。

Ⅴ．屋顶天窗材质为铝包木框料，三玻［5mm＋0.1（真空层）＋6＋9mm（氩气）＋5 钢化 LOW−E 玻璃］整体天窗传热系数 $K\leq1.00$W/（m²·K），可见光透射比≥0.4。窗上设遮阳系统。

Ⅵ．该设计建筑的单位面积全年能耗小于参照建筑的单位面积全年能耗，设计建筑的能耗与参照建筑的能耗比值为 75.25%。建筑全年能耗计算结果见表 8.1−1。

表 8.1−1　　　　　　　　　　节能示范楼全年能耗计算结果

能耗类型	设计建筑	参照建筑
采暖能耗/kW·h	49 557.03	61 938.19
空调能耗/kW·h	17 356.31	26 674.59
照明能耗/kW·h	30 758.42	48 536.08
其他动力能耗/kW·h	22 366	22 366
总能耗/kW·h	120 037.76	159 514.86
单位面积能耗指标/（kW·h/m²）	99.99	132.87

② 高效能设备和系统。本项目采用双源热泵机组两台：

KS180S：制冷量：12.5kW，制热量：18.5kW，cop＝4.2。

KS400S：制冷量：25kW，制热量：35kW，cop＝5.8。

项目采用节能型的风机与水泵，降低空调输配系统的能耗，经计算通风机与排风机的最大单位风量耗功率为 0.20W/（m³/h）。冷（热）水泵的耗电输冷（热）比满足《公共建筑节能设计标准》的要求。

③ 节能高效照明。本建筑采用太阳能光伏并网发电系统，照明系统的主要功能房间和场所室内照明功率密度值按照我国《建筑照明设计标准》（GB 50034）的目标值进行设计，选用 LED 型节能灯具（包括荧光灯、筒灯、吸顶灯等），并配有电子镇流器，功率因数大于0.9。办公区域照明采取就地控制的方式，根据人员使用情况自主开闭，公共区域采用集中控制，利于节能。

④ 可再生能源利用与能量回收系统。项目的能量回收主要为排风热回收：本项目冬季新风通过地道风系统进行预热，同时设置显热回收型机组，有效地降低新风能耗。热回收效率可以达到72%，新风量，1500～3000m³/h，如图8.1－3所示。

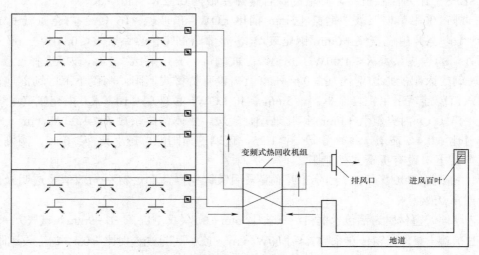

图 8.1-3　热回收系统原理图

本项目的可再生能源使用形式：

Ⅰ．本项目的可再生能源使用形式为两台双源热泵机组：土壤源、空气源＋太阳能热泵提供冷热源，根据室内外参数和冷热平衡要求，切换运行。一台制热量 18.5kW，制冷量 12.5kW，另一台热泵机组制热量 35kW，制冷量 25kW。冬季使用时热泵机组空气源、土壤源双工况切换：在晴朗的白天，通过 PV/T 系统将太阳能收集起来，通过热空气进入机房；当气象条件不够优越的时候，例如连续阴雨雪天气，太阳辐射不足以提供必要的能量时，系统应切换至土壤源热泵工况，当条件具备时，再切换至空气源工况。夏季使用时，热泵机组切换为土壤源工况，以空气源作为备用冷源。热泵系统流程见图8.1－4。

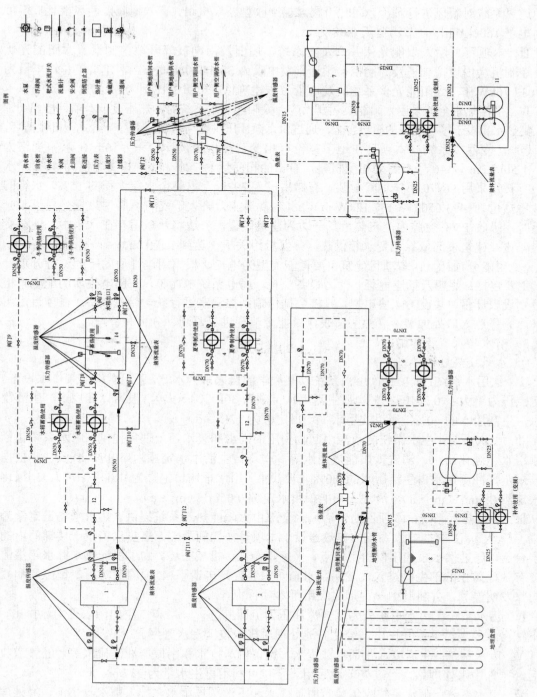

图 8.1-4　热泵机房系统流程

Ⅱ．地道风对新风进行预热（预冷），如图 8.1－3 所示。本项目冬季通过地道风系统对新风进行预热，降低新风能耗，年可节约电量 1500kW·h，合节约费用 0.075 万元。夏季通过地道风系统对新风进行预冷，同时设置显热回收型新风机组，有效地降低新风能耗。年可节约电量 1600kWh，合节约费用 0.08 万元。

Ⅲ．本项目采用太阳能光伏并网发电系统，屋面及南向玻璃幕墙内侧设置太阳能光伏板，控制机房内设控制柜及并网柜，预计年发电量为 38 649.03kW·h，本建筑年总耗电量为 120 037.76kW·h，太阳能光伏系统的发电量占该建筑总耗电量的比例为 32.17%。

Ⅳ．生活热水全部采用太阳能集热器供应。太阳能热水系统的集热器设于本项目楼梯间顶部，集热水箱设于楼梯间内的缓步台上，通过供水泵加压供给用水点，上行下给式，机械循环。

⑤ 蓄冷蓄热系统：本项目在地下室设有相变蓄热水箱设计容积为 6m³，水箱规格为 2m×1.5m×2m 以 46 号石蜡为相变材料，石蜡的相变焓为 220kJ/kg，相变温度为 46℃。水箱中有石蜡采用 DN70 不锈钢管封装，石蜡质量为 792kg，占整个水箱体积的 15%，水箱的有效蓄热量为 493 650kJ（137.12kW·h），水箱蓄热能力略大于夜间所需供热量，白天阳光充足时，吸收 PVT 空腔内空气热量，一边为建筑供暖，一边将热量蓄存在水箱中，使相变材料融化；建筑夜间依靠相变水箱供热，热泵机组关机，达到节能目的。

⑥ 用能分项计量：本项目建筑主要耗能类型为电耗，根据用电性质的不同进行分项计量，主要包括：照明及插座电耗、动力设备电耗、弱电系统电耗等，在用电处所的配电箱柜处分别设表计量，共设 164 块电表，并将数据传输到控制室进行统一管理储存。在项目的用热（冷）量总入口处加装冷（热）量表，对能源消耗进行监测、分析和管理。

3）节水与水资源利用。

① 水系统规划设计。

Ⅰ．饮用水系统：本项目饮用水系统以某大学的自来水为水源，采用微机变频供水设备。用水点压力不大于 0.2MPa。平均日生活用水定额为 30L/（d·人），根据标准规定，生活饮用水占生活用水的 40%，所以饮用水平均日定额为 12L/（d·人）。

Ⅱ．中水系统：中水系统的水源由回收利用的雨水和废水经处理后提供。中水系统包括冲厕用水、绿化用水、清洗太阳能板用水等。平均日生活用水定额为 30L/（d·人），根据标准规定，冲厕用水占生活用水的 60%，所以冲厕用水平均日定额为 18L/（d·人）。绿化用水定额 0.5m³/（m²·a），清洗太阳能板用水定额 0.05m³/（m²·a）。

Ⅲ．生活热水系统：本项目的生活热水全部由太阳能热水系统提供。热水平均日定额为 10L/（d·人）。太阳能热水系统的集热器设于本项目楼梯间顶部，集热水箱设于楼梯间内的缓步台上，通过供水泵加压供给用水点，上行下给式，机械循环。为了保证热水贮水箱溢流管道有效地防止外部生物进入，发明了水箱防虫装置，申请了 4 项国家实用新型专利和 2 项国家发明专利，并将其中一种形式应用于本项目中。

Ⅳ．污水系统：污水系统分为重力流和压力流两部分，一层和二层的污水重力流排出，地下室污水经潜污泵提升排出，经化粪池处理后排入校区污水管网。

Ⅴ．废水系统：生活废水包括盥洗废水、空调机房排水和小便器冲洗排水等，经管道收集后，排入中水处理站，经过处理后回用。全年可利用再生水量为 237m³。

Ⅵ．雨水系统：雨水系统收集建筑屋顶雨水和下沉广场雨水，排入雨水收集池，经处理站（与中水处理站合并设置）处理后回用。全年可利用的雨水量为 760m³。

② 节水措施。

Ⅰ. 节水器具：本项目中的生活用水器具均采用节水型器具。公共卫生间的洗手盆、小便器和大便器采用红外感应式，客房内坐便器采用连体式坐便器，一次冲水量不大于 6L。实现节水率大于 8%。

Ⅱ. 管材管件：根据水管的用途选择合适的管材和连接方式，避免漏损。生活用水冷热水管采用公称压力为 1.6MPa 等级的 S6.3 系列 CPVC 管材和管件，工作温度为 0～93℃，塑料管件采用冷熔连接。

③ 非传统水源利用。本项目收集建筑废水和雨水作为非传统水源。建筑废水包括洗手盆用水、盥洗用水、设备用房排水和小便器排水，经管道收集后进入设于下沉广场的中水池，经过生物法处理和两级过滤后作为再生水回用。通过对沈阳市近 62 年的降雨数据进行统计，得到沈阳地区多年平均降雨量为 713.6mm，适合采用雨水收集利用技术。通过对沈阳市降雨数据统计方法的深入研究，申请了关于推求日降雨量公式的计算机软件著作权。本项目收集屋面和下沉广场雨水，经由雨水管汇集到雨水收集池，与中水合用处理系统，一般雨水经过两级过滤后回用，水质较差时采用与中水相同的处理工艺。处理后的中水和雨水经变频水泵加压供给用水点，主要用于冲厕、绿化灌溉、清洗太阳能板。全年可利用的雨水量为 760m³，再生水量为 237m³，有效节约了自来水，经计算本项目的非传统水源利用率可以达到 61.2%。

④ 绿化节水灌溉。本项目采用滴灌和喷灌相结合的节水灌溉方式，对于灌木，采用小管出流灌水器的滴灌方式，将水直接浇灌到植物根部，提高水的利用率。对于大面积的草坪，采用辐射式喷头的微喷灌方式，将水均匀地喷洒到草坪区域。相对普通的人工漫灌，节水灌溉方式可节约用水 35% 以上。

⑤ 雨水回渗与集蓄利用。本项目收集建筑屋面雨水和下沉广场雨水予以利用，包括雨水入渗、雨水回用和调蓄排放三种形式。建筑屋面为绿化屋面，下沉广场收集绿化和大理石铺砌地面的雨水，雨水水质较好，适于经过处理后回用，用于冲厕、绿化灌溉、清洗太阳能板等。雨水一般采用"砂滤+活性炭吸附+消毒"的工艺，雨水水质较差时，采用"格栅+水解酸化+二级接触氧化+砂滤+活性炭吸附+消毒"的工艺。回用之余的雨水进行调蓄排放，并且排放系统采用渗透管排放系统，这样既可以缓解对学校雨水管网的冲击，又可以有利于渗透管周围植物的生长。同时，建筑周围的地面采用绿化和镂空地面等渗透形式，渗透率为 46.5%。

4）节材与材料资源利用。

① 建筑结构体系节料设计：本工程地下部分为钢筋混凝土框架结构体系，相比其他结构更具有耐久性、防潮防水性好的优点，且后期维护费用较低；地上部分采用钢框架结构体系，可以根据房间功能需要，灵活布置房间大小，与钢筋混凝土框架结构比，具有质量轻、地震反应小、延性好等优势。从使用可循环利用材料，节材与材料资源利用方面看，选用钢框架更经济合理。

② 建筑立面设计：本项目为办公科研类建筑，建筑风格亲切简洁，稳重大方。装饰性构件建筑导风墙，经计算总造价约 4.20 万元，项目工程总造价约 1090 万元，装性构件造价为工程总造价的 3.85‰，低于 5‰。

③ 预拌混凝土使用：本项目所用混凝土全部采用预拌混凝土。

④ 可再循环材料使用：建筑设计选材时考虑使用材料的可再循环使用性能，在保证安全和不污染环境的情况下，使用的可再循环材料重量占所用建筑材料总重量的 10.71%。

⑤ 土建装修一体化设计施工：本项目采用土建与装修一体化设计施工，避免装修施工阶段对已有建筑构件的打凿、穿孔，既保证了结构的安全性，又减少了建筑垃圾的产生，符

合建筑节材的设计要求。

5）室内环境质量。

① 室内温湿度控制：本项目夏季采用风机盘管加新风空调系统，其中新风冷负荷由土壤提供，即利用地下部分土建风道，通过风机提供动力将室外空气吸入并通过土建风道送入室内，室外空气在经过地下风道时，与土壤换热后逐渐降低温度并达到室内焓值后直接送入室内。室内其他冷负荷由双源热泵机组（土壤源和空气源热泵）提供。

风机盘管回水管上均设有电动两通阀，通过温控器自动调节风机盘管的供水量，控制室内温度保持在所需的范围。风机盘管系统室内设三速开关，可以根据建筑负荷变化及室内人员的需求进行调节，满足建筑内部人员热舒适的要求。

本建筑冬季采用低温热水地面辐射供暖系统，热负荷由双源热泵机组提供。

② 室内空气质量控制：本项目在人员密集的展厅及会议室设置室内二氧化碳监控装置，通过环境监测系统将数据传至监控中心，实现空气质量实时监测。根据室内空气中二氧化碳浓度，通过楼宇控制系统与新风系统联动，调节新风量，在保证室内良好空气品质的同时，降低新风系统的能耗。

本项目在新风入口处设置过滤及灭菌装置。

③ 自然通风：根据本工程建筑体量、宽度不大的特点，可充分利用自然通风与机械通风相结合的混合通风方式来降低建筑的空调系统能耗。通过数值模拟的方法，有效增加建筑外窗、天窗、透明幕墙的开启面积，合理进行气流组织，优化公共空间的自然通风效果。通过对开启面积的分析及优化，过渡季节自然通风状况下的室内风速约为 1.2m/s，室内大部分空间温度分布可以满足舒适度要求，过渡季节至少有四个月以上的时间可以完全关闭空调系统。

④ 建筑隔声：外墙采用 280mm 厚 B1 级新型石墨聚苯乙烯保温板（EPS）作为保温材料的外保温系统，外墙的空气声计权隔声量为 47.5dB；外门窗采用角铁将窗框固定于砖墙外，用防水涂膜密封角铁与窗框间缝隙，并将角铁嵌入 300 厚保温层内，可获得良好的密封性，通过良好门缝处理的门窗隔声量可达 40～45dB。

本项目普通楼板与所选作为参照的常用楼板的构造进行比较，钢筋混凝土、水泥砂浆的质量均大于参照楼板，用户进行地热铺设，本项目普通楼板综合面密度大于参照构造楼板，结构与参照楼板基本相同，隔声效果明显好于参照楼板。

⑤ 自然采光：本项目建筑平面呈正方形布局，建筑主入口为东北方向布置，平面以贯穿地上二层的共享中庭与各层走廊、内部房间及天窗结合，形成宽敞明亮的内部自然采光区域。同时采用钢排架上设置威路克斯系列天窗，具有自动设定光感反应的外遮阳系统，阻隔强光照射，达到防眩光的效果；二层开敞办公区的玻璃隔断表面采用磨砂处理，透过天窗的自然光可均匀漫射到二层建筑内部的使用空间。地下室南向与下沉广场相连的外墙上设置大面积连续数量的落地采光窗，将自然光引入地下室公共区域和报告厅，明显改善的该区域的照度。经过自然采光模拟分析，建筑内部 84%以上的建筑面积达到了自然采光的要求。

⑥ 围护结构保温隔热设计：建设地点位于严寒 I（C）区，项目参照德国的被动房标准进行节能设计。

Ⅰ.外墙外保温系统：

外墙采用 B1 级新型石墨聚苯乙烯保温板（EPS）作为保温材料的外保温系统；与普通苯板相比，材料本身防火性能达到难燃 B1 级、绝热能力超强、同等效果成本较低、更具生态效率；本工程外墙保温厚度为 280mm 厚石墨聚苯板外抹 20mm 聚苯颗粒砂浆，设计外墙平均传热系数与国家规定限值相比足够低，且具有良好的热惰性。

屋面保温采用 300mm 厚憎水挤塑板；底面接触室外空气的架空挑板下干挂 150mm 厚改性聚氨酯复合保温板；地下室地面保温采用 100 厚憎水挤塑板；地下室外墙保温采用 100 厚憎水挤塑板；屋顶天窗面积比例为 12.7%，屋顶天窗材质为铝包木框料，三玻 [5mm 钢化 LOW−E 玻璃 +16（A）真空 +5mm 钢化玻璃 + 夹胶 +6mm 钢化玻璃]，$S \geqslant 1.25$，整体天窗传热系数 $K \leqslant 1.00$ [W/m² · k]；可见光透射比 $\geqslant 0.4$，窗上设自动遮阳系统。外窗采用单框三玻塑钢窗 [5mm 钢化 LOW−E 玻璃 +16（A）内充氩气 +5mm 钢化玻璃 +16（A）内充氩气 +6mm 钢化玻璃]，窗框传热系数 $K = 0.10$ W/(m² · K)；整体塑钢窗传热系数 $K \leqslant 0.9$ W/(m² · K)；可见光透射比 $\geqslant 0.4$，玻璃选择性参数 $S \geqslant 1.25$，玻璃的太阳能总透射比 $g \geqslant 0.45$. 透明外门的传热系数 $K = 1.2$ W/(m² · K)；非透明外门的传热系数 $K = 1.0$ W/(m² · K)；南侧 −1.200 标高以上的透明幕墙采用镀锌钢框，面层材料为玻璃及透明光伏板，幕墙反射率 25%。

Ⅱ. 工程在建筑设计中针对诸如：地面、屋面、外墙等部位可能存在的热桥都设计了专门的构造，在热桥部位增加保温层的厚度以降低热桥的影响。

Ⅲ. 本工程通过改变传统窗户的安装位置、窗户保温方式、采用高效的防水密封材料和应用窗台板，显著地提高了外窗的保温气密性和防水能力。外窗安装在主体外墙外侧，外窗借助于角钢或小钢板固定，整个窗户的三分之二被包裹在保温层里，形成无热桥的构造。窗框与窗洞之间凹凸不平的缝隙填充了自黏性的预压自膨胀密封带，窗框与外墙连接处采用防水隔气膜和防水透气膜组成的密封系统。室内一侧采用防水隔气密闭布（膜），室外一侧使用防水透气密闭布（膜），在构造上强化窗洞口的密封与防水性能。窗外侧设计安装金属铝制窗台板，窗台板有滴水线造型，既保护了保温层不受紫外线照射老化，也导流雨水，避免雨水对保温层的侵蚀破坏。

⑦ 可调节外遮阳：本项目中庭处采用钢排架上设置威路克斯系列天窗，具有自动设定光感反应的外遮阳系统，阻隔强光照射，达到防眩光的效果。

⑧ 无障碍设计：本建筑主要出入口设有无障碍坡道，坡道坡度满足《建筑无障碍设施构造》（2006J1002）要求，室内外高差 1200mm，分为两跑，每跑 600mm 高，坡道坡度为 $i = 1:12$，净宽度 1.2m，凌空侧或两侧均设置无障碍专用扶手及挡台。

本工程在一层公共卫生间内设有残疾人专用厕所，厕所内设有紧急呼救按钮。无障碍坡道及无障碍专用厕位等处均设有无障碍标识。

⑨ 绿色建筑展示系统：本系统要求对建筑的能耗做全面的监测，并且提供对建筑各个子系统的状态进行展示板展示，实时显示当前各系统的工作状态，并且可以通过模拟计算和实测数据分析，显示当前的节能效果、减排污水和遮阳效果等情况。起到对绿色节能建筑的监测、演示及教育推广作用。能源与设备系统展示内容：土壤源、空气源双源热泵技术，PVT 光伏幕墙技术，相变水箱储热技术，地道风新风系统，太阳能热水集热技术，新风显热回收技术，建筑能耗分项计量系统；室内环境控制系统展示内容：自然通风技术，CO_2 浓度监测，导光管技术，高性能保温外墙技术，高性能屋面技术，高性能外窗技术，外遮阳系统；生态化补偿展示内容：雨水收集，节水浇灌，中水系统。

（3）暖通空调设计。

1）空调设计参数，见表 8.1−2～表 8.1−4。

表 8.1-2 室 外 计 算 参 数

冬季		夏季	
空调计算（干球）温度/℃	－20.7	空调计算（干球）温度/℃	31.5
空气计算相对湿度（%）	60	空调计算（湿球）温度/℃	25.3
通风计算温度/℃	－11	通风计算（干球）温度/℃	28.2
平均风速（m/s）、最多风向及频率	2.6	平均风速/（m/s）	2.6
大气压力/hPa	1020.8	大气压力/hPa	1000.9

表 8.1-3 室 内 设 计 参 数

房间类型	温度/℃		相对湿度（%）		新风量/（m³/h·p）	噪声指标 dB（A）
	夏季	冬季	夏季	冬季		
办公室	26	20	60	–	30	≤50
会议室	26	20	60	–	30	≤50
展厅	26	18	60	–	20	≤50
公共卫生间	26	16				≤60

表 8.1-4 围 护 结 构 传 热 系 数

围护结构名称	传热系数/[W/（m²·℃）]	围护结构名称	传热系数/[W/（m²·℃）]
外墙	0.12	外窗	0.9
外门	1.0	屋面	0.11
地面	0.28		

2）空调负荷计算与统计。根据建筑热工设计和绿色建筑环境暖通空调节能设计的指导思想，在保证室内环境要求的前提下，采用节能的暖通空调系统，其建筑暖通空调系统负荷计算结果见表 8.1-5，主要设计指标见表 8.1-6。从计算结果可以看出，由于建筑围护结构的绿色设计，该建筑暖通空调负荷指标相比同类普通建筑小很多，围护结构节能效果显著。

表 8.1-5 节能示范楼暖通空调负荷计算结果

分 类	夏季室内冷负荷（全热）/W	夏季总冷负荷（含新风/全热）/W	夏季室内湿负荷/（g/s）	夏季总湿负荷（含新风）/（g/s）	夏季新风冷负荷/W	夏季新风量/（m³/h）	夏季总冷指标（含新风）/（W/m²）	夏季室内冷负荷指标/（W/m²）	夏季室内冷负荷最大时（全热）	冬季总热负荷（含新风）/W	冬季热指标（含新风）/（W/m²）
建筑物	31 803.42	53 019.63	8.97	29.83	21 216.21	3325.05	33.12	19.87	16	15 532.05	12.79
－1楼层	14 576.56	25 375.06	5.44	16.09	10 798.50	1801.58	49.83	28.62	16	4381.44	11.34
－1001[报告厅]	5758.33	7810.75	3.02	5.09	2052.42	522.57	68.73	50.67	15	1542.94	17.89
－1002[储藏室]	364.49	364.49	0.10	0.10	0.00	0.00	11.18	11.18	17	159.75	6.45
－1003[休息室]	7681.20	15 915.61	2.08	10.15	8234.41	1204.19	50.64	24.44	16	2047.66	8.59
－1004[卫生间]	582.51	1094.18	0.20	0.71	511.67	74.83	35.49	18.89	17	526.83	22.51
－1005[配电间]	127.59	127.59	0.02	0.02	0.00	0.00	11.33	11.33	17	65.5	7.66
－1006[库房]	76.55	76.55	0.02	0.02	0.00	0.00	11.48	11.48	17	38.76	7.66

续表

分 类	夏季室内冷负荷(全热)/W	夏季总冷负荷(含新风/全热)/W	夏季室内湿负荷/(g/s)	夏季总湿负荷(含新风)/(g/s)	夏季新风冷负荷/W	夏季新风量/(m³/h)	夏季总冷指标(含新风)/(W/m²)	夏季室内冷负荷指标/(W/m²)	夏季室内冷负荷最大时(全热)	冬季总热负荷(含新风)/W	冬季热指标(含新风)/(W/m²)
1 楼层	10 411.42	17 054.16	2.41	8.92	6642.74	971.42	27.61	16.86	16	5185.52	11.06
1001 [会议室]	2505.59	4044.62	0.83	2.34	1539.02	225.06	42.85	26.54	16	781.51	10.91
1002 [接待室]	1300.06	1990.29	0.37	1.05	690.24	100.94	35.26	23.03	16	283.6	6.62
1003 [办公室]	1178.72	1758.75	0.16	0.72	580.03	84.82	24.72	16.57	17	561.77	10.4
1004 [展厅]	4633.46	7667.47	0.79	3.76	3034.01	443.69	22.07	13.34	17	3151.5	11.95
1005 [卫生间]	827.63	1627.06	0.27	1.05	799.44	116.91	33.78	17.18	17	407.14	11.14
2 楼层	6861.19	10 636.16	1.12	4.82	3774.96	552.05	22.45	14.48	11	5965.09	16.59
2001 [办公室]	3566.94	5376.65	0.49	2.26	1809.71	264.65	24.24	16.07	11	2504.83	14.87
2002 [走廊]	1826.66	2344.82	0.24	0.74	518.16	75.77	18.44	14.37	17	2093.78	21.7
2003 [监测室]	525.11	920.66	0.08	0.47	395.55	57.84	20.33	11.59	15	409.83	11.92
2004 [控制室]	387.25	682.22	0.06	0.35	294.97	43.14	20.20	11.47	15	300.39	11.72
2005 [卫生间]	827.81	1584.38	0.25	0.99	756.58	110.64	34.75	18.16	16	656.27	18.97

表 8.1-6　　　　　　　　　　冷热负荷主要设计指标

建筑面积/m²	冷负荷(不含新风)/kW	冷负荷指标(不含新风)/(W/m²)	热负荷/kW	热负荷指标/(W/m²)
00.71	31.8	19.87	15.53	12.79

3）冷、热源系统。

① 机组型号选择。本建筑夏季采用空调系统，其中新风冷负荷由土壤提供。即利用地下部分土建风道，通过风机提供动力将室外空气吸入并通过土建风道送入室内，室外空气在经过地下风道时，与土壤换热后逐渐降低温度并达到室内焓值后直接送入室内。室内其他冷负荷由双源热泵机组（土壤源和空气源热泵）提供。本建筑冬季采用低温热水地面辐射供暖系统，热负荷由双源热泵机组提供。

该建筑夏季总冷负荷 53.0kW，不含新风的室内冷负荷 31.8kW，冬季总热负荷 15.53kW。由于系统采用地道风夏季对新风进行预冷，并采用排风热回收装置，经综合考虑同时使用系数、部分负荷性能系数和机组的调节性能，本项目采用双源热泵机组两台：

KS180S：制冷量：12.5kW，制热量：18.5kW，cop = 4.2。

KS400S：制冷量：25kW，制热量：35kW，cop = 5.8。

② 冷源：由地下室热泵机房内的双源热泵机组提供，夏季冷冻水供回水温度为 7/12℃。

③ 热源：由地下室热泵机房内的双源热泵机组提供，冬季热水供回水温度为 50/45℃。

④ 冷热量计量在机房统一设置。

⑤ 热泵机组机房流程图如图 8.1-4 所示。

4）供暖、空调、通风系统。

① 办公室和休息室采用风机盘管加新风系统，并设排风系统，排风系统设计热回收装置，节约能源。

② 风机盘管设带三速开关的温控器，回水管上均设有电动两通阀，通过温控器自动调

节风机盘管的供水量，控制室内温度保持在所需的范围。

③ 冬季供暖采用低温热水地面辐射系统，热水由机房供出，在每层设置分、集水器，引致个房间。

④ 在加热管与分集水器的结合处，分路设置调节性能好的阀门，通过手动调节来控制室内温度。

⑤ 公共卫生间设置排风扇，通过建筑竖井将浊气排至室外，换气次数为 10 次/h。

⑥ 展厅部分利用可开启外窗进行自然排烟。地下室防烟楼梯间设加压送风系统，加压风机设于屋顶，楼梯间设自垂百叶风口。

⑦ 建筑室内温湿度保障系统设计图如图 8.1-5～图 8.1-16 所示。

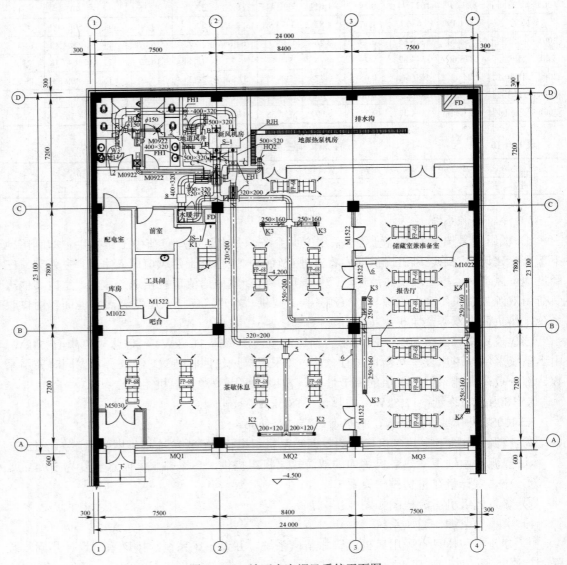

图 8.1-5　地下室空调风系统平面图

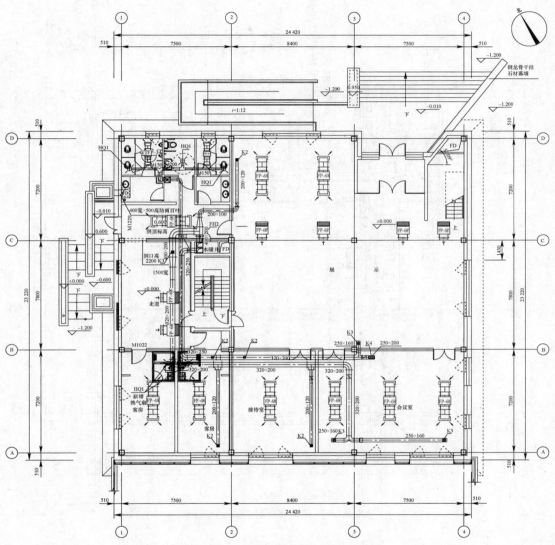

图 8.1-6 一层空调风系统平面图

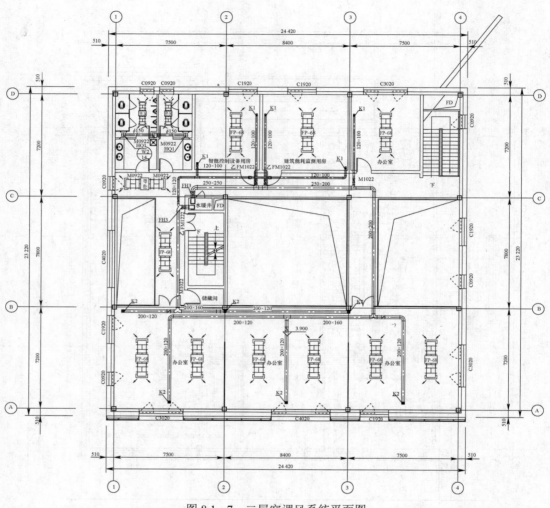

图 8.1-7 二层空调风系统平面图

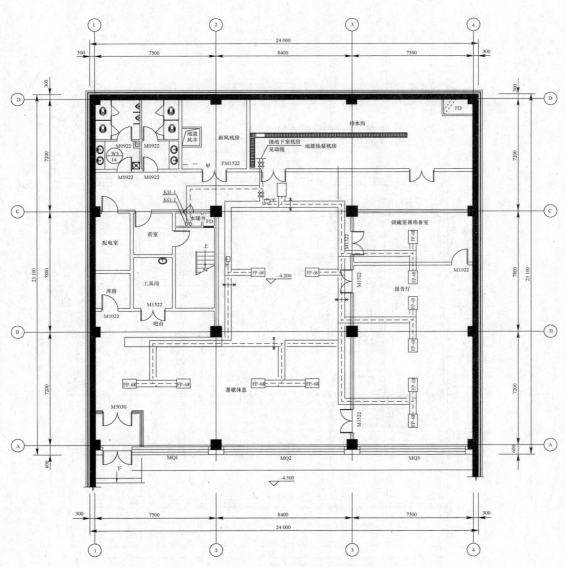

图 8.1-8　地下室空调水系统平面图

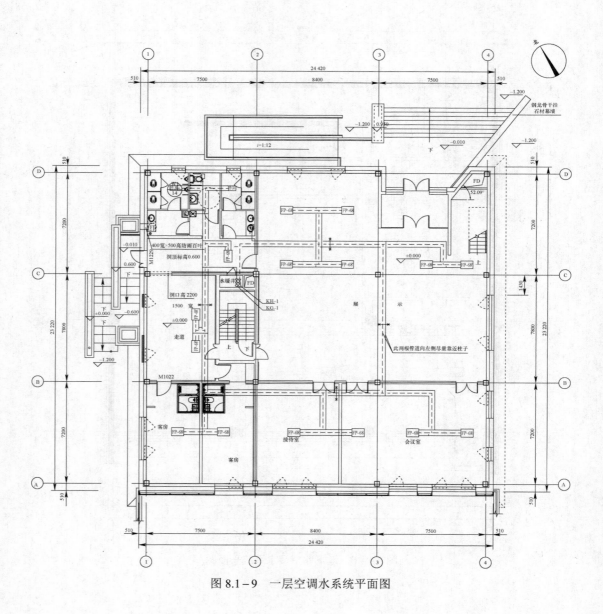

图 8.1-9　一层空调水系统平面图

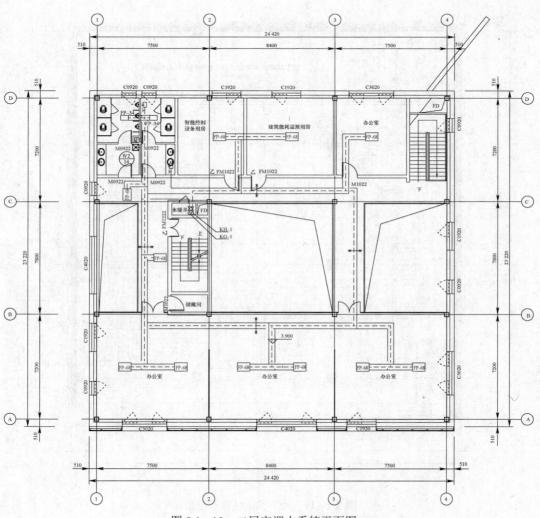

图 8.1-10　二层空调水系统平面图

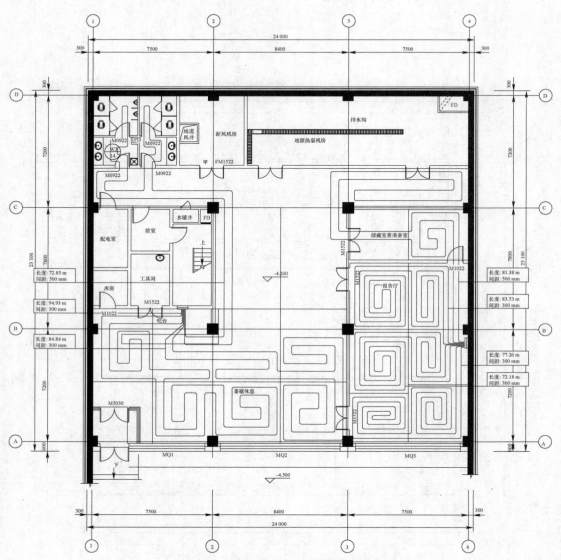

图 8.1-11　地下室地热盘管平面图

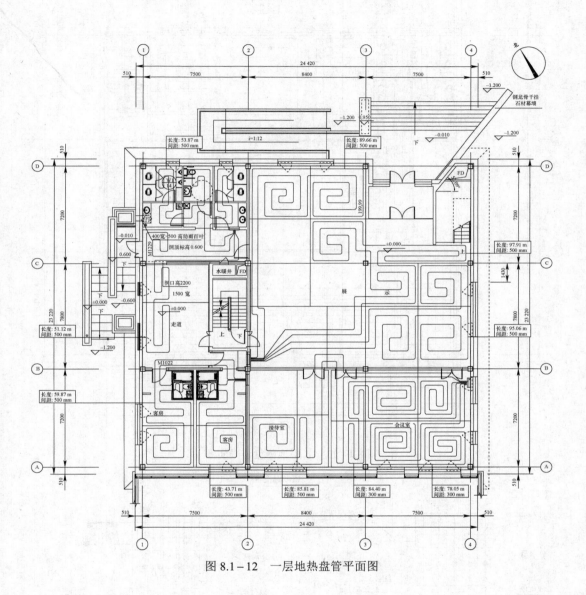

图 8.1－12　一层地热盘管平面图

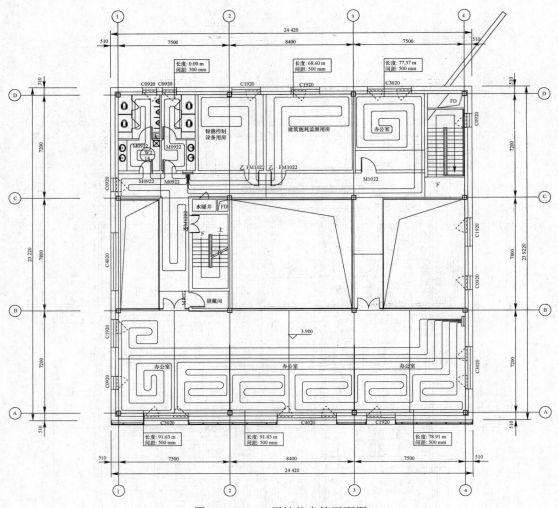

图 8.1－13 二层地热盘管平面图

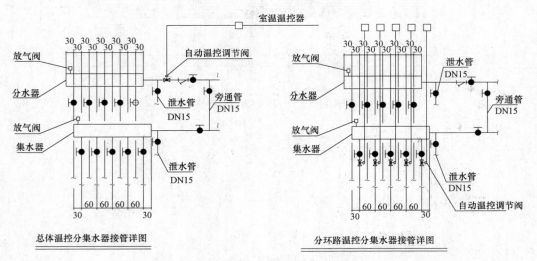

图 8.1－14 分集水器温控接管图

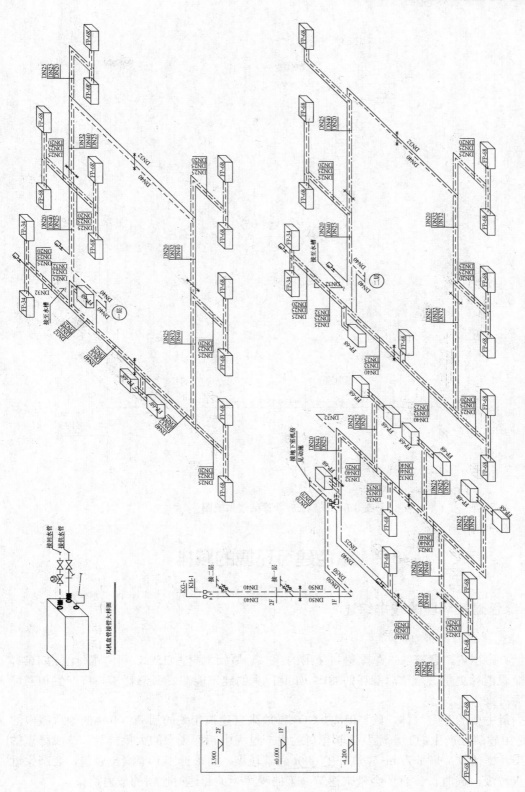

图 8.1-15 空调水系统图及风机盘管接管大样图

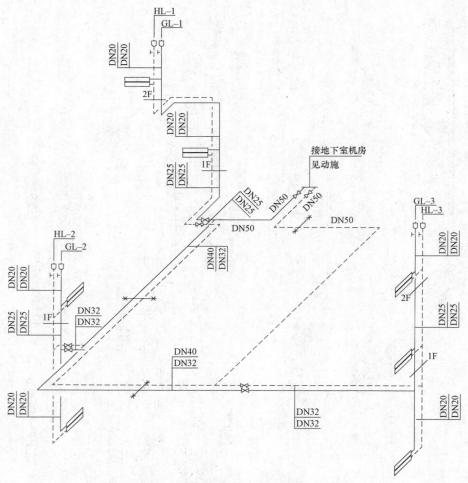

图 8.1-16 地热盘管供暖系统图

8.2 绿色建筑环境的减排

8.2.1 绿色建筑环境的减排综述

1. 绿色建筑的减排概况

在世界范围内，建筑业占总原材料使用的 40%，原始木材占 25%，新鲜水资源占 16%，而建筑能源消耗更是占全球总能耗的 40%。如此巨大的建筑能源资源消耗量必将产生相当可观的环境污染。

作为最主要的温室气体，约 50% 的 CO_2 排放来自建筑相关的活动。40% 的导致酸雨的 SO_2 也是由建筑业产生的。水泥及化学建材的生产过程中超标废水的大量排放，造成严重的水体污染。据估算，每 1 万 m^2 建筑产生 600t 建筑垃圾，而每拆 $1m^2$ 混凝土建筑，会产生近 1t 的建筑垃圾。同时，建筑还会带来建筑施工的噪声污染和建材使用的放射污染。

（1）绿色建筑减排。绿色建筑无疑代表着未来发展的方向，然而，各国，尤其是发展中国家在推广方面还是遇到了种种困难，除了技术、资金等条件的限制，一个很重要的原因是人们对其优点，以及投入和回报认识不足。

绿色建筑最直观的好处是节约能源及环保。它在设计时就结合当地的地理环境，充分利用地热、太阳能、风能，考虑到节水、节电，以及节约其他能源，使建筑能耗降到最低。和传统建筑相比，绿色建筑的耗能可以降低 70%～75%，最好的能够降低 80%。节约能耗本身就大大减轻了环境压力，在此基础上，绿色建筑强调从原材料的开采、加工、运输一直到使用，直至建筑物的废弃、拆除的全过程，都要对环境负责，避免对环境造成损害。

节能、节水等指标容易测算，也很直观明白，但绿色建筑的优点绝不止于此，它还强调为人们提供健康、舒适、安全的居住、工作和活动空间。由于绿色建筑更多地利用自然光、自然通风，室内空气质量大为改善，使工作和学习效率提高，也减少了病态建筑综合征（SBS）的发生。

除此之外，绿色建筑在维护、市场信任度、法规成本等方面都具有优越性。可以说，绿色建筑是环境、健康和资金等多方面的共赢。

（2）可持续建筑。

可持续发展是既满足当代人的需要，又不对后代人满足其需要的能力构成危害的发展。而可持续建筑是人类社会实现可持续发展的重要一环。可持续建筑与一般建筑不同，更强调以下几个方面：

1）可持续建筑的内部空间与外部环境之间应该采取有效连通的方式，并根据气候变化进行自适应调节。

2）可持续建筑一方面积极推行本地材料的使用，节省建筑材料运输过程中的能耗；另一方面尊重地方历史文化传统，有助于汲取先人与大自然和谐共处的智慧，使得建筑随着气候、资源和地区文化的差异而重新呈现不同的风貌。

3）可持续建筑是一种全面资源节约型的建筑，最大限度地减少不可再生的能源、土地、水和材料的消耗，产生最小的直接环境负荷（即温室气体排放、空气污染、污水、固体废物及对周边的影响），产生长期的经济效益。

4）同一般建筑相比，除了采取节能设计，可持续建筑还重视自身产生和利用可再生能源，在满足低能耗要求的基础上，广泛利用太阳能、风能、地热能、生物质能等可再生能源甚至有可能做到"零能耗""零排放"。

5）可持续建筑的目的是在建筑的全寿命周期内，为人类提供健康、适用和高效的使用空间，最终实现与自然的和谐共存。

2. 绿色建筑减排标准及规范

为推进绿色施工，规范建筑工程绿色施工评价方法，住建部组织发布了《建筑工程绿色施工评价标准》（GB/T 50640—2010）。标准自 2011 年 10 月 1 日实施，主要内容为：总则、术语、基本规定、评价框架体系、环境保护评价指标、节材与材料资源利用评价指标、节水与水资源利用评价指标、节能与能源利用评价指标、节地与土地资源保护评价指标、评价方法、评价组织和程序等。

自 2012 年 7 月 1 日起实施的《建筑施工场界环境噪声排放标准》（GB 12523—2011）为国家污染物排放标准，具有强制执行的效力。该标准替代《建筑施工场界噪声限值》（GB 12523—1990）、《建筑施工场界噪声测量方法》（GB 12524—1990）两个标准，为防治建筑施工噪声污染，改善声环境质量而制定。标准规定了建筑施工厂界环境噪声排放限值、测量方法、测量结果评价等内容。

2014年1月29日，住建部发布了《建筑工程绿色施工规范》（GB/T 50905—2014），并与2014年10月1日实施。标准对施工准备、施工场地、地基与基础工程、主体结构工程、装饰装修工程、保温和防水工程、机电安装工程、拆除工程等施工过程均作了明确规定，为绿色施工奠定了法律基础。

首部采用中、英双语编制的中国工程建设协会标准《建筑碳排放计量标准》（CECS 374—2014）已由中国计划出版社出版，并于2014年12月1日开始施行。该标准结合国际相关标准和实践经验，根据我国建筑碳排放活动单元过程的特点与控碳需求，采用建筑全生命周期碳足迹追踪的方法学，提出建筑碳排放数据采集、核算、发布的标准化计量方法，规范新建、改建和扩建建筑以及既有建筑的全生命周期各阶段由于消耗能源、资源和材料所排放的二氧化碳（CO_2）排放计量，做到方法科学、数据可靠、流程清晰、操作简便，使得建筑碳排放的计量有法可依。

3. 绿色建筑减排要求

开展绿色建筑行动以来，国家和地方制定了一系列的节能减排标准，这些标准对各类建筑或行业的耗能量或节能量做了相关的规定，也有一定的量化指标。但对于建筑过程中的污染物排放量或减排量方面，除施工厂界噪声排放有限值外，其余污染物均未做出明确的量化规定，只是做了方向性的指导。绿色建筑减排要求可以参照节能量或耗能指标，通过一定的方法计算得出。

碳排放是关于温室气体排放的一个总称或简称。温室气体中最主要的气体是二氧化碳，因此用碳（Carbon）一词作为代表。虽然并不准确，但作为让民众最快了解的方法就是简单地将"碳排放"理解为"二氧化碳排放"。多数科学家和政府承认温室气体已经并将继续为地球和人类带来灾难，所以"（控制）碳排放""碳中和"这样的术语就成为容易被大多数人所理解、接受、并采取行动的文化基础。我们的日常生活一直都在排放二氧化碳，而如何通过有节制的生活，例如少用空调和暖气、少开车、少坐飞机等等，以及如何通过节能减污的技术来减少工厂、企业以及建筑的碳排放量，成为21世纪初最重要的环保话题之一。

在哥本哈根世界气候大会上，中国的碳减排目标是：到2020年，单位国内生产总值二氧化碳排放比2005年下降40%～45%。减少二氧化碳排放的两个关键分别是节约化石能源和使用可再生能源。目前，建筑能耗约占全球终端能耗的40%，由于建筑总量大、能耗高、发展快，对建筑采取节能减排的成本最小、效果最好，所以，绿色建筑节能减排被看作是走向低碳经济的最重要目标。

8.2.2 绿色建筑环境的减排途径及措施

随着人类社会的进步，人类对环境的影响和破坏与日俱增，从而导致环境质量的下降，各种环境问题也接踵而来。在这些环境污染之中，与人类生活环境最直接相关的污染有两个：一是建筑废弃物的环境污染，二是室内环境污染。因此，建筑产业是一个高污染的产业。

1. 绿色构造

建筑产业不只在建材生产阶段产生高污染，在建造过程及日后的拆除阶段的废弃物污染也十分严重。中国目前每年至少要拆除三四千万平方米旧建筑，产生数亿吨建筑废弃物，且这些废弃物几乎未经任何处理就运往郊外或乡村露天堆放，是一种很不环保的"黑色建筑"。为了减缓建筑环境污染的问题，应该进行"绿色构造"，即采用对地球污染较小的构造方式来降低环境的冲击，其最直接的方式就是使用并推行"钢构造"与"木构造"。

"钢构造"的轻量化、节约建材、低污染性与高回收率是被誉为绿色构造的理由。钢构造多适用于小规模住宅，在日本被视为防火、耐震、耐久的高质量住宅。它不但施工迅速，精度高，且可以降低对环境的污染，所以是底层绿色建筑的首选材料之一。

"木构造"可储存大量 CO_2，有益于缓和气候温暖化效应，同时是对水污染、建筑耗能、温室气体排放、空气污染、固体废弃物等环境冲击最小的构造。推广木构造建筑，也许有人担心会招来森林破坏，但有计划的森林管理与消耗木材量，反而有助于森林光合作用。木构造在居住环境上也是有很大好处的：原木所具有的自然纹理、柔和的色泽、冬暖夏凉的作用是其他建筑材料所无法取代的，同时木材还有良好的调湿作用，对人体健康有很大的好处，而且还可以带给人心里上的温暖、自然、健康的感受。如果能在有计划的地球森林管理下推广木构造建筑，显然是绿色建筑应该努力的方向。

对于较高层结构的绿色建筑方法是使用高性能混凝土 HPC 来减少混凝土用量。由于传统的混凝土的强度不足，导致建筑构件断面的面积变大，增加了构造物的自重，从而减少了室内可用空间面积。另一方面，由于传统混凝土的用水量和水泥量都比较高，容易产生泌水（混凝土在运输、振捣、泵送的过程中出现粗骨料下沉，水分上浮的现象）或蜂窝（混凝土结构局部出现酥散，无强度状态）等现象。高性能混凝土增加了建筑使用面积，不仅仅使得结构设计更加灵活，也提高了建筑的使用功能，故而，是高层绿色建筑合适的建造材料。

在满足以上要求的情况下，还应提升建筑物的耐久性。提升建筑耐久设计，可以延长建筑物的使用寿命，进而减少新建建筑物的需求，达到节约地球资源，并减少营建废弃物。

此外，"旧建筑物利用"也是一种"绿色营造"。它可节省大量结构躯体建材，对于 CO_2 与废弃物减少量的效益有很显著的作用。然而，并不是所有建筑物都适合于旧建筑物再利用，当它结构体的安全性受到威胁时，旧建筑的利用价值将大打折扣，在此条件下，就不能继续使用旧建筑物，免得"丢了西瓜捡了芝麻"。

2. 绿色施工

除了坚持"绿色构造"外，"绿色施工"也是必不可少的一步。绿色施工是实现建筑领域资源节约和节能减排的关键环节。首先，就是以工业生产的方式来兴建建筑物，并采用自动化机器来施工，这样便可以减少许多不必要的建材浪费；其次，以人工覆被来抑制施工现场的空气污染的发生，且在土方作业阶段加强清扫工地内外的尘土；最后，遵循废弃物再利用的原则，在平常储存一些旧的建筑材料如旧木材、旧瓦片等，以备不时之需，来达到减少建筑产业废弃物污染，实现可持续环境发展的目的。

3. 绿色室内装修

"绿色室内装修"则建立在前面的两个基础之上。"绿色室内装修"在于减少室内装修对人体"健康性污染"与对地球的"环保性污染"。许多人都喜欢把室内环境布置的富丽堂皇，即过渡装潢。而"绿色室内装修"则首先提倡的是不做无谓的装潢。尽量以朴素的结构体作为室内装潢美学，避免高耗能的装修材料及复杂的多层立体装修，崇尚简约美。其次，提倡的是使用"绿色建材"，即使用对地球环境友善且对人体健康无害的建材。例如，藤竹、再生建材、环保油漆、本土绿色建材等。

4. 可再生能源利用

绿色建筑强调可再生能源和余（废）热利用，根据当地气候和自然资源条件，充分利用太阳能、地热能等可再生能源，充分利用工业余热及建筑的排风、冷凝热等的热量回收。

（1）太阳能利用。太阳能是一种洁净的可再生能源，具有极大的利用潜力。太阳能建筑是指利用太阳能代替部分常规能源以提供采暖、热水、空调、照明、通风动力等一系列功能的建筑物，以满足（或部分满足）人们生活和生产的需要。

被动式太阳能建筑：被动式太阳能建筑是通过建筑朝向和周围环境的合理布置，内部空间和外部形体的巧妙处理，以及建筑材料和结构、构造的恰当选择，使其在冬季能采集、保持、储存和分配太阳能，从而解决建筑物的采暖问题；在夏季又能遮蔽太阳能辐射，散逸室内热量，从而使建筑物降温，达到冬暖夏凉的目的。

主动式太阳能建筑：主动式太阳能建筑是在被动式太阳能利用不能满足建筑所需冷、热、电和光需求时，对建筑采用太阳能主动式利用技术，或在普通建筑上直接采用太阳能主动式利用技术所形成的建筑。

太阳能光伏发电系统：太阳能光伏发电系统主要由太阳能电池板、蓄电池组、充放电控制器、逆变器、防反充二极管以及负载等部件构成。该系统主要由太阳能电池方阵、联网逆变器和控制器三大部分构成。太阳能电池方阵在太阳光辐射下产生直流电，经联网逆变器转换为交流电，经由配电箱将电能的一部分供家用电器使用，另一部分多余的电能馈入公共电网；在晚上或阴雨天发电量不足时，由公共电网向家庭用电设备供电。

太阳能照明系统：太阳光线相比其他能源具有清洁、安全、高效的特点，相同照度的条件下，太阳光带入室内的热量比绝大多数人工光源的发热量都少。根据太阳光的利用方式，太阳能照明技术可以分为三种：第一种是直接利用方式，利用采光板反射太阳光，将太阳光线直接引入室内。第二种是利用光电转换，将太阳光直接转变成电能用于照明。第三种是利用光纤或导光管，将太阳光直接引到室内实现照明。

（2）地热利用。地热的利用方式目前主要有两种形式：一种是采用地源热泵系统加以利用；另一种是利用地道风。

地热能直接供热：规划研究和设计这种供热系统时，首先应注意地热资源的特点（即不能在较短时间内再生）。应当采用分阶段开发、探采结合的方法，在开发利用过程中逐步探明地热资源的潜力。

应用地源热泵系统进行供暖和空调：在应用地源热泵系统（也应包括地热水直接采暖系统）时，不能破坏地下水资源。地源热泵系统方案设计前，应进行工程场地状况调查，并对浅层地热能资源进行勘察。地下水换热系统应根据水文地质勘察资料进行设计，并必须采取可靠的回灌措施，确保置换冷量或热量后的地下水全部回灌到同一含水层，不得对地下水资源造成浪费及污染。地源热泵系统投入运行后，应对抽水量、回灌量及其水质进行监测。另外，如果地源热泵系统采用地下埋管式换热器，要注意并预测长期应用后土壤温度的变化趋势。因此，在设计阶段应进行长期应用后（如 25 年）土壤温度变化趋势平衡模拟计算，或者考虑如果地下土壤温度出现下降或上升变化时的应对措施，如采用冷却塔、地下埋管式地源热泵产生热水、辅助热源、复合式系统等。

我国可再生能源在建筑中的利用起步不久，同时各地气候、经济发展均不相同，目前我国住宅建筑中供热、空调、降温、电气、照明、炊事、热水供应等所消耗的能源比例的数据还没有比较详细的调查统计资料,因此要确定可再生能源的使用量占建筑总能耗的比例也有不少困难。

许多人认为环境污染只是属于营造施工后治理的问题,但从上述看来,并非如此。因此,建筑环境污染防治必须从其源头开始,由设计阶段的"绿色构造"、营造阶段的"绿色施工"到装潢阶段的"绿色室内装修",环环相扣,都是建筑环保的一部分,只有这样才能建立彻底的"绿色营造"体系。

此外,通过绿色建筑节能措施,可相应减少各类污染物排放,特别是碳排放。

8.2.3 绿色建筑环境的减排主要内容实例

1. 绿色建筑减排内容

建筑污染物排放主要来自建筑施工、建筑拆除和建筑运行使用过程中,其中建筑拆除废弃物可通过绿色建筑材料的应用和废物利用得以解决,而建筑用能系统产生的有毒有害气体和废水通过绿色建筑的节能措施可以相应减少排放而得以控制。以下主要探讨建筑施工过程中的减排措施。

节能减排引导建筑工程的绿色施工。绿色施工是指工程建设中,在保证质量、安全等基本要求的前提下,通过科学管理和技术进步,最大限度地节约资源与减少对环境负面影响的施工活动,实现四节一环保(节能、节地、节水、节材和环境保护)。绿色施工应符合国家的法律、法规及相关的标准规范,实现经济效益、社会效益和环境效益的统一。实施绿色施工,应依据因地制宜的原则,贯彻执行国家、行业和地方相关的技术经济政策。

绿色施工是建筑全寿命周期中的一个重要阶段。实施绿色施工,应进行总体方案优化。在规划、设计阶段,应充分考虑绿色施工的总体要求,为绿色施工提供基础条件。实施绿色施工,应对施工策划、材料采购、现场施工、工程验收等各阶段进行控制,加强对整个施工过程的管理和监督。

绿色施工总体框架由施工管理、环境保护、节材与材料资源利用、节水与水资源利用、节能与能源利用、节地与施工用地保护六个方面组成。这六个方面涵盖了绿色施工的基本指标,同时包含了施工策划、材料采购、现场施工、工程验收等各阶段的指标的子集。

(1)绿色施工管理。

1)组织管理。

① 建立绿色施工管理体系,并制定相应的管理制度与目标。

② 项目经理为绿色施工第一责任人,负责绿色施工的组织实施及目标实现,并指定绿色施工管理人员和监督人员。

2)规划管理。

① 编制绿色施工方案。该方案应在施工组织设计中独立成章,并按有关规定进行审批。

② 绿色施工方案应包括:环境保护措施,制定环境管理计划及应急救援预案,采取有效措施,降低环境负荷,保护地下设施和文物等资源;节材措施,在保证工程安全与质量的前提下,制定节材措施。如进行施工方案的节材优化,建筑垃圾减量化,尽量利用可循环材料等;节水措施,根据工程所在地的水资源状况,制定节水措施;节能措施,进行施工节能策划,确定目标,制定节能措施;节地与施工用地保护措施,制定临时用地指标、施工总平面布置规划及临时用地节地措施等。

3）实施管理。

① 绿色施工应对整个施工过程实施动态管理，加强对施工策划、施工准备、材料采购、现场施工、工程验收等各阶段的管理和监督。

② 应结合工程项目的特点，有针对性地对绿色施工作相应的宣传，通过宣传营造绿色施工的氛围。

③ 定期对职工进行绿色施工知识培训，增强职工绿色施工意识。

4）评价管理。

① 对照本导则的指标体系，结合工程特点，对绿色施工的效果及采用的新技术、新设备、新材料与新工艺，进行自评估。

② 成立专家评估小组，对绿色施工方案、实施过程至项目竣工，进行综合评估。

5）人员安全与健康管理。

① 制订施工防尘、防毒、防辐射等职业危害的措施，保障施工人员的长期职业健康。

② 合理布置施工场地，保护生活及办公区不受施工活动的有害影响。施工现场建立卫生急救、保健防疫制度，在安全事故和疾病疫情出现时提供及时救助。

③ 提供卫生、健康的工作与生活环境，加强对施工人员的住宿、膳食、饮用水等生活与环境卫生等管理，明显改善施工人员的生活条件。

（2）环境保护技术。

1）扬尘控制。

① 运送土方、垃圾、设备及建筑材料等，不污损场外道路。运输容易散落、飞扬、流漏的物料的车辆，必须采取措施封闭严密，保证车辆清洁。施工现场出口应设置洗车槽。

② 土方作业阶段，采取洒水、覆盖等措施，达到作业区目测扬尘高度小于 1.5m，不扩散到场区外。

③ 结构施工、安装装饰装修阶段，作业区目测扬尘高度小于 0.5m。对易产生扬尘的堆放材料应采取覆盖措施；对粉末状材料应封闭存放；场区内可能引起扬尘的材料及建筑垃圾搬运应有降尘措施，如覆盖、洒水等；浇筑混凝土前清理灰尘和垃圾时尽量使用吸尘器，避免使用吹风器等易产生扬尘的设备；机械剔凿作业时可用局部遮挡、掩盖、水淋等防护措施；高层或多层建筑清理垃圾应搭设封闭性临时专用道或采用容器吊运。

④ 施工现场非作业区达到目测无扬尘的要求。对现场易飞扬物质采取有效措施，如洒水、地面硬化、围挡、密网覆盖、封闭等，防止扬尘产生。

⑤ 构筑物机械拆除前，做好扬尘控制计划。可采取清理积尘、拆除体洒水、设置隔挡等措施。

⑥ 构筑物爆破拆除前，做好扬尘控制计划。可采用清理积尘、淋湿地面、预湿墙体、屋面敷水袋、楼面蓄水、建筑外设高压喷雾状水系统、搭设防尘排栅和直升机投水弹等综合降尘。选择风力小的天气进行爆破作业。

⑦ 在场界四周隔挡高度位置测得的大气总悬浮颗粒物（TSP）月平均浓度与城市背景值的差值不大于 $0.08mg/m^3$。

2）噪声与振动控制。

① 现场噪声排放不得超过《建筑施工场界环境噪声排放标准》的规定。

② 在施工场界对噪音进行实时监测与控制，监测方法执行《建筑施工场界环境噪声排

放标准》。

③ 使用低噪声、低振动的机具，采取隔音与隔振措施，避免或减少施工噪声和振动。

3）光污染控制。

① 尽量避免或减少施工过程中的光污染。夜间室外照明灯加设灯罩，透光方向集中在施工范围。

② 电焊作业采取遮挡措施，避免电焊弧光外泄。

4）水污染控制。

① 施工现场污水排放应达到国家标准《污水综合排放标准》的要求。

② 在施工现场应针对不同的污水，设置相应的处理设施，如沉淀池、隔油池、化粪池等。

③ 污水排放应委托有资质的单位进行废水水质检测，提供相应的污水检测报告。

④ 保护地下水环境。采用隔水性能好的边坡支护技术。在缺水地区或地下水位持续下降的地区，基坑降水尽可能少地抽取地下水；当基坑开挖抽水量大于 50 万 m^3 时，应进行地下水回灌，并避免地下水被污染。

⑤ 对于化学品等有毒材料、油料的储存地，应有严格的隔水层设计，做好渗漏液收集和处理。

5）土壤保护。

① 保护地表环境，防止土壤侵蚀、流失。因施工造成的裸土，及时覆盖砂石或种植速生草种，以减少土壤侵蚀；因施工造成容易发生地表径流土壤流失的情况，应采取设置地表排水系统、稳定斜坡、植被覆盖等措施，减少土壤流失。

② 沉淀池、隔油池、化粪池等不发生堵塞、渗漏、溢出等现象。及时清掏各类池内沉淀物，并委托有资质的单位清运。

③ 对于有毒有害废弃物如电池、墨盒、油漆、涂料等应回收后交有资质的单位处理，不能作为建筑垃圾外运，避免污染土壤和地下水。

④ 施工后应恢复施工活动破坏的植被（一般指临时占地内）。与当地园林、环保部门或当地植物研究机构进行合作，在先前开发地区种植当地或其他合适的植物，以恢复剩余空地地貌或科学绿化，补救施工活动中人为破坏植被和地貌造成的土壤侵蚀。

6）建筑垃圾控制。

① 制定建筑垃圾减量化计划，如住宅建筑，每万平方米的建筑垃圾不宜超过 400t。

② 加强建筑垃圾的回收再利用，力争建筑垃圾的再利用和回收率达到 30%，建筑物拆除产生的废弃物的再利用和回收率大于 40%。对于碎石类、土石方类建筑垃圾，可采用地基填埋、铺路等方式提高再利用率，力争再利用率大于 50%。

③ 施工现场生活区设置封闭式垃圾容器，施工场地生活垃圾实行袋装化，及时清运。对建筑垃圾进行分类，并收集到现场封闭式垃圾站，集中运出。

7）地下设施、文物和资源保护。

① 施工前应调查清楚地下各种设施，做好保护计划，保证施工场地周边的各类管道、管线、建筑物、构筑物的安全运行。

② 施工过程中一旦发现文物，立即停止施工，保护现场并通报文物部门并协助做好工作。

③ 避让、保护施工场区及周边的古树名木。

④ 逐步开展统计分析施工项目的 CO_2 排放量，以及各种不同植被和树种的 CO_2 固定量

的工作。

（3）节材与材料。

1）节材措施。

① 图纸会审时，应审核节材与材料资源利用的相关内容，达到材料损耗率比定额损耗率降低 30%。

② 根据施工进度、库存情况等合理安排材料的采购、进场时间和批次，减少库存。

③ 现场材料堆放有序。储存环境适宜，措施得当。保管制度健全，责任落实。

④ 材料运输工具适宜，装卸方法得当，防止损坏和遗洒。根据现场平面布置情况就近卸载，避免和减少二次搬运。

⑤ 采取技术和管理措施提高模板、脚手架等的周转次数。

⑥ 优化安装工程的预留、预埋、管线路径等方案。

⑦ 应就地取材，施工现场 500km 以内生产的建筑材料用量占建筑材料总重量的 70% 以上。

2）结构材料。

① 推广使用预拌混凝土和商品砂浆。准确计算采购数量、供应频率、施工速度等，在施工过程中动态控制。结构工程使用散装水泥。

② 推广使用高强钢筋和高性能混凝土，减少资源消耗。

③ 推广钢筋专业化加工和配送。

④ 优化钢筋配料和钢构件下料方案。钢筋及钢结构制作前应对下料单及样品进行复核，无误后方可批量下料。

⑤ 优化钢结构制作和安装方法。大型钢结构宜采用工厂制作，现场拼装；宜采用分段吊装、整体提升、滑移、顶升等安装方法，减少方案的措施用材量。

⑥ 取数字化技术，对大体积混凝土、大跨度结构等专项施工方案进行优化。

3）围护材料。

① 门窗、屋面、外墙等围护结构选用耐候性及耐久性良好的材料，施工确保密封性、防水性和保温隔热性。

② 门窗采用密封性、保温隔热性能、隔音性能良好的型材和玻璃等材料。

③ 屋面材料、外墙材料具有良好的防水性能和保温隔热性能。

④ 当屋面或墙体等部位采用基层加设保温隔热系统的方式施工时，应选择高效节能、耐久性好的保温隔热材料，以减小保温隔热层的厚度及材料用量。

⑤ 屋面或墙体等部位的保温隔热系统采用专用的配套材料，以加强各层次之间的黏结或连接强度，确保系统的安全性和耐久性。

⑥ 根据建筑物的实际特点，优选屋面或外墙的保温隔热材料系统和施工方式，例如保温板粘贴、保温板干挂、聚氨酯硬泡喷涂、保温浆料涂抹等，以保证保温隔热效果，并减少材料浪费。

⑦ 加强保温隔热系统与围护结构的节点处理，尽量降低热桥效应。针对建筑物的不同部位保温隔热特点，选用不同的保温隔热材料及系统，以做到经济适用。

4）装饰装修材料。

① 贴面类材料在施工前，应进行总体排版策划，减少非整块材的数量。

② 采用非木质的新材料或人造板材代替木质板材。

③ 防水卷材、壁纸、油漆及各类涂料基层必须符合要求，避免起皮、脱落。各类油漆及胶黏剂应随用随开启，不用时及时封闭。

④ 幕墙及各类预留预埋应与结构施工同步。

⑤ 木制品及木装饰用料、玻璃等各类板材等宜在工厂采购或定制。

⑥ 采用自粘类片材，减少现场液态胶黏剂的使用量。

5）周转材料。

① 应选用耐用、维护与拆卸方便的周转材料和机具。

② 优先选用制作、安装、拆除一体化的专业队伍进行模板工程施工。

③ 模板应以节约自然资源为原则，推广使用定型钢模、钢框竹模、竹胶板。

④ 施工前应对模板工程的方案进行优化。多层、高层建筑使用可重复利用的模板体系，模板支撑宜采用工具式支撑。

⑤ 优化高层建筑的外脚手架方案，采用整体提升、分段悬挑等方案。

⑥ 推广采用外墙保温板替代混凝土施工模板的技术。

⑦ 现场办公和生活用房采用周转式活动房。现场围挡应最大限度地利用已有围墙，或采用装配式可重复使用围挡封闭。力争工地临房、临时围挡材料的可重复使用率达到70%。

（4）节水与水资源。

1）提高用水效率。

① 施工中采用先进的节水施工工艺。

② 施工现场喷洒路面、绿化浇灌不宜使用市政自来水。现场搅拌用水、养护用水应采取有效的节水措施，严禁无措施浇水养护混凝土。

③ 施工现场供水管网应根据用水量设计布置，管径合理、管路简捷，采取有效措施减少管网和用水器具的漏损。

④ 现场机具、设备、车辆冲洗用水必须设立循环用水装置。施工现场办公区、生活区的生活用水采用节水系统和节水器具，提高节水器具配置比率。项目临时用水应使用节水型产品，安装计量装置，采取针对性的节水措施。

⑤ 施工现场建立可再利用水的收集处理系统，使水资源得到梯级循环利用。

⑥ 施工现场分别对生活用水与工程用水确定用水定额指标，并分别计量管理。

⑦ 大型工程的不同单项工程、不同标段、不同分包生活区，凡具备条件的应分别计量用水量。在签订不同标段分包或劳务合同时，将节水定额指标纳入合同条款，进行计量考核。

⑧ 对混凝土搅拌站点等用水集中的区域和工艺点进行专项计量考核。施工现场建立雨水、中水或可再利用水的收集利用系统。

2）非传统水源利用。

① 优先采用中水搅拌、中水养护，有条件的地区和工程应收集雨水养护。

② 处于基坑降水阶段的工地，宜优先采用地下水作为混凝土搅拌用水、养护用水、冲洗用水和部分生活用水。

③ 现场机具、设备、车辆冲洗、喷洒路面、绿化浇灌等用水，优先采用非传统水源，尽量不使用市政自来水。

④ 大型施工现场，尤其是雨量充沛地区的大型施工现场建立雨水收集利用系统，充分

收集自然降水用于施工和生活中适宜的部位。

⑤ 力争施工中非传统水源和循环水的再利用量大于 30%。

3）用水安全。在非传统水源和现场循环再利用水的使用过程中，应制定有效的水质检测与卫生保障措施，确保避免对人体健康、工程质量以及周围环境产生不良影响。

（5）节能与能源利用。

1）施工过程的节能措施。

① 制订合理施工能耗指标，提高施工能源利用率。

② 优先使用国家、行业推荐的节能、高效、环保的施工设备和机具，如选用变频技术的节能施工设备等。

③ 施工现场分别设定生产、生活、办公和施工设备的用电控制指标，定期进行计量、核算、对比分析，并有预防与纠正措施。

④ 在施工组织设计中，合理安排施工顺序、工作面，以减少作业区域的机具数量，相邻作业区充分利用共有的机具资源。安排施工工艺时，应优先考虑耗用电能的或其他能耗较少的施工工艺。避免设备额定功率远大于使用功率或超负荷使用设备的现象。

⑤ 根据当地气候和自然资源条件，充分利用太阳能、地热等可再生能源。

2）机械设备与机具。

① 建立施工机械设备管理制度，开展用电、用油计量，完善设备档案，及时做好维修保养工作，使机械设备保持低耗、高效的状态。

② 选择功率与负载相匹配的施工机械设备，避免大功率施工机械设备低负载长时间运行。机电安装可采用节电型机械设备，如逆变式电焊机和能耗低、效率高的手持电动工具等，以利节电。机械设备宜使用节能型油料添加剂，在可能的情况下，考虑回收利用，节约油量。

③ 合理安排工序，提高各种机械的使用率和满载率，降低各种设备的单位耗能。

3）生产、生活及办公临时设施。

① 利用场地自然条件，合理设计生产、生活及办公临时设施的体形、朝向、间距和窗墙面积比，使其获得良好的日照、通风和采光。南方地区可根据需要在其外墙窗设遮阳设施。

② 临时设施宜采用节能材料，墙体、屋面使用隔热性能好的材料，减少夏天空调、冬天取暖设备的使用时间及耗能量。

③ 合理配置采暖、空调、风扇数量，规定使用时间，实行分段分时使用，节约用电。

4）施工用电及照明。

① 临时用电优先选用节能电线和节能灯具，临电线路合理设计、布置，临电设备宜采用自动控制装置。采用声控、光控等节能照明灯具。

② 照明设计以满足最低照度为原则，照度不应超过最低照度的 20%。

（6）节地与施工用地。

1）临时用地指标。

① 根据施工规模及现场条件等因素合理确定临时设施，如临时加工厂、现场作业棚及材料堆场、办公生活设施等的占地指标。临时设施的占地面积应按用地指标所需的最低面积设计。

② 要求平面布置合理、紧凑，在满足环境、职业健康与安全及文明施工要求的前提下尽可能减少废弃地和死角，临时设施占地面积有效利用率大于 90%。

2）临时用地保护。

① 应对深基坑施工方案进行优化，减少土方开挖和回填量，最大限度地减少对土地的扰动，保护周边自然生态环境。

② 红线外临时占地应尽量使用荒地、废地，少占用农田和耕地。工程完工后，及时对红线外占地恢复原地形、地貌，使施工活动对周边环境的影响降至最低。

③ 利用和保护施工用地范围内原有绿色植被。对于施工周期较长的现场，可按建筑永久绿化的要求，安排场地新建绿化。

3）施工总平面布置。

① 施工总平面布置应做到科学、合理，充分利用原有建筑物、构筑物、道路、管线为施工服务。

② 施工现场搅拌站、仓库、加工厂、作业棚、材料堆场等布置应尽量靠近已有交通线路或即将修建的正式或临时交通线路，缩短运输距离。

③ 临时办公和生活用房应采用经济、美观、占地面积小、对周边地貌环境影响较小，且适合于施工平面布置动态调整的多层轻钢活动板房、钢骨架水泥活动板房等标准化装配式结构。生活区与生产区应分开布置，并设置标准的分隔设施。

④ 施工现场围墙可采用连续封闭的轻钢结构预制装配式活动围挡，减少建筑垃圾，保护土地。

⑤ 施工现场道路按照永久道路和临时道路相结合的原则布置。施工现场内形成环形通路，减少道路占用土地。

⑥ 临时设施布置应注意远近结合（本期工程与下期工程），努力减少和避免大量临时建筑拆迁和场地搬迁。

2. 绿色建筑环境的暖通空调减排设计实例

以 8.1.3 中的例子说明绿色建筑减排效果。

（1）节能减排量。根据哥本哈根世界气候大会上，中国的碳减排目标是到 2020 年，中国单位国内生产总值二氧化碳排放比 2005 年下降 40%～45%，所以，计算比较期选定 2005 年能耗水平。本建筑按节能标 65%设计，总建筑能耗为 120 037.76kW·h，节能量为 $0.65 \times 120\,037.76 / (1 - 0.65) = 222\,927$kW·h，太阳能光伏发电量为 38 649kW·h，热回收可节约电量 1500kW·h＋1600kW·h＝3100kW·h，合计 263 176kW·h。则可减排二氧化碳 262 386kg，减排碳粉尘 71 584kg，减排二氧化硫 7895kg，减排氮氧化物 3948kg。计算结果见表 8.2－1。

表 8.2－1　　　　　　　　　　　建筑节能量、减排量

年节能量/（kW·h）		年减排量/t	
建筑节能量	222 927	二氧化碳	263.882
光伏发电量	38 649	碳粉尘	71.992
热回收节能量	3100	二氧化硫	7.940
合计	264 676	氮氧化物	3.970

注：计算数据未考虑热泵机组、蓄冷蓄热技术、用能分项计量带来的节能量。

（2）节水减排量。本建筑废水系统和雨水系统分别回收用水 237m³ 和 760m³，生活污水量按用水量的 80%考虑，则可减少污水排放 798m³。

（3）节材减排量。通过建筑结构体系节材设计、预拌混凝土使用、高性能混凝土使用、建筑废弃物回收利用、可循环材料和可再生利用材料的使用、土建装修一体化设计施工、再生骨料建材使用等技术达到节材的同时减少建筑垃圾排放。建筑材料总重量 2945.842t，其中建筑设计选材时可再循环材料使用重量 315.542t，占 10.71%。

土建装修一体化设计和施工，不破坏和拆除已有的建筑构件及设施，避免重新装修和垃圾的产生。

建筑空间使用的灵活性兼顾二次装修的节约性，在建筑设计时尽量多地布置了大空间（办公、休息），部分办公空间采用玻璃隔断和轻质隔墙等灵活隔断进行分区，灵活隔断的比例达到 35.65%，减少了重新装修时的材料浪费和垃圾产生。

（4）施工减排量。通过建设过程中的绿色施工管理，扬尘、噪声污染、光污染、水污染、建筑垃圾产生等方面均得到很好的控制。

参 考 文 献

[1] 徐伟. 地源热泵工程技术指南 [M]. 北京：中国建筑工业出版社，2001.

[2] 郑瑞澄. 民用建筑太阳能热水系统工程技术手册 [M]. 北京：化学工业出版社，2005.

[3] 徐居鹤，等. 机械工业通风空调设计手册 [M]. 上海：同济大学出版社，2007.

[4] 胡传鼎. 通风除尘设备设计手册 [M]. 北京：化学工业出版社，2003.

[5] 刘天成. 三废处理工程技术手册（废气卷）[M]. 北京：化学工业出版社，1999.

[6] 北京水环境技术与设备研究中心，北京市环境保护科学研究院，国家城市环境污染控制
工程技术研究中心三废处理工程技术手册（废水卷）[M]. 北京：化学工业出版社，2000.

[7] 聂永丰. 三废处理工程技术手册（固物卷）[M]. 北京：化学工业出版社，2000.

[8] 江克林. 暖通空调注册工程师技术技能知识问答与实例 [M]. 北京：中国电力出版社，
2015.

[9] 江克林. 暖通空调设计指南与工程实例 [M]. 北京：中国电力出版社，2015.

[10] 张志刚，刘杰. 太阳能/空气复合热源热泵机组研究 [J]. 建筑热能通风空调. 2009，28
（3）.

[11] 冯晓梅，等. 太阳能与地源热泵复合系统 [J]. 暖通空调. 2011，41（12）.

[12] 杨光，李义文，等. 集成运用多种能源技术的空调冷热源系统 [J]. 暖通空调. 2010，
40（2）.

[13] 陈拓发，荆有印，李婷. 天然气冷热电联供系统在某商场建筑中的应用分析 [J]. 节
能. 2012（3）.

[14] 倪吉，徐斌斌，等. 新型户式三联供地源热泵机组技术 [C]. 地源热泵应用特别关注
成都十一五重大专项.

[15] 建筑节能技术综合应用研究 [C]. 清华大学超低能耗示范楼实践. 2004 年.